国家社会科学基金项目"促进全体人民共同富裕的伦理基础及其制度设计研究"（批准号：23BKS140）阶段性成果

广西艺术学院学术著作出版资助项目（项目号：XSZZZD202309)成果

# 财富伦理与
# 中国贫困治理研究

CAIFU LUNLI YU
ZHONGGUO PINKUN ZHILI YANJIU

唐海燕　著

人民出版社

# 目　录

# 前　言

　　贫困是一个全球性的社会问题。自人类文明有历史记载以来，贫困一直是各个国家和民族面临的共同难题，即使是在科技与知识快速发展的今天，贫困、人口和污染等问题，依然是尚存的"危机"，是困扰国家繁荣和社会进步的障碍。消除贫困更是发展中国家在现代化进程中不可回避的问题，同时也是影响社会稳定和经济发展的重要因素。因此，减少贫困人口和消除贫困是世界各国共同关注研究和亟须解决的重大议题，是政府治理成效的重要指标。

　　社会主义的主要任务之一，就在于推进生产力的不断发展，消除社会的贫困现象，改善和提高人民的生活水平、生活质量，实现全体人民共同富裕。自改革开放以来，作为世界上贫困人口最多的大国，我国十分重视减贫事业，在贫困治理中取得了举世瞩目的突出成绩，探索出了与其他国家不同的、具有中国特色的扶贫道路。自党的十八大以来，以习近平同志为核心的党中央对减贫脱贫工作给予了高度重视并统筹部署，开创了脱贫攻坚事业新局面。2020 年我国按期达到了预设的消除绝对贫困目标，历史性地解决了绝对贫困问题，比《联合国 2030 年可持续发展议程》的规划提前实现了中国的减贫目标，为全球减贫事业作出了举世瞩目的贡献①。

　　财富伦理是人们对待、创造、占有和使用财富的方式以及与此相关的生

---

　　①　参见《人间奇迹》编写组编：《人间奇迹——中国脱贫攻坚统计监测报告》，中国统计出版社 2021 年版。

产、分配、交换和消费过程中蕴含的伦理内涵和道德意蕴，因财富伦理特有的学科属性、内涵特质，成为扶贫事业的重要精神动力和价值尺度。因此，本书以马克思主义理论为指导，运用文献分析法、调查研究法、个案分析法及多学科交叉研究法等，力图从财富伦理角度，在马克思科学财富伦理思想指导下，联系当前我国贫困治理具体实践，剖析贫困治理中面临的财富问题，梳理分析、运用总结财富伦理相关理论，致力于完善贫困治理的财富伦理对策，以财富伦理为学理支撑来推动我国贫困治理事业前进，通过发挥财富伦理价值导向作用，最终实现我国永久性脱贫的目标。

本书主要从财富伦理的四个逻辑层面，即财富认知、财富生产、财富分配、财富消费和基本内容着手，围绕贫困治理中要解决的财富认知、生产、分配、消费四方面问题，探讨归纳我国当前贫困治理现状；而后从财富正当性认知、财富可持续性生产、财富分配公平正义、财富使用适度节制四个财富伦理价值维度，提出财富伦理理论嵌入贫困治理的必要性；详尽分析贫困治理中亟待解决的财富伦理问题及其原因；阐释挖掘贫困治理中运用财富伦理的主要思想来源和理论依据；探讨贫困治理中运用财富伦理的具体路径及对策，论证以财富伦理推进贫困治理的具体措施以及财富伦理与贫困治理融合的时代展望。

本书结构主要如下：

第一，论证财富伦理对贫困治理具有重要意义，二者之间存在紧密内在关联。当前我国虽然实现了消除绝对贫困，但是相对贫困仍然存在，推进贫困治理，就要充分发挥学科支撑的重要作用。因此，财富伦理嵌入贫困治理具有必要性和可行性。以财富伦理推进贫困治理，要做到：以财富伦理的正当性获得为基点，构建扶贫的理性认知模式；以财富伦理实现人的全面自由发展的幸福生存为导向，构建扶贫的价值理性目的；以财富伦理的绿色可持续生产为依托，构建扶贫的理性生产模式；以财富伦理的公平共享为杠杆，探索扶贫的理性分配机制；以财富伦理的适度中道为制约，探索扶贫的理性消费方式。

　　第二，财富伦理在财富认知上，主要是解决贫困治理的思想扶贫问题。本书通过论证财富认知不当及价值目的信念缺失，导致帮扶对象经济价值观及对财富理解存在偏差、减贫干劲不足、存在"等靠要"惰性依赖心理及享乐财富观、思想扶贫有待完善等问题；提出以马克思的反贫困思想和中华传统财富思想中的优秀资源作为理论依据；论证财富伦理视域下贫困治理的思想扶贫对策，主要是树立物质扶贫向精神扶贫理念转变、破除"襁褓"式福利的直接帮扶方式、激发帮扶对象脱贫致富积极性、加强扶志与扶智双管齐下、树立财富发展生态认知思维、锻造绿色财富观，以及明确财富增长价值在于实现人的全面发展和永久性脱贫等。

　　第三，财富伦理在财富生产上，主要是解决贫困治理的可持续生产问题。本书通过分析贫困治理中财富生产转向的三个方面，即政策体系日趋完善、促进产业创新发展，因地制宜找准产业、破解产业发展难题，构建产业合作模式、带动农户增加收入，进而分析贫困治理中财富生产面临全球生态与贫困的双重恶化、贫困演变与生态环境内在联系愈加紧密、缺乏绿色减贫意识和可持续发展规划等的困境和存在的问题；提出绿色减贫和财富生态生产是贫困治理的两个重要砝码；阐述马克思关于生产劳动是财富正当性获得途径，论述绿色发展、生态生产与绿色减贫理论、绿色减贫与相对贫困治理关系的思想是贫困治理中财富生产生态范式的主要理论依据；最后论证了以财富绿色作为贫困治理的生产方式导向、打造财富生态生产方式、锻造绿色减贫新机制的财富可持续生产路径。

　　第四，财富伦理在财富分配上，主要是解决贫困治理的公平分配问题。通过当前贫困治理的财富分配现状分析，归纳出贫困治理中实现财富公平存在的认知误区、对贫困解释过于单一化以及对财富公平产生影响因素等原因分析；提出追求财富公平的理论依据在于客观看待财富来源、以维护合理诉求作为财富分配的逻辑起点、财富再分配须遵循实践伦理原则；总结实现贫困治理中财富分配公平的举措在于：以劳动为财富分配要素，完善社会保障机制，合理划分初次分配与再分配的占比，精准把握扶贫尺度、科学评价扶贫效益。

第五，财富伦理在财富消费上，主要是解决贫困治理的适度消费问题。贫困治理中财富消费呈现贫困地区居民的消费过度、支出压力大、非理性消费观仍存在等状况；财富非理性消费的原因在于主观因素导致不合理消费、非理性消费仍有扩大趋势、公共产品供给对缓解消费压力效果不足；马克思财富消费的科学理论、历代中国共产党领导人的消费伦理思想以及中西方财富消费伦理的理性论述，为贫困治理中财富理性消费提供了理论依据；树立理性消费理念以及协同优化消费结构，是构建贫困治理中财富良性消费模式的科学路径。

最后，本书还对财富伦理嵌入贫困治理进行了前瞻与展望论述。其一，今后我国贫困治理面临的现实挑战主要是贫困治理的内生动力、常规机制还未完全形成和建立、效果巩固还缺乏有效保障；其二，我国减贫策略面临新选择，即我国贫困现象的新转向主要在于绝对贫困转向相对贫困、兼顾农村贫困和城市贫困，而努力实现脱贫扶贫与乡村振兴的有效衔接、统筹城乡贫困一体化的贫困治理、防止已脱贫人口返贫、建立解决相对贫困的长效机制，是贫困转向后的治理新视角；其三，以财富动力思维作为贫困治理的思想引领来源、以财富共享理念作为贫困治理的公平正义分配尺度、以财富主客体属性作为贫困治理的理性价值指向依据、以财富绿色理论作为贫困治理的生产及消费方式导向四个路径，是财富伦理嵌入贫困治理的有效举措。

# 第一章　贫困治理与财富伦理的内在关联

贫困问题的解决在当前仍然是全球面临的重大难题，消除贫困是国际社会的共同责任和使命所在。习近平总书记反复强调，我国要为世界的贫困治理事业"提出中国方案""分享减贫经验""贡献中国智慧"，共建一个"没有贫困、共同发展的人类命运共同体"，展示了中国作为一个世界大国的全球视野、世界担当和人类情怀。

以马克思主义理论为立论依据，面对贫困治理中必须解决的财富认知、财富生产、财富分配、财富消费等重大问题，财富伦理嵌入贫困治理具有必要性，主要是：财富伦理特有的学科内涵、学理建构、逻辑体系等，对推进贫困治理具有内在价值；基于社会宏观、地区局域、个体微观等维度，针对绝对贫困整体消除后的相对贫困脱贫指向、贫困地区财富内生发展、帮扶对象主体脱贫致富自觉意识及能力培育等，财富伦理对推进贫困治理、实现全体人民共同富裕具有重要价值。依据马克思主义反贫困财富思想等的相关理论，财富伦理在贫困治理中具有不可或缺的理论导向作用和实际操作效用，而构建贫困治理的财富伦理具有特定时代路径和有效策略。

## 第一节　中国贫困治理成效及特点概述

### 一、贫困范畴解析

贫困是人类社会有史以来的"顽疾"。对贫困范畴、本质的界定，是贫困治理的必要前提。什么是贫困？总体而言，贫困是贯穿于经济、社会、文化、生态等多个角度的一个综合性概念。贫困属于一个动态范畴，随着外界环境的变化而不断发生改变，而人们对贫困实质的解释也随着时间的推移、社会的进步逐渐从狭义向广义演变，对贫困的理解也因时间和空间的不同而被赋予不同的含义。

学界对贫困定义的探讨由来已久，全球对贫困的研究因视角不同而出现不同的观点和定义。早在 100 年前，学者就对贫困进行探讨和界定，英国学者 B.S. 朗特里（Rowntree，B.Seebohm）1901 年首次提出要对"贫困"进行基本的概念界定，他在《贫困：关于乡村生活的研究》一书中明确阐述了贫困的定义，朗特里主要是以家庭为评价单位，把收入作为评价贫困的标准，将贫困的界定立足于家庭范围，提出一个家庭的贫困是指其总收入小于家庭基本生存需求的状况。而后，英国的彼得·汤森在《英国的贫困：家庭财产和生活标准的测量》一书中认为，贫困涵括的对象，主要为缺乏获得食物与社会活动、发展能力等条件的所有个体、家庭及群体。他对贫困的界定，主要是对所有居民而言，对于贫困的衡量范围从基本的收入扩大为食物、活动等资源，进一步扩充和完善了贫困的内涵和内容。英国的奥本海默则从物质和精神两方面对贫困重新定义，提出贫困主要表征为人们在物质财富、生活生产条件以及情感等方面处于匮乏的状态；他对于贫困的定义从原先局限于物质方面的评定扩充到了精神层面的审视，使人们对贫困概念、实质等的理解更深层次化和更丰富化。

英国经济学家托马斯·罗伯特·马尔萨斯是世界上第一个从经济学领域研究贫困问题的人，他提出人口的不断增长会导致劳动生产率降低，生态环境退化，社会总储蓄减少，不利于经济的增长，因此贫困是不可避免的[①]。奥地利的保罗·罗森斯坦·罗丹 1944 年在《经济落后地区的国际化发展》

---

① 参见 [英] 托马斯·罗伯特·马尔萨斯：《人口原理》，子箕等译，商务印书馆 1961 年版，第 7—14 页。

一书中指出，使贫困地区摆脱贫困，只有通过国家层面主导，在全国范围内进行规模化投资。20 世纪 50 年代，对贫困问题研究形成高潮，经济学家对致贫原因和解决贫困的措施进行了探讨，认为资源的相对欠缺是阻碍经济社会发展的主因，实现消除贫困，必须提高社会所有资源的利用率以及投资的高回报，走出"贫困恶性循环"和"低水平均衡陷阱"。1956 年，美国经济学家理查德·R.纳尔逊在通过对发展中国家的资本人均构成与人口增长速度之间的关系以及产业产出和人均增长的关系进行对比研究的基础上，提出了"低水平均衡陷阱理论"。瑞典经济学家冈纳·缪尔达尔在 1957 年《富国与穷国》和 1968 年出版的《亚洲的戏剧：南亚国家贫困问题研究》两本书中，在分析产生贫困的原因时提出了"循环因果关系"，他认为导致贫困地区越来越贫穷的原因是这些地方的低收入情况造成的，不发达国家摆脱贫穷困境而取得发展的前提在于要树立崇尚理性、渴望发展的"现代化理想"。18 世纪 70 年代，被称为西方"古典经济学之父"的英国经济学家亚当·斯密在《国民财富的性质和原因的研究》一书中分析了国家在财富积累过程中产生的贫困问题，认为贫困的主体主要是劳动者阶层，而导致贫困的主要原因是劳资双方的实力差距和国民财富的停滞。20 世纪 70 年代，印度学者、诺贝尔经济学奖获得者阿马蒂亚·森运用权利方法分析造成贫困的原因，他提出贫困发生不仅在于低下的生产力，更在于人应有的实际能力的缺乏[①]。同时，在社会学领域也展开对贫困问题的多重探讨，西方社会学家的观点主要在于，认为致贫原因多角度、多侧面，贫困有深层次体现和多样化内容，而经济贫困只是贫困的一种外在显象。

　　梳理史料，专家学者从不同的角度、不同的领域对"贫困"的范畴做出各种定义，汇总而言，对贫困的界定聚焦于两方面：从狭义方面来说，贫困是经济意义上的贫困，是指难以将生活维持在最低水平的状况。从广义方面

---

① 参见 [印] 阿马蒂亚·森：《贫困与饥荒——论权利与剥夺》，王宇等译，商务印书馆 2016 年版，第 1—12 页。

来说，贫困除了包括经济视角的贫困以外，还包括社会、发展、文化、环境等方面的因素以及营养、教育、医疗、生存环境、失业等方面的综合状况。譬如，1898 年，英国学者朗特里从家庭消费的视角提出家庭是否处于贫困状态的衡量，其指标就是家庭的总收入能否维持必备物质生活的需要；1975 年，美国学者罗伯特·麦克纳马拉认为，人们在出生时所拥有的基因潜力不能得到充分发挥，再加上受营养不良、文盲、疾病、婴儿死亡率以及预期寿命等因素的影响，让其处于生存边缘生活的一种状态就是绝对贫困；1998 年，阿马蒂亚·森首次使用权利方法来定义贫困，认为贫困的真正含义是贫困人口创造收入能力和机会的贫困以及缺少获取和享有正常生活的能力。20 世纪 90 年代后，对贫困的含义理解又有新的进展，美国学者新罗伯特·坎勃认为，贫困不仅仅是收入和支出水平以及发展能力低下，而且还包括脆弱性、话语权丧失、弱势的社会地位等。就目前来看，众多学者一致认为，贫困的内涵已经超越了经济获得的狭隘界定，即贫困不仅指收入低下，而且包括能力缺乏、社会认可度低、医疗保健不足、机会和权利机会短缺甚至缺失等。

1990 年，世界银行在《1990 年世界发展报告》中，对贫困概念界定为："缺少达到最低生活水准的能力就是贫困。"欧盟在 1989 年则将贫困的定义与最低生活标准结合起来，将贫困界定为由于个人、家庭和群体的资源缺乏，从而导致其无法达到所在成员国可接受的最低生活方式的状态。

总之，西方迄今为止对贫困的理解主要脉络：早期的研究普遍将贫困定义局囿于收入匮乏和物质生活水平低下，随着学术界对这一概念的含义进行不断丰富，贫困的界定具有了多重维度——社会学研究主要认为贫困是一种社会排斥和权利贫困；联合国开发计划署指出贫困不仅仅是缺乏收入，更是发展机会、权利、知识、尊严等方面的剥夺；以印度经济学家阿马蒂亚·森为代表的经济领域对贫困的界定，则主要认为贫困是可行性能力的不足；立足人力资本理论，美国经济学家西奥多·舒尔茨认为贫困是一种内在智识与理性决策能力的缺失。20 世纪至今，学界则主要从多元视角考察贫困内涵，包括收入、生活标准、健康、教育、发展能力、社会权利的缺失等方面，并且从发展能力、社会权利等隐性视角深入探讨贫困实质。

在我国，对于贫困的内涵理解也有一个不断深化的历程，随着我国整体发展水平的不断提升，人们生活标准的不断提高，贫困的含义也不断更新并趋于更加多元化。中国国家统计局课题组（1990）在《中国城镇居民贫困问题研究》和《中国农村贫困标准》课题中，提出的贫困概念是："贫困一般是物质生活困难，即个人或一个家庭的生活水平达不到一种社会可接受的最低标准，他们缺乏某些必要的生活资料和服务，生活处于艰难境地。"研究认为贫困是指物质生活面临困境，个体或家庭的生活水平处于未能达到社会所划定的最低标准界限。当贫困的经济维度得以改善时，贫困的其余维度也逐渐受到关注和重视。

我国对贫困治理问题高度重视，中国共产党自成立以来就将反贫困作为践行初心和使命的重要内容。在中国建设发展道路上，都将反贫困、致富创富、共富共享等贫困治理事业的核心导向作为国家发展的重要规划。20世纪50年代，毛泽东就提出要实现共同富裕，而后，摆脱贫困、实现全体人民共同富裕一直作为国家重要的战略部署；自改革开放以来，脱贫致富力度不断加大，中国共产党第十六次全国代表大会确立了以"2020年全面建成小康社会"作为我国长期发展目标，奠定了中国扶贫的宏观目标，并提升贫困的标准，扩大了减贫的内容和范围；《中国农村扶贫开发纲要（2011—2020年）》确定"十三五"期间脱贫攻坚的目标是"两不愁三保障"，除了经济维度的脱贫，还对贫困人口的教育、医疗、社会保障等综合生活水平进一步加以重视。进入精准扶贫阶段后，我国在坚持社会主义制度的基础上以"六个精准"总体要求、"五个一批"基本路径全面深入推进反贫困事业，最终夺取了脱贫攻坚战的全面胜利。在消除绝对贫困、取得区域性整体脱贫的成效后，我国又将巩固拓展脱贫攻坚成果作为全面推进乡村振兴和建设农业强国的底线任务，党的二十大报告强调："巩固拓展脱贫攻坚成果，增强脱贫地区和脱贫群众内生发展动力。"由此可见，我国对于贫困的诠释和贫困治理的策略一直伴随着社会整体发展而不断进行调整和推进，对贫困的内涵界定不断宽泛化和深刻化，而对贫困治理的衡量标准也从经济水平的不断提升扩展到经济以外的各个维度兼容并进。

总之，从国内外对于贫困定义的探索和内涵辨析中发现，经过长期的研究，人们对于贫困范畴的理解，从主观性的界定扩展为具体可以量化的评定标准，对于贫困本质的理解不断形成新思考，对贫困的释义更加科学和精准。但是不可否认的是，当前对贫困的界定还存在着一定的局限性和狭隘性：一是传统的贫困定义过于集中关注物质贫困，将贫困视为单纯的收入不足等，而往往忽略了关注更深层次的精神贫困。而贫困问题除了显象为表面的物质匮乏之外，还有一部分是人们内心对于需求得不到满足产生的精神匮乏感、空虚感，而这种精神欠缺又会带来精神贫困，减弱人们对生活的满意度。二是过度注重短期贫困治理，而忽略长期贫困的长效治理。贫困问题随着人类社会发展、伴随着人们生活和生产行为的演变、提升而不断演化，在此过程中会出现一系列波动和突变。因此，贫困问题是人类必须要面对的长期问题，并不是短时期内就能全面得以解决的阶段性问题。因此，对贫困问题的研究不应局限于关注当前的现状、止步于当前的治理成效，而要以人类长期发展为目标，全面考量如何解决长期贫困问题。三是过度注重贫困的表象而忽略致贫因素。任何贫困问题归根结底都是人类各种需求得不到满足的表现形式，找到导致贫困的根本原因才是解决贫困问题的关键，因为研究贫困的目的在于减少贫困、最后实现全面消灭贫困，因此需要从贫困的源头入手，找到真正导致贫困产生的社会具体原因及人类自身的内在因素等。

综合以上对贫困的解析可以看出，贫困的定义因研究角度的不同，会产生经济学方面、社会学方面、生态学方面等不同视角的多样化考量；以研究对象为标准，贫困又会产生个人、家庭、区域及国家层面的不同审视；以时间维度为要素，贫困则会出现短期贫困和长期贫困等不同析义。因此，贫困并不是某一学科专属的研究主题，也不是某个特殊群体专有难题，更不是短时间内就能解决的暂时性问题，而是涉及不同领域、覆盖社会所有成员的、长期化的问题。同时，贫困问题并不是简单的显象问题，而是反映人类社会整体发展中出现的重大问题的写照，是社会政治、经济、文化、生态等各种因素平衡发展过程中显现出的一个本质问题的缩影。对贫困治理的科学与否，在某种意义上也反映了社会的整体发展能力、发展水平和发展的科学性。

## 二、贫困治理的成就及特征

在全球贫困问题中，由于庞大的人口数量和城市化进程较晚等原因，我国一度是全球贫困人口占比最高的国家之一。改革开放前，我国的绝对贫困人口有7亿多，自1978年改革开放以来，我国经济得到快速发展。从20世纪80年代开始，我国先后实施"改革农村制度减贫（1978—1985）""大规模开发式扶贫（1986—1993）"，实行"政府主导、社会参与、自力更生、开发扶贫、全面发展"的策略。我国现代意义上系统规范的贫困治理是从1986年"国务院贫困地区经济开发领导小组"建立伊始，而后《国家八七扶贫攻坚计划（1994—2000年）》的颁布，标志着脱贫攻坚战略的全面展开，政府在贫困治理中的主导地位不断凸显，原来呈分散式的慈善救助、家庭帮扶等开始转向科学高效的政府引导式综合性治理。

党的十八大以来，国家对脱贫攻坚工作的重视达到新高度。以习近平同志为核心的党中央提出实施精准扶贫，把处于贫困线以下的人口实现脱贫作为我国全面建成小康社会的底线任务和标志性尺度，在全国范围打响脱贫攻坚战，推动我国扶贫战略实现历史性重大转变。党的十八大报告中明确指出，贫困问题是我国第一个百年目标"全面建成小康社会"必须攻克的最艰巨任务，贫困地区脱贫致富是实现全面建成小康社会的主要内容。

2013年11月，习近平总书记在湖南湘西考察过程中提出了"实事求是、因地制宜、分类指导、精准扶贫"的重要指示。2014年1月，中共中央办公厅、国务院办公厅印发《关于创新机制扎实推进农村扶贫开发工作的意见》，提出建立精准扶贫工作机制，宣告我国贫困治理事业有了新发展，进入了崭新的操作模式。2015 年《中共中央国务院关于打赢脱贫攻坚战的决定》的颁布，标志着作为世界反贫困的重要环节，我国脱贫攻坚进入了深水区，贫困治理不断取得新成效。根据联合国《2015 年千年发展目标报告》统计数据，中国绝对贫困人口比例从 1990 年的 61% 下降到 2002 年的 30% 以下，率先实现比例减半；2014 年贫困率又下降到 7.2%，我国对全球减贫的贡献率超过了总量的 70%，成为世界上减贫人口、脱贫人数最多的国家，也是世界上率先完成联合国千年发展目标的国家。2016 年国务院印发了《"十三五"脱贫攻坚规划》，明确提出在 2020 年底实现消除区域内全部贫困人口的目标。2017 年，党的十九大又把精准脱贫作为三大攻坚战之一进行全面部署。我国减贫的力度在不断加大，取得了令世界刮目相看的业绩及成效。

改革开放以来，中国的贫困治理主要经历了体制改革推动扶贫、区域开发式扶贫、综合性扶贫攻坚和以片区开发新举措与精准扶贫新方略融合推进的脱贫攻坚阶段[1]，呈现出由贫困县、贫困村到贫困户越来越精细的瞄准扶贫的特点[2]。贫困治理理念也经历了从救济式扶贫到开发式扶贫再到预防式扶贫、巩固式扶贫的不断演进、前进式上升，逐渐形成了以政府为主导、渐进式、宏观发展、社会力量参与等复合式减贫经验[3]。总之，我国高度重视扶贫减贫事业，党中央及各级政府都出台实施了系统化的中长期扶贫减贫规划，表明中国已经探索出了一条符合自身国情、自身实际的扶贫减贫道路。

同时，党和政府也出台了一系列政策和措施支持深入推进贫困治理工作，如家庭联产承包制、全面取消农业税等，我国脱贫工作成效实现了历史

---

[1] 李晓园、钟伟：《中国治贫 70 年：历史变迁、政策特征、典型制度与发展趋势——基于各时期典型扶贫政策文本的分析》，《青海社会科学》2020 年第 1 期。

[2] 黄承伟、覃志敏：《我国农村贫困治理体系演进与精准扶贫》，《开发研究》2015 年第 2 期。

[3] 林闽钢、陶鹏：《中国贫困治理三十年：回顾与前瞻》，《甘肃行政学院学报》2008 年第 6 期。

性跨越。概括而言，自 1978 年以来，我国形成了富有中国特色的减贫路线，从贫困治理阶段来看，具体可分为六个阶段：第一，救济式扶贫（1978—1985），农村贫困人口从 1978 年的 2.5 亿（贫困发生率 30.7%）下降到 1985 年的 1.25 亿（贫困发生率 14.8%）。第二，大规模开发式扶贫（1986—1993），截至 1993 年底，农村贫困人口减少到 8000 万人（1985 年为 1.25 亿）。第三，专项式扶贫（1994—2000），按照当时的扶贫标准，截至 2000 年底，中国农村贫困人口减少到 3209 万人，贫困发生率下降到 3% 左右。第四，综合扶贫开发（2001—2010），2010 年底，农村贫困人口减少到 2688 万人，发生率下降到 2.8%。第五，精准扶贫（2011—2020），现行标准之下，全国农村 9899 万贫困人口全部脱贫，贫困县全部摘帽。[①] 第六，自 2020 年以来，巩固拓展脱贫攻坚成果，实现乡村全面振兴，实现全体人民的共同富裕。第六个阶段是长期贫困治理的过程，必将要更精心策划、精准施策，以加快实现我国擘画的全民共同富裕宏伟蓝图。

2020 年底，尽管全球肆虐的新冠疫情使我国贫困治理充满坎坷，但我国仍如期完成了消除绝对贫困的脱贫攻坚目标任务以及全面建成小康社会的战略目标。2021 年 2 月 25 日，习近平总书记在全国脱贫攻坚总结表彰大会上的讲话指出："我国脱贫攻坚战取得了全面胜利，现行标准下 9899 万农村贫困人口全部脱贫，832 个贫困县全部摘帽，12.8 万个贫困村全部出列，区域性整体贫困得到解决。"[②] 这标志着中国已经完成了消除绝对贫困的艰巨任务，绝对贫困问题得以总体解决。按照现行贫困标准计算，我国 7.7 亿农村贫困人口摆脱贫困；按照世界银行国际贫困标准，我国减贫人口占同期全球减贫人口 70% 以上。摆脱绝对贫困，造福了中国人民，同时也为全球贫困治理作出了积极贡献，取得了令全世界瞩目的重大胜利，具有非凡的历史意义。

---

① 参见谢贤：《新中国成立 70 年来我国反贫困事业的历史演进、基本经验及未来展望》，《甘肃理论学刊》2019 年第 5 期。

② 习近平：《在全国脱贫攻坚总结表彰大会上的讲话》，《人民日报》2021 年 2 月 26 日。

　　脱贫攻坚的胜利"收官"，标志着我国贫困治理的成功。通过多年来持续的大规模扶贫，我国整体区域性贫困问题得到全面解决，脱贫摘帽已经全面完成，贫困地区生活质量得以全面提高，减贫脱贫事业取得了历史性成就，提前10年实现《联合国2030年可持续发展议程》减贫目标，用最短的时间完成几亿贫困人口的脱贫任务。

　　中国在减贫脱贫道路上不断攻坚克难，成效显著，形成了具有本国本土特色的脱贫攻坚系列理论，尤其是精准扶贫策略、社会扶贫、教育扶贫、内源式扶贫、生态扶贫、巩固拓展脱贫攻坚成果与乡村振兴衔接、全体人民共同富裕等思想和理论的建立，"从理论和实践上解决了发展中国家现代化进程中所面临的一系列理论和实践问题。"① 同时，中国在贫困治理过程中，坚持党和政府领导、以人民群众为主体、激发鼓励社会积极参与的基本扶贫制度体系，也对全球贫困治理事业产生了积极意义。② 中国贫困治理取得了史无前例的辉煌成就，创造了世界脱贫减贫的中国范本，谱写了人类历史进步的新篇章，推动了全球贫困治理事业的发展。

　　中国在贫困治理中积累了丰富的经验，呈现出鲜明的特点：坚持以中国特色社会主义制度作为脱贫基础、始终把人民群众利益放在首位作为价值旨归、形成党政共管与各方协同的大扶贫治理格局的内生动力、坚持精准扶贫脱贫与长效治理相结合的实施方案，等等。这些经验进一步充实和发展了贫困治理理论，推动了世界贫困治理体系变革，为世界人民摆脱贫困、携手构建人类命运共同体提供了导向和范本，彰显了中国智慧和中国担当。

　　但是，我们也要清醒地认识到，中国目前虽然已经消除了整体性、区域性的绝对贫困，但全面消除仍然存在的相对贫困将是今后的艰巨任务。贫困

---

　　① 参见国务院扶贫办政策法规司、国务院扶贫办全国扶贫宣传教育中心：《脱贫攻坚干部培训十讲》，研究出版社2019年版，第15—20页。

　　② 吴国宝：《改革开放40年中国农村扶贫开发的成就及经验》，《南京农业大学学报（社会科学版）》2018年第6期。

治理作为一项长期工程，依然要面对一些不容回避、必须解决的问题，如消除相对贫困、隐性贫困等。

### 三、相对贫困的伦理阐释

相对贫困与绝对贫困是"贫困"的两极范畴。绝对贫困也称为"生存贫困"，主要是指在一定的社会生产方式和生活方式下，个人和家庭依靠其劳动所得和其他合法收入不能维持其基本的生存需要，这些个体或家庭就称之为贫困人口、贫困户。相对贫困则可称之为"生活贫困"，是相对于绝对贫困即"生存贫困"而言的，主要是指在特定的社会生产方式和生活方式下，依靠个人或家庭的劳动力所得或其他合法收入虽能维持其食物保障，但无法满足在当地条件下被认为是最基本的其他生活需求的状态；相对贫困衡量标准是家庭收入和人均支出，若一个家庭的收入低于必需的开支数时就属于贫困范围。对此，世界银行《1981年世界发展报告》曾做过形象描述："当某些人、某些家庭或某些群体没有足够的资源去获取他们那个社会公认的、一般都能享受到的饮食、生活条件、舒适和参加某些活动的机会，就是处于贫困状态。"而对于贫困的状态，联合国开发计划署也提出——贫困不只是人们通常所认为的收入不足问题，它实质上是人类发展所必需的最基本的机会和选择权利被排斥，而恰恰是这种机会和选择权利才能把人们引向一种长期健康和创造性的生活，使人们享受体面生活、自由、自觉和他人的尊重。

相较于"绝对贫困"致力于探寻"生存"所需的"绝对"标准，"相对贫困"的关注焦点则在于确保"体面生活"或实现"实质自由"等更高层次价值，并主张贫困的标准并非一成不变，须与特定的社会发展相联，因而提出贫困标准应是"相对"的。在世界贫困治理的伦理学理论体系中，关于相对贫困的研究，涌现出具有一定借鉴价值的、具有广泛影响力的代表性观点。追溯相对贫困理论源头，其中彼得·汤森的"相对主义"贫困观、阿马蒂亚·森对"可行能力"的定义、结构主义系列贫困理论，在某种意义上可称之为"相对贫困"的早期代表性思想。

### （一）阿马蒂亚·森的贫困理论

1933 年生于印度孟加拉湾的阿马蒂亚·森，1998 年获得诺贝尔经济学奖，他之所以会选择经济学研究的领域，根本原因及动力在于帮助印度摆脱贫困、提高经济发展水平，改善人们的生活条件。在长期的对贫困和饥荒问题的研究中，森形成了独特的伦理学研究视角，他聚焦于从能力、权利两大方面来论述贫困问题及分析贫困现象产生的原因，这一创举是对传统贫困理论将收入水平视为贫困决定因素的变革与颠覆。

阿马蒂亚·森的贫困理论主要包括能力理论和权利理论。

第一，阿马蒂亚·森的能力贫困理论。他提出，界定贫穷，不应仅仅只考虑人们的收入水平，而应根据其实现自己想要的基本物质生活和自由的可行能力来加以判定，这种可行能力才是研判一个人真实处境的决定性因素。由此出发，他的能力贫困理论内容主要有：

首先，对于人的可行能力进行了明确的界定。指出可行能力是一个人在现实生活中有可能做到或实现的各种行为活动的能力。这种可行能力涵盖人们生活的诸多方面，例如，人们实现吃饱穿暖的能力，即保障免受饥饿和寒冷的能力；参加公共活动、参与国家事务的权利和自由；体面参加社交活动的能力；等等。这些可行能力使人们的基本物质生活和人格尊严得到保障，让人们拥有应有的自尊和自信。

立足于此，森用能力理论对贫困概念进行了独到的界定，他提出虽然收入低下是贫困的表现，但单纯通过收入水平来判定一个人的处境将失之于偏颇。相反，森认为判断人是否贫困及其贫困程度，应由人实现基本物质生活和各种可能的自由的生命活动的能力所决定，当这种可行能力被剥夺时，比收入低下更表明人处于劣势地位和不利环境。

其次，衡量可行能力的标准是绝对性的，但在贫困测量中却有相对性。森指出，判断一个人是否具有某种可行能力并不取决于他人的情况，也无关他人是否拥有此能力。例如，当一个人处于饥饿状态时，即便存在一个比他更饥饿、处境更艰难的人，对这个人自身饥饿处境和贫困现实也不会产生任何影响。此外，人们从社会中获取某些重要能力所需的一些基本条件，如某些商品、物资或收入等也具有相对性。这些重要能力的获得使人们能够更多地参与到社会公众活动中，使其人格尊严得到保障和维护。

第二，阿马蒂亚·森的权利贫困理论。森还从权利的角度出发，阐述了人们某些权利的丧失和被剥夺也是导致贫困和饥饿的根本缘由。如果说森的能力贫困理论是人文情怀的体现，而权利贫困理论则是他围绕强调人权、维护伦理道德而展开，森的权利贫困理论凝练在其著作《贫困与饥荒》《饥饿与公共行为》中。

首先，森首次从权利视角来揭示人们贫困的原因在于权利的被剥夺和丧失。森认为虽然导致饥饿的直接原因是粮食的短缺，但如果考虑到饥饿是作为交换权利的函数，则饥饿是由交换权利下降导致的结果。

其次，森对于权利进行了详细的阐释和界定。一是每个人都有与他人进行物质交换的权利。二是人人都具有用自己的资产去雇佣劳动力或购买其他生产要素来生产产品的权利。三是每个人都拥有被雇佣的权利，可以将自己的劳动力作为一种商品来出售或进行交换。四是每个人都有继承和转移他人或自己财产的权利。这些权利能否得到有力的保障主要取决于社会体系、政治体系和经济体系的完善程度。

同时，森对于贫困的来源和导致贫困的根本因素进行了详细的解读和分析，他关注世界各国饥饿现象并努力探寻解决的有效方法和途径。指出在社会中处于不同阶层的人由于其所具有的权利参差不齐，对于食物的支配范围也存在很大差异，在一定程度上显示了社会制度的不公平性。森认为，每个人都具有拥有粮食的初始权利，同时也具有将这些东西与他人进行交换的权利。当人们这两种权利中的任何一种被剥夺，都极有可能会造成贫困现象的出现。因此，制定合理的社会制度，使公众的基本生活和物质来源得到保障，对于社会的和谐稳定具有十分重要的意义和作用。

### （二）结构主义的贫困理论

结构主义贫困理论的诞生和使命，是为在二战后新独立的发展中国家面临亟须大规模经济重建和摆脱贫困，提供发展战略、发展路径、发展规划等理论上的借鉴和依据。

结构主义在分析发展中国家的贫困问题时，倾向于通过结构剖析来认识和研究经济发展的贫困原因。结构主义贫困理论的代表：美国发展经济学家罗格纳·纳克斯的"贫困恶性循环"理论、美国经济学家理查德·R.纳尔逊的"低水平均衡陷阱"理论、美国经济学家莱宾斯坦的"临界最小努力理论"、瑞典经济学家冈纳·缪尔达尔的"循环累积因果关系"理论、奥地利经济学家保罗·罗森斯坦·罗丹的"大推进理论"以及美国经济学家刘易斯的"二元经济结构模型"等。

罗格纳·纳克斯提出发展中国家贫困的原因，是因为经济结构中存在若干相互联系、相互影响的"恶性循环"而不是因为资源不足，这些恶性循环系列致使发展中国家无法摆脱封闭的贫困陷阱、经济受束缚无法发展。因此，其产生贫困循环的根本原因是资本缺乏和资本形成不足。从资本供给来看，发展中国家的贫困"恶性循环"是"人均实际收入低→储蓄能力低→资本形成低→劳动生产率低→人均收入水平低→资本供给不足"；从资本需求来看，则是"发展中国家人均收入低→较低的购买力→投资引诱不足→资本形成不足和生产率难以提高→新一轮的低收入"，形成资本需求不足恶性循环。这两个循环互相影响、互相作用，导致发展中国家长期处于经济停滞和贫困陷阱之中。

针对纳克斯的"贫困恶性循环"理论，保罗·罗森斯坦·罗丹提出了打破这种贫困恶性循环的"大推进理论"。罗丹提出可以从资本供给和资本需求两方面破除贫困的恶性循环，促进发展中国家经济的全面增长，他认为发展就是在贫困恶性循环的锁链上打开缺口，通过实施全面增长投资计划，对相互补充的产业部门同时进行投资，通过扩充市场容量和完成投资诱导机制获得外部经济效应，打破资本需求不足带来的恶性贫困循环。同时，通过全面投资促进行业分工、协作，降低生产成本、增加利润，促进资本的积累和形成，打破资本供给不足造成的贫困恶性循环。

冈纳·缪尔达尔试图从更广泛的层面上研究发展中国家的贫困问题，提出了著名的"循环累积因果关系"理论。他认为在一个动态的社会经济发展过程中，各种因素互相联系、互相影响、互为因果，呈现出一种"循环累积"的发展态势。一个因素发生变化会引起另一个因素发生相应的变化，即从一级变化到二级变化，而这一变化又会进一步强化起始因素，导致经济发展过程沿原先的方向发展，而这种发展是一种"累积性的循环关系"，不是均衡守恒的。在发展中国家，由于人均收入水平低，会导致人民生活水平不高、营养不良、健康受损、教育水平低下等，由此带来人口质量下降、劳动者素质低、就业困难等，这些因素又成为劳动生产率低、经济停滞、产出水平低的原因，从而使发展中国家陷入低收入与贫困的累积恶性循环之中。由此得出结论，发展中国家贫困的重要原因是收入水平低，而收入水平低是社会、经济、政治和制度等因素综合作用的结果。其中一个重要因素是资本稀缺、资本形成不足以及收入分配制度的不平等。为此，要通过权利关系、土地关系、文化教育等方面的改革，实现收入平等，增加穷人的消费，以提高投资引诱。同时，增加储蓄促进资本的形成，使生产率和产出水平大幅提高并带动发展中国家的人均收入水平的迅速提高。缪尔达尔的贫困理论与纳克斯的贫困理论相比，更强调贫困原因的复杂性，并在摆脱贫困上强调制度因素的重要性。

此外，结构主义理论代表还有美国经济学家理查德·R.纳尔逊的"低水平均衡陷阱"理论、美国经济学家威廉·阿瑟·刘易斯的"二元经济结构模型"理论等，都从不同角度阐述了发展中国家如何摆脱贫困的方法及举措。

总之，结构主义的国家贫困理论从经济学和伦理学视角探索贫困问题，开创了国家贫困与反贫困研究的先河，对于发展中国家摆脱贫困具有十分重要的启发和借鉴意义。总结出发展中国家普遍存在资本短缺、劳动力剩余的现实问题，强调资本积累和资本形成对发展中国家摆脱贫困、实现经济增长的作用；主张实施经济增长的平衡战略；通过大规模投资冲破市场狭小的限制，使各类工业同时并举，有利于各部门之间互相补充、相互促进，推动经济快速发展，从而摆脱贫困状态。

### （三）彼得·汤森的相对剥夺理论

阿马蒂亚·森着眼于"相对贫困"中的"贫困"，坚持贫困蕴含不可缩减的"绝对"内核——对"可行能力"的绝对剥夺，主张在"相对"的社会中以"绝对"的基本可行能力剥夺来定义贫困。森的定义是在坚持贫困的"绝对"内核基础上在"相对"方向上做出了一定程度的妥协和让步。而在对"相对贫困"的认识上，英国经济学家彼得·汤森则是完全的"相对主义"者。

彼得·汤森的相对贫困理论是对贫困概念的一次全新阐释。在汤森之前，早期学界认为贫困表现为个人或家庭所能支配的收入不能维持人的基本生存所需的福利或消费的状况，对贫困的研究主要局限于绝对贫困，比如，现代贫困研究先驱之一英国经济学家本·朗特里将"绝对贫困"定义为"一个家庭的总收入不足以使其获得仅能维持身体正常功能的最低限度的生活必需品"[①]，这一定义以是否满足"生存"的标准理解贫困，认为生存所需的必需品清单往往是固定的，因此贫困的定义自然是"绝对"的。贫困理论研究的其他先行者，比如，英国经济学家布思，·C.在 19 世纪 80 年代及朗特里随后（1889 年）均把对贫困的界定指向绝对的物质匮乏或不平等（inequality），尽管在他们之后的研究者注意到收入在衡量贫困上的局限，提出了"资产贫困"等概念，但其对贫困的理解依旧未能脱离"绝对"的思路。

而对朗特里等的"绝对贫困"定义具颠覆性的批判来自"相对主义"论者。他们认为贫困概念中的"生活必需品"并非绝对而是相对的，主要原

---

① Rowntree，B.Seebohm，*Poverty: A Study of Town Life*，New York: Macmillan，1901，pp.86–87.

因：一是个体或家庭"生存"所需的必需品跟气候条件等环境因素有关；二是贫困不仅是生理意义上的"生存"需要无法得到满足，更是"生活"的需要。他们运用古典经济学家亚当·斯密在《国富论》中对"生活必需品"的论述，指出生活必需品"不只是维持生活所必不可少的商品，还包括国家的风尚使得成为维持值得称赞的人的体面，甚至是最低阶级人民的体面所不可缺少的东西"[①]。而体面"生活"所需的必需品显然与个体或家庭所处的社会环境有关。

彼得·汤森是相对主义的重要代表者，他主张对贫困的理解伴随时代要求而变化，人们所处的环境和社会期望创造了主观需求与客观需求，贫困不是绝对的状态而是相对的剥夺，必要资源的缺乏使人们无法融入社会普遍认可。因此，汤森从社会学视角出发，以"相对主义"理解和定义贫困，认为贫困源于社会比较，贫困的判断需联系社会其他人的处境，指出："如果人们因缺乏或者被剥夺了实现通常定义社会成员身份的生活条件所应当具备的资源，而被排斥在正常的生活方式和社会活动之外，他们就处于贫困之中。"[②]强调贫困是相对于社会平均水平而言的，并在实践中往往以收入均值的百分比来衡量贫困，具有鲜明的"相对主义"色彩。

相对主义者批判局囿于"绝对贫困"范域中定义"贫困"，具有以下弊端：一是使人们仅关注生理需求的维持状况；二是把基本的需求品变成格式化清单，然后换算成收入，就简单称之为"充足的"。由此汤森指出，"生活水平这个模糊的概念被用来衡量贫困是一个不足的、误导性的标准，很大程度上是因为生活水平有时没有需要的科学目标，但也因为它本质上是一个静态的概念。随着时间的流逝，它如钱一样变得没有价值了。通过继续使用这个标准我们让自己相信英国几乎没有贫困了。事实上，根据任何其他的合理标准

---

① ［英］亚当·斯密：《国富论（国民财富的性质和原因的研究）》，杨敬年译，陕西人民出版社 2001 年版，第 822 页。

② Peter Townsend, *Poverty in the United Kingdom:A Survey of Household Resources and Standards of Living*, p.915.

测量，就会发现贫困的大量存在，比我们所承认的还要多"。[①] 他认为，贫困的绝对标准事实上是不存在的，"绝对的"贫困线也应该是"相对的"，并且他在对过去贫困理论批驳的基础上提出了"相对贫困理论"。

汤森的"相对贫困理论"的"相对贫困"界定，在于其是相对于一定社会的平均生活水平而言的贫困，是一个纯粹的主观标准，强调的是社会成员人与人之间生活水准的横向比较，其内涵则随社会、经济、文化背景的变化而变化。在汤森看来，贫困的相对性是绝对的，即在任何一个社会、任何一段时间都没有一个维持体能或健康水平的统一生活必需品的清单列表，需求必须与它所属的社会相联系。随着社会的发展，需求也在不断发展变化，因而生活必需品的内涵和外延也相应地不断发生变化。因此，与之相联系的贫困的概念就是相对的、动态的概念。同时汤森还提出，比较富裕的福利国家英国在 20 世纪后期仍存在贫困问题，并不表明英国缓贫政策的失败，而是因为贫困是一种相对剥夺，是随着社会规范和习惯的改变而改变的。生活在贫困中不是仅指总收入不足以支付维持生存所需要食物、衣服、燃料等的必需品。为此，汤森还制定了贫困线即最低营养需求标准，用它来测量贫困。但同时他也指出，人们从事的工作和活动不尽相同，因而个人所需的营养也不尽相同。对最低营养标准的界定是繁杂艰难的工作。

基于传统测量贫困的方法缺乏科学性，汤森认为需要一种新的测量方法，他提出了贫困的相对收入标准（relative income standard of poverty）及相对剥夺（relative deprivation）方法——用平均收入作为一种测量相对贫困的方法。"贫困不仅仅是基本生活必需品的缺乏，而是个人、家庭、社会组织缺乏获得饮食、住房、娱乐和参与社会活动等方面的资源，使其不足以达到按照社会习俗或所在社会鼓励提倡的平均生活水平，从而被排斥在正常的

---

① Townsend, Peter. (1962) *The Meaning of Poverty*, *British Journal of Sociology*, Vol. XIII, No.1 (March), pp.210–227.

生活方式和社会活动之外的一种生存状态。"① 首先，他根据家庭的组成、人员等不同把家庭划分为不同的类型。其次，对每一类型的家庭根据其收入水平进行排序，计算出不同类型的家庭的平均收入，并将平均收入的一定比例作为测量贫困的单位。例如，对于一个两口之家，如果其收入为平均收入的50%则能够维持其最低的生活需求，那么收入低于这类家庭平均收入的50%就被视为处于贫困之中。但汤森也指出了这种方法的局限性：一是家庭类型不同，收入是不同的。因此，这种方法可以比较同一类型家庭之间的贫困程度，但对于比较不同类型家庭之间的贫困程度则具有不可行性；二是社会环境不同收入也不一，不同的社会环境所具有的物质基础不同，家庭的平均收入也会形成很大差别。所以用这种方法很难去比较处在不同社会环境中的家庭之间的贫困程度。他在使用这个"相对贫困"概念时，假设穷人和其他人一样拥有某些权利，但在现实的社会制度下，达到正常社会生活水平的条件和获得参与正常社会活动的机会，都是由其所拥有的资源决定的，由于穷人缺少这些资源，他们所应该拥有的条件和机会就被相对剥夺了，故而处于贫困状态。所以按照汤森对贫困的理解，任何社会都会存在贫困现象。

其次，为了更好地测量贫困，汤森又采用了贫困的剥夺标准(deprivation standard of poverty)，即根据对资源不同程度的剥夺水平采取的对贫困的客观评估方法。汤森认为，人们往往把贫困的定义仅局限在生存需求特别是收入的剥夺上，而忽视了福利需求的多样性，而社会成员是否处于贫困之中，是由其参与一个社会所普遍提倡的社会活动、习俗和文化的能力决定的，这种能力来自于一个如现金收入、资本资产、就业福利待遇、社会公共福利待遇以及其他各种形式的个人收入等复杂的资源分配和再分配系统，这些可称为生活形态指标。为此，汤森编制了包括饮食、衣服、燃料、电、住房、教

---

① 参见 Townsend, Peter. (1979) *Poverty in the United Kingdom*，University of California Press。

育和社会关系等 60 个指标的清单，按其重要程度被赋予不同的指数，后来他又将这套剥夺指标简化为 13 条。计算方式则是按照一个社会所要求的平均生活水平，用货币评估出每一个指标的价值，并分别计算出它的客观和主观剥夺指数。

从相对剥夺的角度来定义和测量贫困，那么与这一概念相关的是与他人相比较所产生的剥夺感和所处的剥夺状态。因此，汤森得出结论：对贫困的理解不能仅从客观的角度去界定，其定义还应包含以他人或其他社会群体为参照物所感受到的被剥夺程度，即含有主观因素。

汤森这一理论提出后，相对贫困作为一个更宽泛的概念为许多研究贫困的学者所认同。汤森的贫困理论解释了二战后在福利国家仍然存在贫困的问题，也解释了在以后的很多年里，为什么发达国家的经济在持续增长，但处在贫困中的人口比例却仍可能会上升。其贫困理论标志着对贫困的研究范式转向，贫困治理也从单一的经济方式转向经济、社会和政治的多元方式。

总之，汤森的贫困理论是在传统的绝对贫困理论已无法解释社会现象而提出来的一种新思考，汤森对"相对贫困"的界定是和绝对贫困相对应的概念，其对"相对贫困"的理解具有合理性，它丰富了贫困概念的外延和内涵，有助于人们对贫困更深入详尽的分析与理解。

## 四、减贫面临的主要挑战

当前我国贫困治理呈现出典型的阶段性推进等特征，面临的形势仍较为复杂，全面推进贫困治理要再上新台阶，必须解决好出现的新问题、新情况、新挑战。

综合分析，我国今后贫困治理须攻克的主要问题，可归总为两大方面：一是"相对贫困"带来的客观实际问题；二是帮扶主体内在动力不足、思想贫困依然存在等衍生的主观内在问题。

（一）客观因素

第一，相对贫困仍在一定范围内存在。我国的脱贫攻坚战取得了全面胜利，然而，鉴于仍存在贫困主体生计脆弱性、政策兜底覆盖有限性和贫困线调整动态性等诸多不确定性致贫因素，这意味着即便解决了区域性、整体性贫困和消除了绝对贫困，但相对贫困问题仍将长期存续。因此，我们必须要清醒地认识到，当前我国贫困的性质和特点已发生质的改变，表现为：从消除绝对贫困向缓解相对贫困转变，由生存性贫困向发展性贫困转变，由物质性贫困向精神性贫困转变，由单一收入贫困向多维贫困转变。

贫困线也称之为贫困标准，是在一定的时间、空间和社会发展阶段的条件下，维持人们的基本生存所必需消费的物品和服务的最低费用。世界银行2015年10月初宣布，按照购买力平价计算，将国际贫困线标准从此前的每人每天生活支出1.25美元上调至1.90美元。2022年5月，世界银行又发布信息，全球贫困线标准由1.90美元上调至2.15美元。

同时，2018年世界银行采用多维贫困指数监测全球层面消除多维贫困的进展情况，包括收入/消费、受教育机会和水电基本服务三个维度。联合国开发计划署（UNDP）和牛津贫困与人类发展中心（OPHI）用烹饪营养、教育、电力、卫生体系等10个主要变量来测量贫困水平。

中国主要采用货币标准与非货币的多维贫困标准相结合的方法。2020年3月12日，中国国务院扶贫开发领导小组提出，中国现在的扶贫标准是综合性的标准："一个收入、两个不愁、三个保障"，即"一二三"，"一"是一个收入；"二"是不愁吃、不愁穿；"三"是"三保障"即义务教育有保障、基本医疗有保障、住房安全有保障。同时，中国还将"两不愁三保障"作为非货币目标与货币标准有机结合，有助于更全面地识别贫困人口。

如果以贫困标准来测算，目前我国城镇和农村的绝对贫困问题已经全面解决，但相对贫困人口还呈现出占有一定比例的状况。因此，当前中国贫困治理主要要解决的问题是相对贫困问题。相对贫困的存在，客观原因主要有两个：一是一些老少边穷、集中连片山区，自然条件恶劣、劳动效率低、家庭收入少，多数农户家庭收入差。这些自然条件恶劣的农村贫困户，处于易再返贫群体，摆脱相对贫困难度大。二是一些条件相对困难的贫困户，因病、因残或因家庭缺乏劳动力，导致家庭无收入或收入不足，在相对贫困边缘徘徊。

第二，深度贫困地区和特殊贫困人口的相对贫困解决要予以重点关注。深度贫困地区的原有贫困程度更深，相对而言，各种资源条件更加匮乏，脱贫后续力更为脆弱，脱贫难度更大。同时，一些特殊群体例如残疾人、贫困儿童、留守儿童、流动人口等，仍然面临着亟须解决的各种贫困问题，需要长期努力。

第三，区域差异和动态变化为解决相对贫困带来新挑战。不同地区的贫困程度和属性不同，解决这些问题的策略、措施如何才能做到因地制宜，是摆在贫困治理中的新难题；同时，贫困发生和帮扶人口会随着时间和经济形势的变化而发生动态变化，带来种种不可预知的因素，这些都是相对贫困治理有待全面解决的严峻问题。

第四，贫困治理还未形成科学规范的完整体系。首先，建立全国统一、相互连接、平行推进的贫困治理全局系统有待完善，城镇和乡村在扶贫政策健全和减贫各项投入完备上还处于分割化、碎片化的状态，而这又必将会导致资源使用的"耗能低效"。其次，随着形势的变化，相对贫困也产生地域上的变化，城镇相对贫困问题日益显现，成为贫困治理的新群体新挑战，为贫困治理的政策调整和完善带来了新的难题。最后，贫困有延伸扩展到社会各个层面的迹象，涉及发展规划、社会保障、民生工程、文化产业等多部门多领域，亟须建立全方位参与、多部门协同的减贫治理机制。

此外，聚焦消除相对贫困，同时还要做好生态环境保护、生态生产生活方式引导，健全动态扶贫机制等，这些都是贫困治理客观存在的新困境新挑战。

（二）主观因素

除了现实的客观因素，贫困治理也须直面帮扶主体、帮扶工作人员主观存在的内因问题；面临彻底清除思想、心理障碍，激发主体动力，规范贫困治理管理意识等各种挑战。

一是帮扶对象自我主体作用发挥还不足。贫困治理本质上是帮助帮扶对象树立自主性、提升积极性，寻求共同求富、创富、致富道路的过程。从近几年我国的脱贫减贫实际看，出现过这样的反差：脱贫的外部投入力度比主体自身内生推进力度更大更强，国家在人、财、物等方面支持的规模数量都较大，但相对而言，贫困地区和贫困主体自身的内在脱贫致富动力则相对薄弱。在一些地区甚至出现部分脱贫户、脱贫村在实现越过贫困线后的内生保持力、延续力不足，脱贫机制弱化退化等现象，以及帮扶对象惰性依赖思想仍较为严重、自强自立意识依然不足等问题。

贫困治理事业的成功，虽然外在的强力拉动和推动不可或缺，但减贫主体自身也要积极配合，充分发挥自我积极作用配合好外力引领，"双管齐下""双重驱动"，脱贫成效才能不出现"滑坡"，才能确保行稳致远、更具成效。

二是帮扶对象惰性思想还未能全面清除。部分贫困地区群众片面理解扶贫政策，他们不愿意积极就业、不谋求发展，以当贫困户为荣，一心想吃低保，享受国家救助，慵懒度日、等靠要思想严重，缺乏自力更生、艰苦奋斗的决心、毅力和干劲，缺乏自强自立、寻求脱贫的自我动力，即使通过外力帮扶实现暂时脱贫，也难以持久。

三是部分帮扶工作人员存在懒政、怠政思想。贫困治理工作点多、面广、量大，按照贫困户条件对村居农户进行识别，在实际操作中难度大，特别是外出务工收入难以确定，导致家庭财产核实复杂困难。有的工作人员在精准识别过程中对贫困户家庭实际情况了解不透，就采取"一刀切"敷衍了事，致使贫困户、低保户的界定混乱，一些条件较好的家庭也纳入帮扶对象，而应纳入的家庭有些则没有纳入，导致群众意见较大，对贫困治理带来不利影响。有些相关部门及主管单位责任落实不力，主动作为意识不强，对自身应承担的监督管理责任思考得少，没有真正"深下去""沉下去"，入户调查、走访核实、分析筛择等工作敷衍了事，更缺乏事后的制度化、规范化的检查评估机制，导致不能及时解决、纠正贫困治理工作中产生的新问题。

以上存在的客观和主观因素表明，虽然我国的绝对贫困问题已经得以解决，但相对贫困问题仍将长期存在，主体现存的思想问题、管理问题依然有待引导和廓清。脱贫人员还存在着程度不一的返贫风险，需要及时规划和完善贫困治理方案。

解决这些新困难新挑战，需要在政策落实、方案策略、制度保障、对策措施、队伍建设等方面持续发力，全社会形成合力，特别是将贫困治理已有经验和成效稳定保持下去，同时也为解决新问题、战胜新风险提供经验借鉴，奠定贫困治理的坚实基础。在社会合力机制体制中，重要的途径和方法之一，是充分挖掘和运用学科具有的理论优势，加快并融入贫困治理的实际操作之中，加大贫困治理成效，促使贫困现象的早日全面消除。

## 第二节　财富伦理嵌入贫困治理的必要性和可行性

财富伦理是指人们对待、创造、占有和使用财富的方式以及与此相关的在生产、分配、交换和消费过程中蕴含的伦理内涵和道德意蕴。财富伦理的运用，有助于人们反思批判现代社会涌现的财富异化、财富幻象、财富臆想、消费符号主义、财富工具属性凌越价值理性的"物役人"等弊端，重建财富良性发展的伦理范式。

根据财富伦理的学科特质，这一理论体系能成为贫困治理事业的重要精神动力和价值尺度。因此，以马克思主义理论为立论依据，围绕贫困治理中必须解决的财富认知、财富生产、财富分配、财富使用等重大问题，财富伦理运用于贫困治理具有必要性和可行性。

## 一、财富伦理嵌入贫困治理具有必要性

第一，财富伦理特有的学科内涵、学理建构、逻辑体系表明，挖掘运用好财富伦理的学科理论，对推进贫困治理具有必然的内在价值。财富伦理以马克思主义科学理论为指导，以道德伦理研判、筛择为基点，运用辩证思维和缜密的逻辑推论，引导人们合理、合规及合法地认识、创造、配置和使用财富，对贫困治理具有积极的引导意义。财富伦理全面全方位地嵌入贫困治理，能有效引导人们树立正确财富思想，规范人们的求富致富行为，加快贫困治理的步伐。

第二，全面实现脱贫需要利益协调，贫困治理需要实现财富内生发展，扶贫对象需要提升自觉脱贫意识、意志及能力培育，在社会宏观价值、地区局域价值、个体微观价值等维度上，在对财富实现正确认知、财富生产实现生态化、财富分配实现公平化、财富消费实现适度化等方面，财富伦理对推进贫困治理也具有重要的实际价值。此外，提炼马克思主义反贫困财富思想精华、中外优秀贫困治理理论等，也可以引证和全面总结出财富伦理在贫困治理中具有不可或缺的理论导向和实际操作效用。

## 二、财富伦理嵌入贫困治理具有可行性

第一，时代发展及社会环境赋予了可能性。在贫困治理进程中，财富价值观的迷失在一定程度上会阻碍贫困治理的顺利开展，在脱贫扶贫中对财富伦理问题的困境和破解是重要任务，势在必行。德国经济伦理学家马克斯·韦伯在涉及财富伦理时曾作出精辟分析，指出当人们普遍能心怀感激与敬畏地对待财富，用正当合理的手段创造财富并以有利于社会的方式使用财富时，社会才会具有与现代文明相对称的先进水平，市场经济的健康发展和社会健康运行才会成为可能。经济的发展离不开人们正确财富价值观的支撑，当人们形成对待财富的正确思维、科学做法，能够根据财富的本质要求

去看待财富、创造财富、分配财富和运用财富时，脱贫才能从根本上达到目的和效果。同样，财富的创造、分配、交换、消费过程的规范化也是贫困治理的重要支撑，能赋予贫困治理以科学指导。

我国市场经济条件下财富伦理的学科意蕴为市场经济的健康发展和社会良性运行提供了相应的道德基础，社会已形成稳定的公正平等、人文关怀、生态和谐的公序良俗和道德标准。基于我国良性运行的社会经济、社会秩序环境以及财富伦理学科建设已经完善，财富伦理嵌入贫困治理成为了时代经济健康发展的内在诉求。

第二，学科价值导向与贫困治理目标充分契合。财富伦理引领人们从财富认知到实践、从思维锻造到理性行动的全过程。在学科价值目的上，财富伦理提出财富作为物态范式的一种存在，其价值在于其手段性和中介性，在于其具有使用价值意义；而财富发展的终极目标则在于实现人的能力提升以及人的全面自由发展、人的社会关系全面丰富以及人的个性充分发展。贫困治理作为人类的财富增长和财富生产活动，其价值目的指向也与财富伦理终极目标一致。

同时，贫困治理的另一层重要含义，也是在警示人们在解决财富满足人们基本生活需求问题后，不能单纯为了满足无度欲望等去追逐物质财富，而应该将财富追求的种种行为纳入财富伦理的制约之下。因此，懂得合理消费物质财富是拥有健康幸福人生不可或缺的要素，同时，将财富伦理运用于贫困治理，有助于提升贫困治理的规范性，实现财富治理的效用性。

## 第三节　财富伦理嵌入贫困治理的时代价值

### 一、贫困治理新视域

我国的贫困治理已经取得举世瞩目的成就，但还必须解决贫困治理中仍存在的财富伦理问题，才能真正取得脱贫减贫的全面胜利，更快推进我国消除相对贫困的步伐，杜绝贫困的返贫再生和代际传染。分析中国贫困治理现状，以及仍亟待解决的困境和亟须突破的瓶颈问题，运用财富伦理学科的特有旨趣、本质内涵、价值意蕴等嵌入贫困治理，剖析贫困治理中面临和必须解决的财富认知、财富生产、财富分配、财富使用等重要问题，探寻问题产生的原因，探究财富伦理嵌入贫困治理学理基础和实践向度，提出财富伦理嵌入贫困治理的必要性，有助于加快实现我国贫困治理的科学化规范化，是推进我国贫困治理成效的有力手段和现实指向。

财富伦理学科体系中具有的财富动力、财富共享、财富主客体、财富绿色相关原理聚焦研究并致力于规范人们对财富应有的内涵效用、分配方式、本质属性与创造使用的正确意识和行为。财富伦理从解决财富的认知、生产、分配、使用四个伦理层面新视角切入，紧扣及对应贫困治理各环节，以马克思主义财富伦理理论为基础，对贫困治理进行伦理视域新思考；围绕贫困治理中实现财富正当性认知、可持续性的财富生产、公平正义的财富分配、适度节制的财富使用四个层面，探讨构建贫困治理的财富伦理具体路径和策略，与时代发展要求相符合。

## 二、价值目标指向相契合

第一，肯定了合法财富的正当性获得，实现帮扶对象对财富的理性认知、激发财富内在动力功效。第二，坚持了财富配置的公平正义性，推动财富分配对帮扶对象的共享共有。第三，明确了财富"以人为目的"的价值指向，推进贫困治理中科学把握财富的主客体双重属性以及二者之间的"表""本"关系。第四，强调了财富生产与使用的适中性，打造贫困治理生态生产方式及绿色生活方式。将财富伦理上述四方面理论嵌入贫困治理中进行融合运用，能为我国贫困治理提供科学伦理思想来源和道德实现路径。

财富动力论，肯定了合法财富的正当性获得，实现帮扶对象对财富的理性认知、激发财富内在动力功效。财富伦理以马克思财富动力思想为重要理论依据，扬弃与借鉴传统财富动力思维，肯定了财富正当性获得以及财富内在的动力功效。财富动力伦理思维融入贫困治理实践中具有积极意义：一是加快化解对财富意蕴不当认知的桎梏，彻底解决帮扶对象追求财富动力不足的问题；二是加快消除财富至上的偏狭思维，及时解决伦理"义"与财富"利"的辩证融合问题；三是加快塑造财富动力科学逻辑思维，全面解决道德与财富的整体统一问题。

财富共享伦理理念，倡导财富共享的内在实质在于通过财富共建共享来提升人们美好生活的满意度，追求幸福指数的最高阈值。公平与正义是财富共享实现的两个伦理尺度，以财富共享学理意蕴嵌入贫困治理，有利于推动人们正确理解财富分配内涵、寻求社会财富及利益共享的伦理合理路径，实现财富共享共有道德目的，实现财富分配与收益惠及所有帮扶对象。以马克思主义正义思想为指导，借鉴各学派思想家有益观点，在巩固拓展脱贫攻坚成果、防止返贫中，我们应不断强化运用机会平等、权利与义务均等、差别补偿等手段，通过调整、矫正等方式使福利切实惠及所有帮扶对象，实现财富共享的正义分配，而"缩减差别"和"适度补偿"是有效路径。

财富人本价值思想，强调财富以人之主体本质为主，同时也认可财富的客观性存在，是运用财富伦理来实现财富良性发展的贫困治理的理性选择。其功效在于充分发挥财富的客观存在有用性及"为人性"主体内涵的双重内核，将财富主客体属性进行有机融合，形成财富客体能为主体所把握、二者得以共同发展的实践活动。

财富生态生产方式及绿色生活方式思考，有益于防止人们在财富生产过程中的"不足"与"过度"，并秉持"中道""理性"的生态发展，既"讲德""有度"又"可控"地追求富裕。实现巩固拓展脱贫成果和防止返贫，警示人们在不断运用自然资源创造财富的同时，也要积极谋求与自然界的和谐共生之道的科学理性方案。

## 第四节  财富伦理嵌入贫困治理的研究核心

### 一、研究的聚焦点

当前财富伦理融入贫困治理研究，存在以下亟待解决的问题。

一是从财富伦理学科理论高度对贫困治理研究进行全方位透视和提炼有待深化。当前国内外对扶贫的思想理论、立论基础、理念转变研究全面关注度有待提高，现多局囿于政策解读、经验探索和工作总结。而贫困治理不仅是战略、政策和机制，更应是涵括理论的完整系统。因此，有待于补充财富伦理学术知识来对贫困治理进行理论阐释和路径创新研究。

二是对贫困治理中面临问题及对策制定的具体研究有待加强。以往研究多限于单一学科的理论分析和探讨，有待于广泛运用更详实、更深化的多学科学理理论，开展交叉学科的学术互鉴，使研究更深入更具科学性。

三是丰富化、系统化、细致化的贫困治理内容研究有待丰富。现有研究多聚焦在制度、机制及体制等方面，理论研究还比较零碎并较多停留于面上探讨，有待于进行理论拓展，特别是从财富伦理学术视角进行深层次研究，研究范围有待于扩展及深化。此外，对贫困治理中的财富认知、生产、分配、使用问题研究有待于细化及深入分析，缺少梳理财富伦理体系具体对接贫困治理的内在机理研究。

因此，运用财富伦理学科具有的特殊价值内涵及基本原理内容，挖掘财富伦理的财富认知、财富生产、财富分配、财富消费四个主要构成方面，分析贫困治理亟待解决的新问题及其原因，提炼财富伦理应用于贫困治理的理论依据，探索相应对策，具有时代研究意义和现实价值。

## 二、研究的时代向度

财富伦理作为贫困治理重要的理论来源和支撑。涉及三方面的价值研判：对财富内在价值的正确认知、获得财富的正确手段和财富的合理使用，即科学的财富伦理三个方面指向——求富观、致富观和消费观。将财富伦理与贫困治理相结合，教育和引导贫困者树立财富与道德并行的财富伦理观，有助于纠正其在财富的认识、致富的手段及消费的方式等方面存在的认识偏差，增强其主动脱贫致富的内生动力和行动理性，化解脱贫人口返贫率高等困境，提高贫困治理的工作成效。科学的财富伦理观能够达到思想解蔽的作用和功效，引导贫困者的行为选择与目标追求在正确轨道上前进，实现贫困治理战略的有效畅通。剖析当前财富伦理观尚存在的思想问题，追根溯源、对症下药，探寻打破其桎梏的科学路径，构筑新型、科学的财富伦理观是贫困治理应有之义。

我国是一个多民族和谐共生国家，丰富的民族传统文明、民族独特风俗习惯是科学财富伦理观形成的重要支撑。因此，在具体做法上，可以结合各民族的优秀传统文化，寻绎有效举措。

### （一）树立财富与道德并行的科学求富观

树立正确的求富观是根本。求富观大致可分为三类：第一类认为财富自身为"恶"之源；第二类认为财富是人生追求的唯一目的；第三类认为财富是"善"或"恶"取决于人们对其所采取的行为方式。纵览中外历史文化，人们普遍共识多数在于认为物质财富的获得应受到社会伦理的限制。在财富价值的认知方面，多数贫困者能够坚持吃苦耐劳的良好传统，尽管受制于自然环境、家庭情况等客观因素的影响，但是仍然能保持积极向上的进取之心；而一些贫困者则受制于消极的个人意识，存在"以贫为荣"的惰性财富观，从而使自身无法摆脱贫困。而树立正确的财富观则能够达到一种思想解蔽效果，影响贫困者的行为选择与目标追求，从而有助于扶贫战略的有效实施。贫困者一旦形成正确的财富观，不仅具有提升物质生活不断富裕的内生动力，而且在精神生活方面也会不断充实丰富。

一是加快推进义利合一民族文化的弘扬普及。中华传统文化的义利观历史悠久、底蕴深厚，要在民族传统文化中寻绎智慧、提炼精华。纵观历史，民族传统义利观逻辑演绎经历了从"取义舍利""重义轻利"到"以义制利"，最后形成"义利并行"的科学思维，蕴含了三层价值诉求并实际践行：第一层，"义"要优先于"利"，并约制和引导利益的产生、分配和运用。第二层，"利"不能脱离"义"，利益获得必须符合道义。第三层，"义"与"利"并重，"义"不是脱离"利"的空洞标杆，"利"也是不能脱离"义"的行为选择，要在"义"的主导下对各主体利益进行衡量取舍、统筹协调。强调取利合乎义，二者冲突时要求遵循重义轻利、取义舍利原则。

在我国少数民族优秀文化中，就拥有丰富的道德义利思想，譬如，壮族民间故事《哥哥没有鼻子》讲述了哥哥因贪得无厌、自私自利，后来咎由自取失去鼻子；《一对朋友》中叙述善者得到神仙帮助，医治好病并过上幸福生活，而恶友则因利欲熏心最后下场凄惨，均表达了壮族人民对见利忘义者的鄙视憎恨，对仗义疏财者的崇拜颂赞。藏族英雄史诗《格萨尔》，描述了格萨尔率领部落军民兴天下利、除天下害，并为部落成员谋取物质资源、筹措战争储备的各种场景，强调人生价值在于以天下为公、为社会谋利，同时又反映了必须增进财富以改善人民生活的主题，史诗形象地展示了"义""利"并行并进的藏族传统文化。

因此，在贫困治理中，要大力弘扬民族优秀义利思想，明确实现美好生活与财富获得是目的与手段的关系，在提倡"义"的价值优先性的同时鼓励贫困者积极追求正当利益，充分肯定以"义"为主与求"利"的合理性，二者有机结合、互相促进、各得其所，张扬利人利己的双赢求富行为，使贫困者通过诚实劳动正当逐利、义利并举。引导贫困者树立正确的财富观，实现从"要我脱贫"到"我要脱贫"的转变，走出救助保障式扶贫陷阱、防止返贫。倡导合乎理性与道义的财富伦理，坚持正确导向，引导贫困者树立以正当勤劳致富为荣、以适度消费和创造价值为导向的科学求富观。

二是破解求富意愿与道德规制之间分裂割离困境，通过加快修复碎片化的财富认知，重新建立起人们应有的科学求富观，实现财富"叠加积累"与坚守道德"伦理研判"的统一：一方面，对传统重农抑商思想要加强进行甄别批驳，封建社会拥趸"农本商末"目的在于将农民紧紧束缚于土地上，为封建统治阶级进行无偿生产，成为易于掌控和统治的"顺民"。因此，我们要通过积极教育引导，塑造以富为荣的社会风气，批驳财富消极主义，激发贫困者内生财富"冲动力"和行动"爆发力"，提升帮扶对象求富欲望，鼓励他们大胆追求合理合法的财富收入。另一方面，要加强批驳财富唯心实用主义、功利主义，批判与摒弃不当得利，遏制财富至上论以工具理性与技术理性的方式在帮扶对象生产生活中的蔓延。

三是积极创造贫困治理良好扶持环境和条件。后脱贫时代，扶贫的关注力不仅要聚焦完善贫困治理策略，还须在思想上"斩除穷根""清瘴除疾"，加强"扶智＋扶德"，提高贫困者的主体创富能力。同时，因接受先进的现代财富主流思想需循序渐进，因此，应采取"一对一"、点面结合、先进带动后进的帮扶措施，通过开展学习宣传、座谈交流、入户访谈等形式，提高贫困者正确的财富认知。另外，要及时巩固贫困长效遏制机制，完善精准甄别"相对贫困"与"绝对贫困"后的兜底救助，多举措加快制度保障、技术支持及道德教育，严防边帮扶边返贫的"脱贫滑坡"，增强贫困者的求富主体能动性。

## （二）铸造勤劳致富的生态生产健康致富观

在贫困治理中，要善于挖掘弘扬中华各族人民热爱劳动、勤于耕种的传统美德，转化为贫困治理的精神动因。我国传统伦理思想中有很多内容与市场经济中的财富伦理相契合，均可提炼成为财富创造的宝贵思想来源和现实推动力。要提炼蕴含着艰苦奋斗、刚健自强、坚韧不拔的劳动致富精神，融入减贫强化治理中，巩固扶贫成效。

锻造绿色生产致富观。在传统朴素经济发展观中寻绎财富生态发展精华，加强生态环保意识。在我国各少数民族中，有着浓厚的生态生产思想，均表达了各民族对自然、对自然万物的热爱，譬如，彝族神话《勒俄特依》深刻表达了对自然生命体和天体的热爱；羌族认为自然界是有神灵的，保护自然人类才能消灾除祸，在天旱时他们举行搜山仪式，祈雨求福，届时禁止砍柴、打猎、挖山药等，违者会遭痛打等严惩。佤族创世史诗《司岗里》提出人类是"从石洞里出来"，所以人要恭谨对待地球万物，视自然为异己的征服对象则将遭天谴。要积极传承民族经济价值思想内核，培育财富伦理绿色发展思维，厘清扶贫的资源开采"能是"和"应是"的界限，用财富绿色伦理思维规制人们的财富行为，达到"能为"实然性与"应为"应然性的统一。批判人与自然"主客二分"思维，强调二者"有机整体论"，须和谐共存。强化经济效益与生态效益双赢，坚持多元、经济、绿色、环保的可持续发展，使脱贫致富成为蕴含道德价值的理性行为。同时，要不断增强人们通过合法手段获得财富的能力，具体而言，就是要引导贫困者认识到勤劳致富的重要作用，培养他们树立劳动生产财富、创造财富的吃苦精神；坚持扶德扶智并举，积极开展技能培训和人员能力提升，不断拓展贫困者获取财富、实现财富增值的渠道和途径，使贫困者实现走出生活困境、走向真正的脱贫，迈向富裕之路。

强化互助合作、互利互惠意识。中华各民族历来重视重群合己、和衷共济、守望相助的合作精神。因此，要打破地方发展主义和利益保护主义壁垒，化解由于贫富分化、群体差异等带来的民族隔阂和矛盾，营造"民族共赢为荣，损人利己可耻"的道德氛围，筑牢中华民族共同体认同的财富伦理，形成富带贫、穷追富的民族团结局面，以实现我国的全面脱贫，走向共同富裕。

加强科学求富观形成的宣传教育。要大力推进乡风建设，通过开办专题授课、经验交流等多样化学习培训班，开办农家书屋、文化广场等公共文化服务活动，开展移风易俗婚礼新风等宣传活动，使合理正当求富思想扎根在人们的头脑中。

### （三）凝练节俭俭朴的量力而为理性消费观

进入后脱贫时代，财富伦理观去蔽的重心之一还在于清除精神贫困带来的消费弊端，因此，有待于形成内外结合共同发力机制：在外部的制度安排方面，充分发挥从顶层设计到基层运作的链接式管理，从心理和行为上进行贫困者消费干预，提高他们的理性消费能力；在内部的消费去蔽方面，多举措引导教育贫困者从盲目消费到合理支出，从无度消费到投入再生产，充分发挥有限财富的使用效能。

锻造"尚俭勿奢"的自律精神。提倡健康消费意识，崇尚节俭有度、文明理性消费模式是科学财富伦理观的内在要求。要大力提倡财富文明意识，崇尚俭省有度的伦理消费思想。首先，遵循"适宜、中道、节制"基本原则，以教育引导为主、强力管控为辅，既要摒弃禁欲主义，更要抵制消费至上论调，引导贫困者养成崇尚节俭的美德和合理适度的消费习惯：一是反对奢靡浪费，坚决抵制财富消费符号化、炫耀性、盲目性的非理性消费模式；二是反对过度节省甚至吝啬，保证正常生活的消费。其次，各民族消费观蕴含很多积极因素，要坚持加以借鉴和传扬。在长期劳作中，各民族凝练了各具特色的节俭消费美德，譬如，壮族将勤俭节约作为本民族优秀道德品质世代传承，《传扬诗》中提出节俭是持家之道："夫妻一条心，勤俭持家忙。苦藤结甜果，家贫变小康。"并告诫人们："家贫不节俭，摆宴装豪门；狸猫充虎豹，害己又害人。"蒙古族认为"勤勉是幸福之本，勤俭是富裕之源"，简单朴素的食物住所、衣物用度是他们的消费态度；节制勤俭是藏族的重要生活特征，他们认为财富价值只在于满足生理需求与精神生活基本需要，过量消费是不道德的；彝族把勤俭持家作为民族伦理规范；布依族倡导俭朴厚道的家风族训；等等。各民族崇俭抑奢的消费美德，是建构科学消费观的重要思想资源。

树立合理的消费观是关键。勤俭节约、有度使用的消费观是科学的消费观。美国学者塞德希尔·穆来纳森曾经总结长期扶贫经验，得出的结论：
"穷人越来越穷"的原因在于贫困者"稀缺心态"及"穷人思维"——"很
多穷人得到的救济款用于消费花光而不用于投入再生产，因而只能持续贫
困。"① 因此，我们应及时纠正贫困者的"穷人思维"，引领他们把辛苦积累下
来的财富积极投入于扩大再生产，以理性消费带动经济发展，使健康消费观
成为人们财富使用和扶贫价值取向。

中国当前财富伦理出现了两种典型现象：一些研究表明勤俭节约的传统
美德得到良好传承。崇尚节俭节约、反对奢侈浪费，自古以来就是中华民族
提倡的优良传统。勤俭节约是中国人历代相传的一种传统美德。譬如，春秋
末期《左传》称："俭，德之共也；侈，恶之大也"，意思是节俭是一种大的
德行，奢侈是一种大的罪恶；"历览前贤国与家，成由勤俭败由奢"，纵览历
史也是如此，贤明国家的成功都在于勤俭，衰败都因为奢华而起，节用节制
的消费思想不断推进中国人理性消费观的形成。另一些研究则揭示出令人担
忧的道德真空、财富本位与消费至上文化的上升。表现为拜物主义、享乐主
义至上，对占有和消费物质财富欲壑难填，过分追求物质的生活，漠视道德
甚至丧失道德的底线和标准。这些变化的原因主要与经济变革及科技发展相
关，也与"现代性"信念坚守的缺失有关。

健康合理的消费观，不仅有助于贫困者在财富的应用方面形成正确的认
知，自觉抵制拜金主义、消费主义，而且有助于贫困者在财富价值的认知与
取得财富的手段等方面形成正确的价值标准和道德观念。因此，树立合理的
消费观，要着力于重新锻造贫困者的消费理念，既要摒弃传统的禁欲主义，
更要抵制消费至上主义的侵蚀，引导贫困者养成崇尚节俭的美德和合理的消
费习惯，真正将有限的资金和资源用在可持续生产发展上，形成财富增值的
良性循环。

---

① ［美］塞德希尔·穆来纳森、埃尔德·沙菲尔：《稀缺：我们是如何陷入贫穷与忙碌
的》，魏薇、龙志勇译，浙江人民出版社 2014 年版，第 13 页。

# 第二章　财富伦理推进贫困治理的审视

对财富伦理学理结构、逻辑体系进行科学解析，明晰财富伦理和贫困治理具有内在紧密的辩证统一关系，挖掘和运用财富伦理的学科内涵本质、逻辑思维、价值指向等融入贫困治理，才能使财富伦理产生应有的功效。

当前贫困地区存在仍受限于自然资源与外在条件、财富创造力不足、偶发性因素易于致贫返贫、历史文化传统及社会制度性等因素影响，存在依附性贫困等深层次问题。

以财富伦理推进贫困治理，需把握好几个要义：第一，辨析财富伦理对财富获得正当性理性省察，形成贫困治理的理性认知模式；第二，明确财富伦理的财富指向在于实现人的全面自由发展的幸福生存，树立贫困治理的价值理性目的；第三，厘清财富伦理的绿色可持续生产理性要求，构建贫困治理的理性生产模式；第四，强调财富伦理的财富公平共享诉求，探索贫困治理的理性分配机制；第五，明晰财富伦理的财富适度中道准则，寻绎贫困治理的理性消费方式。

以财富伦理原理嵌入贫困治理，具有重要的现实价值，主要体现在四方面：引领贫困治理的财富认知、规范贫困治理的财富生产、指导贫困治理的财富分配、调节贫困治理的财富消费。


## 第一节　财富伦理概述

财富伦理的科学释义是什么？财富伦理的内涵和本质如何界定？这是贫

困治理运用好财富伦理理论的基础及前提。问答好这些基本问题，是贫困治理顺利推进的应有之义。

## 一、财富范畴界定

对财富伦理内涵实质的把握，首先要明晰财富的范畴定义和内涵本质。那么，什么是财富？本质上，"财富"有广义和狭义两种释义。广义上的财富特指人们拥有的涵括各种各样的形态存在，比如，人的身体、精神世界，特别是外在于人的各种物质对象和物质元素；而狭义上的财富，则特指满足人的各种需要的物质财富样态。

普遍意义上，对财富的理解主要是狭义上的界定，主要包括自然财富和社会财富两大类。自然财富是每个人都能共同拥有、共同享有的天然产物，对此，英国思想家洛克曾指出："大地和大地上的一切东西，都是给人们用来维持他们的生存和舒适生活的。土地上所有天然生产的果实和它所养育的兽类，是自然的自发之手生产出来的，都属于人类所共有。"① 自然财富是原生原有的，但当它被人类所开发和利用时，就转换成并归属于社会财富。社会财富则是通过人的劳动以及人的生产活动，在后天通过生产和再生产所创造出来的各种物质。本质上，财富不论以何种形式存在，都只是一种"物"的存在，物性都是财富的内在本质性。社会财富虽然凝结着人的劳动付出，但是其物性本质仍不可更改。

因此，物性的固态化决定了财富本质属性是不存在能动力量的，因而也不可能蕴含精神价值属性，如实现价值判断、创造自我、内在提升等，而只能是经由人类的生产、分配和消费等来体现其使用价值。因而，物质财富也只能作为人类为更好地生成自我、发展自我所依赖的工具性意义的存在，也只能作为被人类使用的手段性存在。

① ［英］约翰·洛克：《政府论两篇》，赵伯英译，陕西人民出版社 2004 年版，第 144 页。

换言之，财富的价值是通过它对人类的有用性属性所展现的。财富的价值大小和多少，取决于生产、运用、分配和消费它的人类。因此，财富有没有价值？其价值体现在哪里？这些问题的答案，从根本上而言，取决于人的需要及其所产生的价值能量，而不是财富自身。

## 二、财富伦理的本质内涵

对财富概念、语词等有了明确的认知后，我们就可以进一步深入探讨基于财富范畴之上的财富伦理内涵。财富伦理是建立在人们对财富科学、理性认知的基础之上，主要研究的是人们在财富认知、价值归依、生产行为、分配体系及使用方式中的道德合理性和伦理自律性的实现。它从五个维度回应现实经济活动论域的"应然"原则：财富认知及手段应具有正当性，财富价值目的应指向幸福生存，财富创造应实现生态化，财富分配应契合公正正义，财富使用及消费应遵循适度中道。因此，财富伦理学科具有其特有的内涵意蕴和本质属性、道德规范性与伦理合理性，是判断某种经济活动是否合规律性、合目的性的重要学理依据和理性维度。

从财富伦理的学科内涵本质出发，社会主义所推崇的财富伦理思想，是以马克思主义辩证唯物论和唯物史观为指导，基于道德审视和伦理判断视角，运用辩证思维和逻辑话语方式，引导人们合理性与合规律性地认识、创造、配置和使用财富。它是树立人们正确的财富意识和行为，实现人与自身、他人、社会及自然和谐共生共处的伦理学重要分支学科。

财富伦理的运用，有助于人们反思现代社会涌现的财富异化、财富幻象、财富臆想、消费符号主义以及财富工具属性凌驾于价值理性导致"物役人"等弊端，重建财富领域良性发展的道德模式和伦理路径。

财富伦理把人类的经济活动、经济行为以及经济策略放在价值评价平台上，来加以考量、审视，以确保在追求财富的各种活动中人的本质性的凸显，由此，引申追问：在财富活动中，人们如何创造财富、如何使用财富、如何分配财富、如何消费财富？在财富活动中，我们要注重对财富行为是否合目的性、合理性、合规律性的价值审视，并树立人为目的、物为手段，社会效率和社会公正兼顾，物质利益和生存意义相互统一的思想，以实现弘扬财富正义、激发财富内在向善性的目的。

对财富伦理的分析及其本质的把握可知，将财富伦理运用于贫困治理，需要解决以下几个核心问题：第一，对财富的正确认知问题。财富的获取是否符合正当性，即人们为了摆脱贫困、提升生存质量而求富、创富的伦理道德依据所在。肯定追求创造财富的正当性是社会发展进步的内在要求，也是财富发展的必然规律和客观要求。第二，对财富的生产创造问题。财富运用可持续生态生产方式，要求人们以尊重保护自然为根本，采取合乎理性的创富方式，实现财富的良性发展。第三，对财富的享有分配问题。财富配置是否符合正义标准以及是否体现出社会公平的正义原则，财富应被少数人独占还是全民共享？要求人们应做到按照应有权利全民分享社会财富，并构建起既能实现经济效率又兼顾社会公平的财富分配体系。第四，对财富使用的合德性问题。我们要秉持人本而不是物本的思想，来处理主体人与客体财富之间的关系。在财富使用中，要构建以人为本的适度中道财富伦理，锻造健康的消费方式。

因此，运用好财富伦理，我们需要把握好以下几点：一是明确财富伦理与国家发展紧密相连。纵观历史，各时代各国家实现不断的发展，是基于人们财富思想形成正确认知判断、财富创造方式形成合规律性的变化、财富的分配和消费形成合理化而实现的。二是肯定财富伦理与整个社会发展不可分割。财富伦理要遵循和反映财富运动的客观规律；符合时代要求和现实发展要求的财富伦理，才会不断成为社会发展的"推进器"，否则就会带来和造成社会发展的"失序"状态。三是财富伦理对公民个人进步具有重要意义。财富伦理的目的在于追求正义与善，是对财富科学规范运行的积极能动反映，任何非科学、伪科学的财富行为都是违背财富伦理原则的。我们要把握好财富的真实本质，树立财富正义、财富理性、财富责任、财富生态化等哲学思维，实现从"如何摆脱贫困"到"如何增加财富"的思想行动自觉。同时，杜绝异化、物化、技术控制以及无度消费主义等对科学财富伦理的破坏和侵蚀。

## 第二节　贫困治理困境分析

在对财富伦理学理厘清之后，有必要总结归纳贫困地区的现状与扶贫的有关策略，在认识现状和策略的前提基础之上，更好地实现为财富伦理嵌入贫困治理提供支撑。

### 一、自然条件局限

自然条件对社会经济发展和个人及家庭收入增加具有重要影响，也是必然要素。从我国收入较低人口分布的情况看，边远地区、山区、荒漠地区等居多。

首先，这些地区都有生产开展不便、生活条件差、交通不畅的共同性，有些甚至几乎与外界无来往，地区偏僻、环境恶劣、资源短缺。比如，大山中的农村位置偏远、道路不通，只能靠山吃山，无法与外界进行生产联系、合作等，商业交流不足，依赖的大多是传统原始、效率低下的小农经济劳作方式。信息闭塞、商业网点不健全，粮食及其他农产品匮乏，工农业不发达，就业收入机会少，收入来源单一而且微薄的特点，也是制约贫困地区经济发展和贫困人口彻底脱贫的重要因素和最直接原因。《国家八七扶贫攻坚计划》中确定的592个国家重点扶贫县几乎都在山区、高原等自然环境较差甚至恶劣的地区。所以，中国的贫困明显带有区域性特点。

其次，自然资源匮乏。自然资源是人类可以直接从自然界获得用于生产和生活的物质，主要包括不可更新资源，如各种金属和非金属矿物、化石燃料等；可更新资源，主要是生物、水、土地资源等；其他资源，如风力、太阳能等。保护、增殖、合理利用自然资源，提高资源的再生和继续利用的能力，是发展地区环境效益、经济效益的重要外因。欠发达地区地处偏远、各种自然资源匮乏是制约地区经济发展、阻碍贫困人口实现永久性脱贫的重要因素。一些石漠化地区就是典型代表，地广、人稀、缺土，漫山遍野只适合野草生长，种植庄稼却极为不便。土地质量差，种植收入较少，部分耕地因植被和野生动物的影响而不能耕种，形成抛荒地，导致耕地日益减少，又进一步限制了种地的收入，形成贫困恶性循环。

最后，各种自然灾害是导致贫困的又一重要原因。贫困地区因自然条件的影响，经常会面临自然灾害如洪水、干旱、泥石流、沙漠化等各种恶劣条件的影响，加上还有害虫、牲畜瘟疫等各种不可预测因素，即使尽力采取各种有效救灾防护措施，仍会有一部分人口因此而陷入困境。自然条件的不易改变、各种灾害的无法避免，使贫者愈贫、脱贫者易于返贫，甚至还会使一部分生活水平已经相对较高的人口有陷入贫困境地的风险。

此外，部分欠发达地区生产配套设施不完善、主导产业受到资源条件制约难以形成。贫困地区增收难、致富难。由于收入来源匮乏，青壮劳力大都选择常年离开本土外出务工的谋生方式，而留守在村的大多数为老年人、妇女和儿童，缺乏劳动力和脱贫致富带头人、主心骨，没有力量兴办产业，无疑更是增加了贫困治理的难度。

## 二、创富能力不足

创富思想滞后是桎梏根源所在。创富思想观念滞后是贫困人口存在的共性问题，由于受自然条件的制约，在社会经济快速发展的今天，部分农村贫困人口仍然在思想观念、思维方式方面跟不上社会发展的节奏，依然被传统小农经济思想束缚，墨守成规，满足温饱即安状态。更有一些人由于长期处于贫困状态，得过且过，习以为常，不思进取。总体来说，这些贫困人口缺乏现代商品观念和经济意识，在生产生活上具有盲目性，没有追求美好生活的紧迫感，缺乏改变生活质量的自信心。面对困难抱有听天由命、消极悲观心态，缺乏改进生产以及增加财富的信心和勇气，主动发展生产的意识薄弱，坐等帮扶依赖思想严重，把依靠国家救济视为理所当然，不愿发挥主观能动性，不主动开辟增收门路，致富意愿亟须加强。

科技意识淡薄是易于返贫诱因之一。农村人口受地理因素、文化素质等诸多方面原因影响，对农业科技知识接受较慢，知之甚少。同时，接受系统性职业技能培训的机会相对匮乏，也限制了其创造财富的能力。贫困地区居民往往生活在交通不便地带，居住分散、日常劳作时间不集中，集中性技能培训无法有效开展，只能开展一些零散式的宣传、教育活动，效果难以保证。这些因素导致贫困地区居民能力提升受限制，致富能力难以提高。

创富方向盲目。一方面，文化教育程度低，导致贫困人口对参与市场经营活动缺乏认知，"各耕其田"无法形成产业集群效应，对与其他农户或者经销商合作开展规模化的农业生产大多数仅持观望态度而不主动参与。另一方面，只限于自己熟悉的农业生产活动，并将其当成唯一能够支撑起维持生活的方式，宁愿守着既有的土地受穷也不愿意尝试多途径加以改善，对使用新技术产生更高经济效益的农作物、养殖业等致富途径积极性不高。

## 三、返贫抵御力弱

存在因病返贫、因残返贫风险。疾病是贫困户致贫或返贫的重要因素，因病返贫是贫困户脱贫或导致返贫的重要影响因素。刚脱贫的群体，生存压力本来相对而言就比较大，如果家中有人患病，很容易因为医疗开支过重而陷入更加困难的境地。大额度的医疗费用使农户产生重大的经济负担而导致返贫，因此，贫困户仍存在小病不治，大病难治的现象，贫困人口因为医疗负担过重或由于重大疾病来临，而导致家庭面临返贫风险甚至出现返贫现象，如果患病的人是家庭主要劳动力，则往往更会使家庭陷入赤贫危机。因残致贫返贫，可分为先天和后天。先天残疾包括劳动能力受限制以及完全丧失劳动能力两种情况，在农村地区还是主要靠体力劳动谋生的情况下，这一群体及其家庭的生活负担会超过其财富创造的能力，因而容易在脱贫后又陷入返贫；后天残疾主要是因个人意外或者工伤导致，严重影响家庭发展而导致再次陷入贫困状态。

缺技术返贫是贫困户返贫的潜在因素。基于客观主观原因，贫困户自身受教育程度较低，学习能力弱。或者因为仍存在的落后思想，认为学习技术无用，思想没有跟上时代步伐，以至于他们缺少生存技能，自我创富能力不足而导致脱贫人口易于返贫。

生产遭遇变故致贫返贫。农村居民的生产经营活动普遍为农作物种植和家禽、家畜等的养殖，这种生产经营活动的正常运转也是维持贫困家庭经济活力的重要保证。但是特殊状况会导致生产经营活动运转中断，出现财产损失而致贫：首先是市场变化，市场对相应农产品、家禽、家畜的需求会偶有改变，导致利益在一定程度上受损；其次是偶发性自然因素，遭遇灾害，生产经营的辛苦付出、家庭全部的积蓄投入都会付诸东流；最后是动植物疾病或瘟疫传播，造成种养户经济受损。

## 四、贫困文化陷阱

1958 年，实用主义的创始人之一、美国哲学家奥斯卡·刘易斯在《桑切斯的孩子们》一书中提出了"贫困文化"（cultureof poverty），认为贫困文化是一种亚文化，产生于社会经济尺度上最底层的群体，"形成了独特的家庭结构、人际关系、时间取向、价值观念、消费模式以及社区意识"[①]。而后

---

① ［美］奥斯卡·刘易斯：《桑切斯的孩子们：一个墨西哥家庭的自传》，李雪顺译．上海译文出版社 2014 年版，第 16 页。

随着研究的展开，逐渐有学者形成对福利依赖者的批判审视，认为他们就是以往那些难以自我控制、缺乏自我规划的贫困者，正是他们"懒散、怠惰、低自尊"，把扭曲的价值观带入福利制度，接受福利后更是丧失了工作责任感与自立意识[①]。贫困文化与福利制度相嵌，成为了福利依赖的归因。因此，贫困文化带来的一些负面影响，对贫困治理产生了反省效应和警示作用。

在我国，也还存在着几千年来从传统文化中沿袭下来的靠天吃饭的小农观、滞后的教育观、重农抑商的经济观、听天由命的价值观以及强烈的排他观等思想，塑造了一些贫困地区农民的消极心理，他们长期处于贫困状态，游离于主流文化之外，并且习惯了政府的帮扶模式，疲于打破固有的生产方式，产生了听天由命、无所作为的懒汉思想，甚至把山区的资源、环境等看作是私有资源，贫困改变认知度差，给扶贫政策的推进带来一定困难。由于缺乏合理科学的贫困文化价值体系、缺乏正确的贫困文化观引导，无法消除贫困文化带来的消极影响，部分农民长期生活于贫困文化之中，不知道如何改变现有生活状况，形成了一套维系贫困的思维习惯和生活方式并且在代际之间传递，在乡村社会内部形成了贫困文化陷阱。

受缚于"生于斯，长于斯"的观念。贫困地区的农民更易于被现状所束缚，循规蹈矩地守着自己的土地，对于新政策、外来文化有着本能的隔阂和排斥，在心理的基础上筑起"防线"，对扶贫政策积极性不高、参与程度低，难以发挥政策的最优效果。

在能力方面，因整体文化水平不高，缺少改变现有生活的必要技能，很多贫困地区居民因受知识文化和技能水平以及对市场信息了解程度的限制，并且缺乏有能力的组织者和领导者的组织引导，往往只能根据以往经验来延续传统的生产经营模式。另外，对一些与时代接轨的推销推广农产品模式，如网络销售、电商物流等，更是一窍不通，只能从事一些技术含量较低、产

---

① 参见 Saundersp, *Only 18%? Why ACOSS is Wrong to be Complacent about Welfare Dependency*, Issue Analysis, 2004, pp.2-8。

品销量不高的工作。

惰性和陋习造成恶性循环。贫困地区艰苦的生产生活条件，塑造了他们特有的生活态度和文化传统，其中有优秀的成分，但是也出现了在短期内无法立即消除的陋习，具体表现在"落后的生产文化""陈旧的生活态度和方式""隔离的社会交往文化"[1]等。比如，在贫困地区，有的人精神空虚又不愿从事劳动；有的地区则出现"男闲女劳"的现象。此外，贫困文化形成的一些不当消费观，使贫困地区民众对大小习俗节庆、婚丧嫁娶等有着异乎寻常的热情，出现"穷讲究""穷消费"，越穷越投入精力娱乐而非参加劳作的情况，形成由惯性陋习带来的贫困局面。

## 五、依附性贫困存在

是否具有独立的经济运行机制和自我发展能力，是衡量一个地区发达与否的主要标杆。贫困地区尚存在的依附性，呈现在区域性和群体存在两大方面。地区性的依附性，是指其社会经济发展离不开国家扶持和经济发达地区的援助，还未能产生自我创富的良性"造血功能"。在市场经济条件下，贫困地区独立的区域经济运行机制和自我发展的能力不足，主要表现在能投入经济建设和事业发展的支撑资金不多、产业结构还不够合理，收入增减受外部因素影响大、生活水平稳定度不高。其区域性的依附表现呈现两个基本特征：一是独立运行的区域经济机制尚未形成，二是自我发展能力较弱。

同时，贫困地区还是以体力劳动为主要谋生方式，丧失了或本身就不具有生产劳动的能力，只能依附于他人、靠他人劳动养活自己的依附性群体人口较多，主要包括老人、婴幼儿、残疾人，甚至一部分完全从事家务劳动的

---

[1]　参见陈全功：《山区少数民族贫困代际传递及阻断对策研究》，中国社会科学出版社2019年版，第87—88页。

妇女，而这些妇女的付出往往不会获得任何经济回报——家庭成员不会因为妇女承担家务而为其发放报酬，但对妇女而言"她自己不照料孩子和家务，就无人代替她，存活下来的孩子，他们可能很好地成长，然而家务管理很可能很糟，即使从经济上考虑，妻子赚钱，其实是得不偿失的。"[①] 虽然拥有劳动能力，但是她们却无法获得独立的经济收入和经济地位。以上这些人维持生活的收入来源主要依靠的是家中全职劳动力，而他们则被迫沦为"依附性群体"。此外，家庭中具有劳动能力的人员则因文化水平、思想意识、身体状况等因素，收入有限，对改善留在农村的依附性群体的贫困状况作用也不大。

## 第三节　以财富伦理推进贫困治理

从上述分析可知，改变及阻隔当前我国贫困地区仍存在的脱贫后易于返贫的风险，有必要总结与提炼财富伦理理论的精华，为后脱贫时代贫困治理的推进提供学理来源和实施依据。

贫困治理是摆脱贫困的过程，同时也是追求财富增加与积累的过程。财富伦理要求人们在追求财富的过程中必须合法合德合理地脱贫致富，因此，财富伦理在贫困治理中不仅能发挥重要理论依据作用和指导意义，而且还具有行为约束和行动指南的功能。财富伦理运用于贫困治理，就是以财富伦理的财富认知正当性诉求、财富伦理的人本幸福生存、财富伦理的财富绿色可持续生产、财富分配的公平正义、财富消费的适度中道等道德规范性功能，构建扶贫的理性认知模式、价值理性目的、理性生产模式、理性分配机制以及理性消费方式，推进贫困治理。

---

① ［英］约翰·斯图亚特·穆勒：《妇女的屈从地位》，汪溪译，商务印书馆 1996 年版，第 300 页。

## 一、以正当性获得为基点，构建扶贫的理性认知模式

正当性，最早是西方社会契约论与自然律令的核心范畴。卡尔·施米特的《政治的概念》中的"legalitimity"、《元照英美法词典》中的"legalitimacy"，均揭示了正当性蕴含着"合法化""合理性"双重释义。正当性具有寻求终极合法化与合理性两个道德维度的理性组合的特质：一是在合法化层面，表现为符合某种实在规范或标准的核心诉求；二是在合理性层面，表现为经过道德论证研判、尊重公众主观意志并得到社会普遍认同的伦理向度。在财富伦理研究中，正当性有其特有的内在属性，即"正当性"往往与"获得"范畴相结合，反映了财富认知的伦理维度。正当性获得彰显财富的道德理性认知指向，要求财富的取得必须满足合法性、合理性的要求。以财富伦理的正当性获得作为扶贫的伦理规则，包含两方面：一是实现主体主观认识的正当性，建立以财富正当性获得认知为起点的精神脱贫；二是实现客体客观行为的正当性，树立以财富获得正当性认知为手段的扶贫实践。

建立以财富正当性获得认知为起点的精神脱贫，是扶贫工作的必经之道。纵观中外历史，贫困的直接根源和脱贫困境之一，就是帮扶对象存在着对以正当性途径获得财富的漠视甚至抵触的精神"贫困"（精神依赖），由于长期习惯于"等、靠、要"救济，贫困人口往往对财富获得的心理惰性更为严重，正当的勤劳致富主观意愿和脱贫信心毅力丧失，逃避劳动甚至滋生和拥趸以贫困为荣的优越感，导致扶贫"久扶不脱""越扶越贫"。对此现象之弊端，早在20世纪中期，诺贝尔奖获得者、印度学者阿马蒂亚·森和美国学者西奥多·舒尔茨等就从"人的质量"及"能力贫困"的精神贫困方面做了精辟论述。舒尔茨在《人力资本投资———一个经济学家的观点》中指出："经济发展主要取决于人的质量，而不是自然资源的丰瘠或资本存量的多寡。"[①]阿

---

① ［美］西奥多·舒尔茨：《人力资本投资———一个经济学家的观点》，载《现代国外经济学论文集》（第八辑），商务印书馆1984年版，第38页。

马蒂亚·森认为贫困根源并不仅局限于经济收入低下以及社会资源的匮乏，而是因为贫困者被剥夺了本应获得的正当理由来实现珍视的生活权利、丧失了本应获得的良好健康以及社会脱贫教育缺失[①]。而后，西方古典经济学代表人物亚当·斯密的《国民财富的性质和原因的研究》、威廉·配第的《货币略论》、大卫·李嘉图的《政治经济学及赋税原理》，均认同财富仅为物质体的观点，并提出劳动自我意识的形成和自觉行为实现才是财富获得的根源，人们只有通过正当性劳动才能最终实现反贫困。邓小平也赞同通过劳动正当致富，他创造性地提出："勤劳致富是正当的。一部分人先富裕起来，一部分地区先富裕起来，是大家都拥护的新办法，新办法比老办法好。"[②] 因此，树立以正当性手段获得财富的道德认知观念，塑造贫困人口以正当劳动获得财富的思想，实现扶贫对象致富能力提升，在精神上与贫困绝缘，是财富伦理基本原则在扶贫工作中的有效应用，也是解决贫困问题的有力手段。

财富获得正当性的扶贫实践，是扶贫行动的理性体现。在扶贫工作中，财富正当性获得认知实践主要体现在"扶志"与"扶智"两方面。"扶志"即"扶"起扶贫对象自我脱贫之志气，激活致富"内因"。毛泽东在《矛盾论》中说："社会的发展，主要地不是由于外因而是由于内因。"[③] 因此，相对于外因，内因是起决定作用的因素。贫困治理要以马克思主义辩证唯物论为指导，一方面，我们应侧重于帮助扶贫对象充分认识到发挥自身优势和主观能动性来正当获得财富的重要性，调动其内在劳动积极性和致富毅力、决心。另一方面，要打破单纯福利扶贫的财物扶持桎梏，走出救助式保障式扶贫陷阱，运用财富伦理的正当性获得认知原理于反贫困实践，锻造贫困人口的自我富

---

① 这是阿马蒂亚·森从"权利方法"的视角来解释导致贫困的原因而得出的结论。参见 [印] 阿马蒂亚·森：《贫困与饥荒——论权利与剥夺》，王宇等译，商务印书馆 2001 年版，第6—8页。

② 《邓小平文选》第3卷，人民出版社 1993 年版，第23页。

③ 《毛泽东选集》第1卷，人民出版社 1991 年版，第301页。

裕、自我发展意识。同时，扶贫的又一重要实践体现在"扶智"上。中国传统谚语"授之以鱼不如授之以渔"，形象地揭示了技能获得的重要性，智力水平决定脱贫进度和富裕程度，财物扶持仅为权宜之计，远不如提高扶贫对象的智慧能力从而实现脱贫致富。因此，在扶贫工作中，我们要及时开展科技培训、知识普及，引导帮扶对象学会广开信息、拓展商品流通渠道等，使他们转变成为有科学技能、有经营意识与前瞻意识的知识化、创新性新型农民，增强自我脱贫能力。

## 二、以实现人的全面自由发展的幸福生存为导向，构建扶贫的价值理性目的

人的个体与"类"的幸福生存思考，是人类思想史的永恒话题。在千年文明史中，关于幸福有感性、理性、宗教的各种探讨和思考，但不论哪种划分，都在致力于寻求人类实现幸福之路径。西方传统伦理史上，亚里士多德将幸福视为人生终极至善，费尔巴哈认为生活和幸福本身是一体，人类一切追求都来自于对幸福向往的驱动。近代幸福论伦理学家爱尔维修、霍尔巴赫提出趋乐避苦是人的自然本性，快乐和痛苦是道德的唯一动力理论。中国传统伦理关注以德至福、德福并举，儒家重视人的生存质量，认为人类对于幸福的向往和追求具有合理性，肯定能使自己和他人身心愉悦的生活符合人性，并提出实现幸福必须时刻注意修身律己、做到德行高尚。道家认为获得幸福是人之天性展现，是人的本质所在、特有属性呈现和内在的自然天性需求。墨家肯定人对正当幸福要不断加以努力去实现，推崇贵"义"重"力行"是实现幸福的手段，即人们要自觉以社会道德标准来规范自身行为，才能获得幸福。法家的幸福观带有明显的功利论色彩，秉持人生的幸福即是利益和效益的最大化，但同时提出获得幸福的途径要以为国家、民族进步而不懈奋斗来实现。

综合历史上各派幸福论，马克思恩格斯对人类追求幸福行为也给予认

可："每一个人的意识或感觉中都存在着这样的原则，它们是颠扑不破的原则，是整个历史发展的结果，是无须加以证明的，……例如，每个人都追求幸福。"① 明确了幸福境域为人类追求的永恒目标。基于对幸福与贫困的关系的理解，马克思还提出反贫困目的论——获得了臻于人类幸福状态的全面发展、自由与解放的"完整的人"是追求和创造财富，实现最彻底的反贫困的目的。以马克思反贫困理论与幸福论为指导，财富伦理提出财富的价值在于其手段性和中介性，财富发展的终极目标在于实现人的能力全面发展、人的社会关系全面丰富以及人的个性充分发展。扶贫作为人类财富创造活动，其价值目的也与财富发展终极目标一致。

以财富伦理实现人的全面自由发展的幸福生存为扶贫导向。一是实现脱贫有赖于对财富本质内涵的真正理解。一方面，财富虽然只作为反贫困的手段存在，但它对人的发展具有不可或缺的推进作用。马克思称："当人们还不能使自己的吃喝住穿在质和量方面得到充分保证的时候，人们就根本不能获得解放。"② 提出财富生产本身就已凝聚着人的各种能力的提升，人的全面发展与财富生产不可分割，二者构成社会发展"自为的存在"与"为他的存在"两方面因素，具有目的与手段、外在与内在的多重关系。脱贫的真正实现，有待于社会财富的大量生产和创造。另一方面，财富的真实性就在于它不是外在于人的纯粹物态及否定人自身价值的虚幻存在，财富蕴含着人的本体存在属性，与人的本质实现紧密相联，并且为人的发展所服务。财富的不断积累是人的全面发展的必要因素，而人的全面发展是摆脱贫困、走向自由王国的必然前提。对财富手段性存在的本质理解，是构建扶贫的财富理性价值目的的根本。

二是充分释放财富的"属人性"，以财富发展理性推进人的充分自由与和谐发展。财富内蕴深刻的"人本"价值。"宗教、财富等等不过是人的对

---

① 《马克思恩格斯全集》第 42 卷，人民出版社 1979 年版，第 373—374 页。
② 《马克思恩格斯选集》第 1 卷，人民出版社 2012 年版，第 154 页。

象化的异化了的现实，是客体化了的人的本质力量的异化了的现实；因此，宗教、财富等等不过是通向真正人的现实的道路。"① 在马克思看来，财富是凝结着人的本质的对象化产物，财富生产活动是否正当，必须符合人的发展实际需要。因此，扶贫中财富增长必须符合促进每个人及人的"类"的真正解放、全面自由发展的要求，树立以人为本财富发展观。首先，立足尊重关心贫困弱势群体，以解决贫困人口的基本生存为根本，以努力实现幸福生存为目的。同时我们必须看到，在物质生产领域最终所能实现的只是人类能力的有限发展和有限自由，要打破财富膜拜、财富意向性存在、财富梦想、财富神圣化的幻象，打破片面夸大财富的至上性，摒弃将人的财富欲望满足、享有等同于对人的本质的真正占有的种种论断。理性认知财富和发展财富，批判片面追求财富数量化的增长，才能实现财富可持续发展和永久性脱贫。

## 三、以绿色可持续生产为依托，构建扶贫的理性生产模式

绿色可持续发展蕴含着人与自然、他人、自身之间的和谐价值取向，是涵养现代生态文明的科学路径。"绿水青山就是生产力"的时代论断，正是以生态发展理念推动扶贫工作的财富伦理的行为指向。在中西方传统文化中蕴含着丰富的财富均衡增长及绿色可持续生产的经典言论，譬如儒家"天人合一""民胞物与"生产和谐发展论，道家"道法自然"生态发展论，佛家"生命同体"环境同一体论，均强调发展生产须立足人与自然、社会的统一关系。在西方，20世纪初环境保护主义者、生态整体主义思想奠基人利奥波德就提出真正的文明是人类与其他生物互为依存的合作状态，人类是生物共同体中的一个成员，负有维护大地共同体的责任。罗尔斯顿继承和发展了利奥波德的大地伦理思想，提出了自然价值论，认为人类不仅对生态系统内的动植物个体负有义务，并且对整体生态系统均负有义务，为生态保护提供了价值

---

① 马克思：《1844年经济学哲学手稿》，人民出版社2000年版，第99页。

范式转向。而后，在中西方伦理发展史中，财富增长的生态化一直成为近现代各种经济行为的重要准则。

绿色发展是在传统基础之上的现代创新，主张低碳环保和循环发展的生态经济生产方式；可持续发展强调协调与平衡并进、公平与效率兼顾的生产模式，目的在于实现代内发展和代际发展、人文关怀与保护自然的双赢发展。简言之，绿色可持续发展是马克思主义生态生产论与中国经济实际发展的科学结合。以马克思主义生态文明思想为指导，财富伦理提出以生态、绿色、环保生产方式贯穿扶贫始终的绿色可持续生产发展，是科学的、与时代相符合的生产理论，也是扶贫生产模式理性化的重要依据及应有之义，实现了马克思主义科学生态观的具体运用。

首先，坚持财富生态优先、绿色发展的生态理念。"绿水青山就是金山银山"，生态优先、绿色发展是智慧扶贫之路，要坚持环保发展新理念，探索脱贫的可持续发展模式。扶贫不仅是实现贫困地区的脱贫，更重要的是探寻贫困地区财富后续长效发展之路，财富伦理强调绿色资源的稀缺性和不可再生性。因此，我们要以财富伦理绿色发展为思想导向，牢牢守住生态底线，大力发展绿色经济，合理引导各种资源整合，全面提高扶贫生态效益。

其次，建立贫困地区由"自然索取式"向"生态共生式"转变的健康财富生产方式。以发展贫困人口聚集区自然生态资源为基础的绿色产业经济作为突破口，开发特有的绿色生态优势资源，构建和打造可持续发展业态和扶贫体系、产业发展集群，实现贫困地区绿色产业"三结合"：发展绿色产业与实现主体功能规划相结合，绿色发展与扶贫相结合，注重经济、生态、社会效益相统一，形成"造血式"扶贫绿色新机制。

## 四、以公平共享为杠杆，构建扶贫的理性分配机制

公平、共享是伦理学研究的基本范畴，财富伦理也一直贯穿着对"公平、正义、共享"的研究。公平常常等同于公正、平等、正义，多用于表示社会

制度体系、政策方略的良善德性。共享则主要源于马克思主义唯物史论和社会主义共同富裕的科学理论，指向社会经济行为的正义价值。

对于公平作为财富分配的理性尺度，在财富伦理史上有颇多论述。譬如，古希腊哲学家柏拉图认为，在正义的城邦或国家社会资源分配中，公平包含对不同的人给予不同对待的平等和对所有人一视同仁的平等两方面。亚里士多德提出"公正是一切德性的总汇"，认为公正公平包含了所有最基本的美德，分配正义就是遵循"数量相等""比值相等"原则，在政治共同体成员间公正分享财物、名位等，而分配正义如被破坏或违背，则要通过矫正来实现其平等。① 约翰·穆勒提出财富分配"应得的正义"以每个人得到他应得的东西（利或害）为公道，而"无偏私的正义"是不以私恩偏爱的个人感情来专给某个人好处。② 美国学者华尔泽的"多元正义论"则强调必须保护经济领域的"正义"，从而实现整个社会的"复合正义"。亚当·斯密在《道德情操论》中提出，如果社会的财富产品不能真正惠及大多数人，那么它不仅违背道德而且威胁整个社会的稳定。此外，古罗马哲学家乌尔比安、中世纪经院哲学家托马斯·阿奎那、美国哲学家阿拉斯戴尔·麦金太尔等人都将"公正、正义、公平"作为社会治理、财富分配的最重要道德原则。在中国传统伦理文化中，也一直崇尚财富平等分配思想。孔子称"不患寡而患不均"，反对社会成员贫富悬殊，老子提出损害穷人利益是违反"天道"的行为，要"损有余而补不足"，做到"高者抑之，下者举之"。清代龚自珍"均富论"的齐贫富思想核心是财富平均是自古以来帝王治理天下的最高准则，社会成员的身份地位与获得的社会财富要相匹配。太平天国时期，"均贫富"的思想得以发展到了极致，《天朝田亩制度》明文规定的"有田同耕，有饭

---

① 苗力田编：《亚里士多德选集》（伦理学卷），中国人民大学出版社 1999 年版，第 109—110 页。

② 约翰·穆勒提出财富分配应遵循"应得的正义"和"无偏私的正义"的两个平等原则，是其功利主义思想的重要观点。参见〔英〕约翰·穆勒：《功利主义》，徐大建译，上海人民出版社 2008 年版，第 30—33 页。

同食……无处不均匀，无人不饱暖也"，体现了致力于建立一个财富均等共享的理想社会。

共享理念也有着深厚的历史唯物主义理论渊源。马克思主义关于人民群众是社会赖以存续和发展的物质财富和精神财富创造者的思想，为共享发展成果的理念提供了哲学依据。社会主义生产资料所有制产品的共有分配方式为财富共享提供了现实基础。"共同富裕"的根本原则是财富共享、扶贫分配的思想来源，作为马克思主义中国化实践成果，共同富裕是社会主义的优越性体现，是全体社会成员对社会物质财富充足的、大致均等公平占有的重要诠释。"消灭贫困，改善民生，实现共同富裕是社会主义的本质要求。"[①]党的十八届五中全会提出的新发展理念"创新、协调、绿色、开放、共享"，再次强调了共享是社会主义本质和价值取向的核心体现。

财富伦理的公平与共享思想汇集了众多学派的理论精华，也贯穿在中国特色社会主义理论之中，强调了财富在社会成员间的理性分配、合理享有，强调财富分配的无偏私、不失衡、共拥有、共发展。公平理念为解决扶贫中"谁有权利来分、分到多少份额"的问题提供了理论支撑和现实路径；共享理念为扶贫中解决"谁来扶、扶持谁、怎样扶"的问题注入了社会主义共同富裕的现实要求。总之，公平共享理念在解决扶贫中各种利益关系时，主张经济权利和经济义务相统一，各尽其分、各得其所、各得其值。因此，公平体现扶贫的基本原则，共享凸显扶贫的价值追求，公平共享与扶贫的目标导向一致。以财富分配公平共享理念运用于扶贫工作，强化帮扶对象合理拥有、共同拥有社会发展成果，二者共同作用于扶贫工作，能有效实现我国全面脱贫的伟大目标。

在具体运行中，我们要同时致力于公平和共享两方面。首先是实施财富分配公平措施。优化各类扶贫资源配置，实现扶贫到村到户的精准长效机

---

① 曾伟：《习近平的"扶贫观"：因地制宜"真扶贫，扶真贫"》，人民网，2014 年 10 月 17 日。

制，形成资产折股量化给贫困村和贫困户的实施细则，明确扶贫对象参与收益分配的比重、方式，实现资源合理分配。但是公平不是平均主义的"绝对平均"，而是根据扶贫对象各自特殊实情，进行精准鉴别后实现利益分配合理化的"相对公平"。同时要实施扶贫跟踪筛选，及时从扶贫目标里调整出已脱离贫困的对象，精确识别出新的待帮扶对象，强调公正度、公平性，实现资源的合理调配。

其次是强化财富分配共享机制。一是实施对口扶贫策略。扶贫工作中，有计划有组织地实施先富帮后富、先富带后富的一对一帮扶方式，以实现连片脱贫、整体脱贫，最终达到共同富裕的目的。二是遵循科学扶贫原则。科学甄别帮扶对象贫困程度，由经济增长"涓滴效应"到"靶向性"直接对贫困目标人群加以扶贫干预的动态调整，实现精准识别、财富共享；同时，运用好马克思主义财富均衡增长的反贫困理论，将财富惠及贫困最宽广的地域和层面。"一个新的社会制度是可能实现的……在人人都必须劳动的条件下，人人也都将同等地、愈益丰富地得到生活资料、享受资料、发展和表现一切体力和智力所需的资料。"[①] 理想社会制度必须建立在财富分配合理基础之上，消除贫富差异、社会财富实现公平正义分配是社会主义反贫困的本质体现。

## 五、以适度中道为制约，构建扶贫的理性消费方式

行为处事的"中道""适度"论在中国传统伦理进程中具有较早渊源。《尚书·洪范》中"皇极"就意味着"大中"之道。《正义》亦推崇"中道"，称"凡行不迁僻则谓之中"。《洪范》更有"无偏无陂，遵王之义"的名言。《尚书·大禹谟》"允执厥中"即"中道"之义。儒家思想的核心"中庸"即"中道"，譬如《论语》言"过犹不及""允执其中""中庸之为德也"等（《论语·雍也》）。

---

① 《马克思恩格斯选集》第 1 卷，人民出版社 2012 年版，第 326 页。

荀子称："道之所善，中则可从。"① 朱熹也赞成"中道"："所谓中道者，乃即事物自有个恰好底道理，不偏不倚，无过不及。"（《答张敏夫》）与"适度"和"适当"相反的是一般所说的"不当""过度""偏颇"等。因此，中华传统文化的"中"是符合仁、礼、义的规范，"中"是达到了"正好"的境界，是如何"适宜"和"适当"就应当如何去做之意。"中"是最好的德性，不符合"中"并与之相对的"两端"有两种情形：一端为"过度"，另一端为"不及"，过度和不及都是不恰当不适宜的。

西方自古希腊时期起，先哲们已提出"适中""适度"的伦理德性。毕达哥拉斯认为"中"是事情的最佳境界；德谟克利特提出两个极端和过度，都不是有益的选择，"节制使快乐增加并且享受更加强"②，"恰当的限度对一切事物都是好的。"③ 亚里士多德强调："事物有过度、不及和中间。德性的本性就是恰得中间。德性就是中道，是最高的善和极端的正确。"④ 凡事不过度、合乎"分寸"，就是"适度"，就会使人身心愉悦，合乎中道就是道德最美好的状态。中西方传统的以"中道"为核心的"适度"思想，主要是为适应社会生活而阐发的，但同时它也是财富伦理的重要规范和原则，是适用于社会经济活动的普遍准则。以适度、中道的财富伦理思想运用于扶贫的资源使用及个人消费的理性方式构建，将有益于加快脱贫步伐。

构建资源在贫困治理中的适度使用。自现代以来，攀附于世俗化之下的"消费文化"盛行，"消费文化"追求无限消费，如果任其继续扩张，特别是在贫困地区，有限的自然资源和能源将不断被过度开发使用，最终将消耗殆尽。同时，立足自我中心主义之上的主体至上行为，导致社会资源枯竭、生

---

① 梁启雄：《荀子简释》，中华书局 1983 年版，第 230 页。

② 北京大学哲学系外国哲学史教研室编译：《古希腊罗马哲学》，生活·读书·新知三联书店 1957 年版，第 116 页。

③ 北京大学哲学系外国哲学史教研室编译：《古希腊罗马哲学》，生活·读书·新知三联书店 1957 年版，第 111 页。

④ ［古希腊］亚里士多德：《尼各马可伦理学》，苗力田译，中国社会科学出版社 1990 年版，第 32 页。

态失衡和环境破坏等严重危机，使扶贫工作陷入困境、贫困无法根除。这就要求我们建立合理健康的自然资源消费观，摆脱"残酷竞争""掠夺有理"的落后思维，使人类与自然"和谐合一""共生共存"，以"适度"标准合理规划、开发、使用资源，化解人类与自然的冲突，维持生态资源的良性循环使用。

引导帮扶对象个人的适中消费。适中消费是人们对物质资源、财富和生活资料适度使用的理性方式，主张通过节俭、节用等手段做到合理消费。在财富消费上，孔子就主张："礼，与其奢也，宁俭；丧，与其易也，宁戚。"（《论语·八佾》礼仪与其奢侈，宁可节俭；丧礼与其铺张浪费，宁可悲哀过度。荀子主张"节用"："强本而节用，则天不能贫""本荒而用奢，则天不能使之富。"（《荀子》）"节用"是一种手段，旨在防止和控制人们的任意消费、过度消费。因此，崇尚"中度"的适当消费，及时制止非理性欲望消费是正确消费观形成的必然选择。

财富伦理主张消费中度德性指引和规范帮扶对象的消费行为，主要有两方面：一是防止超前消费及滞后消费，摒弃财富消费符号化。超前消费带来的是消费"过度"，易于陷入享乐主义、拜金主义；滞后消费带来的是消费"不足"，不利于生产发展，二者均不符合消费理性要求；财富消费符号化则将物质财富消费进行物态化、格式化，消解了财富应有的适度伦理性，超出基本所需而形成盲目消费。二是彻底消除消费陋习。贫困地区相对发达地区而言资源更为短缺、经济更为落后，本应更注重节制消费，但却仍然存在着逢年过节吃喝盛行、红白喜事大操大办的不良消费习俗，导致越来越贫困。正如美国思想家道格拉斯·拉米斯所说，世界的"贫穷问题"其实是世界的"财富问题"，不平等所在不是贫穷问题，而是过度消费习惯破坏了"和谐"而带来"可耻"和"庸俗"的恶果。因此，我们应着力于帮助帮扶对象意识到不良消费、盲目消费带来的不良后果，养成合理消费的自觉习惯，并以各种方式发动、鼓励他们将有限的资金尽投入再生产，形成合理适中的消费习惯。

## 第四节　贫困治理运用财富伦理原理的现实价值

财富伦理具有其自身的伦理原则和伦理标准，它影响着人们在财富发展中的道德意识、道德精神、道德思想以及财富道德行为等。在贫困治理增进财富的进程中，对人们合乎道德要求地来对待财富、创造财富、分配财富、消费财富等，产生着积极的影响，使人们在认知、创造、分配和消费财富的全过程中得到伦理的全面引领和有效制约。

### 一、引领贫困治理的财富认知

财富伦理重要的作用之一，就是塑造、引领人们正确的财富伦理观。正确的财富伦理科学地回答了财富的本质是什么、财富的特点是什么、财富的价值是什么、财富的目的是什么等贫困治理中必须明确的关键问题。它能引导人们在现实生活中、在全面实现脱贫过程中自觉抵御非理性财富行为，还能引领人们自觉杜绝拜金主义、利己主义、非理性消费主义等不合乎财富伦理道德准则的错误思想侵蚀，使人们在实现彻底脱贫、走向共同富裕的道路上，能够合理认识财富、合法创造财富、公平分配财富、节俭使用财富。

### 二、规范贫困治理的财富生产

创造财富的环节主要是人类通过开发、利用和改造外在的物质资料的方式来满足自身各种需要的过程。财富的生产创造主要是解决人类应如何对待自然和人、应如何处理自然和人本身关系的伦理问题，即人类对自然如何开发利用？如何使财富发挥其最大"物"性效用来契合人类自身需要？在此过程中，要处理的是人与自然的辩证关系。财富伦理内蕴的"可持续""生态""绿色发展"等价值指向，成为人类在创造和生产财富过程中重要的道德目标，其伦理意蕴在于规范人类开发、改造、利用自然财富的过程中应立足促进人类社会和自然之间形成和平相处、和谐共生的关系，而不是用凌驾、控制、征服等方式去损毁和破坏提供给人类生存各种物质的自然资源。因此，在财富生产过程中，财富伦理的重要作用就在于引导人们行为的"无害性"及其后续力。在"开发利用与保护顺应自然资源"同行并重这一问题上，财富伦理以其内在原生道德力赋予人们思想行为的正确指向。

在贫困治理的生产创造过程中，更需要财富伦理的规约。为摆脱贫困、尽快致富，人们往往更易于采取各种急功近利、毫不顾忌的非常规手段，因此，更容易造成对自然的肆意破坏。因此，更有必要坚持财富伦理的道德要求，来实现贫困治理中财富生产的良性发展。

### 三、指导贫困治理的财富分配

物质财富的分配主要回答的是人们生产创造出来的财富如何更好地进行调配、配置的问题，涉及的是如何实现分配正义，即保证财富分配的公正性平等性问题。

财富伦理运用特有的道德规范范畴，譬如公正、公平、正义等，来衡量和规制贫困治理中的财富分配。财富伦理实现"公正性"是对财富分配理想状态的道德指向，是财富分配的一种特定伦理原则，它要求财富的分配实现在所有人之间的平衡。"分配正义"则是财富伦理"公正性"的伦理阐释。作为伦理规则，它强调每个社会公民都应该把追求财富分配正义视为美德追求；而作为价值导向，它要求执政党、政府通过制定有效度高、可操作性强的方针和政策等，来保证财富真正实现公平分配。但是，我们也应明确，财富伦理倡导的"分配正义"并不是平均主义的分配模式，而是以劳动量、社会贡献大小等为重要元素和衡量尺度，将财富分配规范在合理限度内，避免不合理的贫富差距。同时，立足于财富伦理的人文关怀，要求财富分配适当向社会弱势群体倾斜。

在贫困治理中，财富伦理的分配正义的实现，会使脱贫攻坚取得的成果更为巩固，并具有拓展延续力。因为"分配正义"既重视个人正当物质利益的满足，同时也能使利益在人与人之间达到合理调配，以及实现社会成员公平公正地享受社会经济发展带来的物质成果，有效化解人们之间因为分配不均而出现的种种矛盾冲突，使人类社会朝着互助互爱、和谐稳定的方向发展。

## 四、调节贫困治理的财富消费

财富消费主要是解决如何将财富使用限制在必要的"度"之内的财富伦理问题，是人们对通过劳动分配得到相应财富报酬的使用、消费秉持的客观理性态度。人们在消费财富中通常会面临这样的问题：是否将所得财富用来全部消费？怎样的财富消费才可称之为合理？财富伦理则以其特有的学科规定性强调了人们对物质财富的消费应被控制在合理的限度之内，即人们对财富的消费应该为"适度""中道"，防止"过犹不及"，要求财富消费既不能"不足"也不可"过度"。"适度"的财富消费建立在人们对财富的本质和价值具备正确认知意识和实际使用约束之上，强调财富消费既要有利于消费者本身的生存和发展质量的提高，也要有利于促进人的"类"的共同生存和发展。

在贫困治理中，对财富消费坚守"适度"尤为重要。对地区发展而言，财富消费"适度"体现了财富绿色发展的要求，一些重点贫困帮扶地区虽然具有得天独厚的资源优势，但由于部分人仍缺乏相应意识，因而不能很好地保护和使用绿色资源。财富伦理的财富消费要求以适度为导向，推动贫困地区树立绿色发展、合理消费的理念，为稳定脱贫及后续脱贫成果巩固、实现可持续的跨越式发展打下坚实的财富使用基础。对个体而言，随着我国区域整体脱贫的实现，经济得到缓解和提升，民众消费水平也在不断升级，但贫困地区中盲目消费、无度消费现象仍然存在，以财富伦理的"适度"原则为引领，有利于引导人们形成节制合理的消费观与绿色健康的生活方式。

# 第三章　财富伦理视域中的思想扶贫

在现代社会中，如何正确把握财富的作用和价值，如何看待财富？这是财富伦理的财富认知要解决的关键问题，是社会经济如何实现良性发展必须要面对的问题，也是巩固拓展脱贫攻坚成果、实现彻底脱贫必须解决的重大问题。

只有解决好现代社会的财富问题导致对财富本质理解的诸多歧义，纠偏人们对财富的错误认知，才有可能更好地达到贫困治理的最终目标。纵观当前，人们对财富的认知出现两个错误极端，一种是将财富的获得视为不当行为，将财富视为"万恶之源"，将人类社会发展进程出现的问题根源归结为财富本身是不良之物；另一种是将追求财富增加视为至上目标，狂热追逐财富导致物欲的膨胀和无度，进而引发严重的社会问题。

实质上，财富本身并不是"恶"的元素，也不是人生的最终目标。反之，贫穷更有可能导致道德败坏，正如中世纪西方经院哲学家托马斯·阿奎那所说的，贫困是一种邪恶的诱因，因为偷窃、发伪誓、谄媚往往因贫困而生。因此更应避免贫困，所以穷人不应自甘澹泊。另外，追求财富也应在合理的"度"之内。把握好这两点，就能实现财富伦理在现实贫困治理中的真正运用和推进。

因此，我们要对财富保持科学正确的认知，将其运用于贫困治理中的一个重要方面——思想扶贫，加强对帮扶对象的财富思想认知教育力度，树立帮扶对象正确的经济价值观、财富认知观。

## 第一节 思想"贫困"

对财富的理性认知是思想扶贫的重要着力点。当前贫困治理存在的难题之一，基于财富伦理视角，在于要消除帮扶对象在思想上尚存有待解决的财富认知的偏差和桎梏。因此，针对思想扶贫，要先分析当前存在的财富认知问题，找出原因，才能"对症下药"。

### 一、经济价值观及财富认知存在偏差

主体的价值观具有连续性和稳定性的特征，这对解决贫困实际问题时把握主体行为准则具有指导和调节的作用。经济价值观作为价值观念的重要组成部分，也是贫困治理中最根本、最广泛及影响力最大的价值思维。后脱贫阶段，贫困户财富理解的偏差问题，主要体现在以下五方面。

一是经济思维的存在局限和部分歪曲。能够集中力量办大事是我国的政治制度、经济政策的优势，相关物资资金及各种援助等都能在最短时间内集中到帮扶点并能很好地使用，取得显著的脱贫成效。但外部力量的快速汇聚，也易于产生不平衡，引发帮扶对象内生动力的弱化甚至走向被动消极，出现"向贫困户看齐""能当贫困户为荣"的畸形现象，侵蚀腐化并扭曲了贫困群体的价值观，成为当前脱贫中的关键问题之一。

另外，有些帮扶对象还存在着这样的思想，认为贫困治理仅仅是走向物质富裕的过程，因此在脱贫致富过程中，更多的是注重经济收入、经济消费而忽视了思想提升和致富精神的培养。贫困人口秉持的更多是机械经济价值观、教条经济价值观，拜金主义、享乐主义还在一定程度上存在，这些错误的思想，使得他们在日常生活中过分重视物质层面和对金钱等外在财富的追求，一味追求"物质富裕"而忽视"精神富裕"，导致财富生产出现盲目性，财富消费出现本末倒置的情况。比如，近年来，在农村居民所有消费支出项

目中，有益于思想提升的教育文化娱乐排在支出消费末尾，表明他们对财富应有用途在思想方面的认识不足，这些原因导致帮扶对象极少将收入投入文化精神产品的消费中；反之，食品烟酒、衣着消费这些除日常必须外的具有享受性质的财富消费则在全部消费结构中占据首位。

特别要指出的是，这种过于重视经济利益思想代际相传的现象仍存在，而帮扶对象因经济意识淡薄带来致富能力差，脱贫能力不强使收入财富难以积累，贯彻执行能力弱使脱贫途径受到限制等，影响了贫困人口自主脱贫意识的形成以及自身主动求富思想的滞后。

二是经济思想比较闭塞。部分帮扶对象仍存在经济目光短浅，缺乏持续脱贫的思想观念。一方面，个别贫困户对农作物的生产营销观念仍局限于小农经济的思想桎梏之中，认为生产只是为了自给自足，满足和解决自己的温饱问题，没有更高的经济期望与彻底消除贫困的决心。另一方面，在我国已实现消除绝对贫困的大背景下，部分帮扶对象只看到当下既得成果，未看到共同富裕目标下更深厚的发展潜力与增值效益，未能主动去实现农作物的最大经济效益和追求更高的生活水平。他们市场竞争意识不足，普遍缺乏创新精神，对社会主义市场经济运行规律不求甚解，农业生产的市场需求敏锐性不足，难以做到契合市场需求及市场变动来进行生产，因此也难以享受到市场经济带来的致富成果。一些先富起来的群众，也因存在不希望成果被分享、不愿意看到他人致富等自私自利的思想弱点，未能起到先富带动后富的"头雁"作用。

三是致富观念相对落后。一些帮扶对象对市场经济缺乏认知，他们一贯视农为本，观念保守，宁愿守着土地受穷，也不愿意尝试改变。听天由命、消极悲观，缺乏打破现状的信心和勇气，反而把脱贫致富的希望寄托于外界因素和依赖国家救济，这是他们易于返贫的重要原因。

四是受教育程度仍然较低。贫困人口普遍而言文化程度不高，因此，他们对财富的认知和理解处于迷茫状态，致富愿望不足。同时，贫困群众受教育程度低，将会影响其对扶贫政策的全面理解、把握，不能使政策"红利"

发挥最大效用，以至于影响对脱贫致富的积极参与和主动作为，这也是易于返贫、使贫困难以彻底消除的重要原因。

五是对创富本质存在认知误区。长期以来，社会上流行两种对财富本质的不当看法，一是认为财富生产、获得仅仅是人存在的一种手段，"唯经济至上论"导致拜金主义、商品拜物教、物本主义、消费主义、人类中心主义盛行；二是受传统落后思想的影响，秉持"财富天性为恶"的极端主义，摒弃财富，导致产生轻富、贬富、仇富的心理。受这些因素影响，农村地区也产生了两种财富认知偏激思维，一种是"以富为要"，不择手段追求财富；另一种是"安贫乐道、耻于求富"，创富动力不足。

## 二、脱贫干劲不足与思想观念桎梏

贫困因素是多维度多层次的，并不断伴随着治理能力发生变化。思想贫困作为贫困的一种"隐形因素"，不同于物质因素，在衡量和评估中呈现复杂性。帮扶对象脱贫干劲不足，思想观念有待提高，也是当前阻碍彻底消除贫困的桎梏之一。

一是存在"等、靠、要"的依赖思想及守旧畏难等懒惰思想。帮扶对象因长期生活在贫困环境中，在习惯性身心适应与贫困条件环境中，逐渐产生了宿命论、天命论等扭曲思想，表现为经济观念落后、因循守旧、听天由命、消极被动等。

目前，我国的贫困治理阶段仍处于多变期，部分帮扶对象仍把实现彻底脱贫致富全部寄希望于政府和村干部等的扶持与救济，"扶贫独角戏""脱贫外界发力我省力"等现象依然存在。以争当贫困户、争获政府救济为荣，"看着别人干""等着帮扶"，以致越扶越懒、越扶越穷，精神贫困比物质贫困问题仍然突出，"不劳而获、坐享其成"惰性依赖的"思想痼疾"仍未完全消除，劳动积极性不足。他们不关心国家的大政方针的变化，只关注自身是否能获得实质性的物质资助与资金帮扶。对于政府开展的资金形式之外的教育帮扶，如农业技能培训、产品生产与推广教育、政策文件解读等漠不关心，在发展公益事业、建设公共设施上也经常缺位，甚至一旦政府救济不到位，一些习惯了获得资助的受助者还会扰乱社会公共秩序、制造不稳定因素，以求再获得金钱物质方面的帮扶。

二是仍存在主动脱贫意愿不强、致富思想滞后的现象。帮扶对象惰性思想的存在，是影响贫困治理成效的思想桎梏之一。他们主动发展生产意识还较薄弱，有些甚至坐等扶贫干部来上门服务，认为随着国家扶贫力度加大，自己应会得到更大实惠、更多补助，因而不愿发挥主观能动性来主动打开增收门路，而这些无所作为、得过且过、"做一天和尚撞一天钟"的帮扶对象还有一定数量。比如，对政府推行小额信贷等优惠政策，部分帮扶对象仍有抵触情绪，不愿意贷款进行发展生产，不愿把握好政策、主动作为走上致富之路，导致生活依然陷于困难。惰性思想的存在使得一些已经脱贫的帮扶对象思想膨胀、过度消费，非但没能乘势而上巩固拓展脱贫攻坚成果，反而在资金、技术扶持、物质配给"断供"或减弱扶持力度的情况下，出现"断血性返贫"。

另外，由于一些帮扶对象生活的自然环境和生存条件较为恶劣、交通不畅、资源相对匮乏、与外界交流甚少等因素的影响，他们长期以来思想闭塞、思维固化、眼界局促，有一些上了年纪的群众甚至一辈子都没有走出过自己生活的村庄、乡镇。空间局域的限制，加上受缚于自然环境，脱贫支援对象的思维能力和想象能力较为落后，有些甚至陷入失落困顿、无所事事、荒废时日的处境之中。这部分帮扶对象很多还抱守着"只要一头牛""只求一亩三分地"安稳度日的思想，"小富即安"甚至"不富也安"，斗志缺失，致富的毅力、决心不足，缺乏艰苦奋斗、不畏困难的致富精神，失去主动脱贫的信心和勇气，认为致富对自己而言遥不可及，有些人甚至不愿去思考致富问题和创富门路；此外，对国家脱贫政策他们也不愿去了解，看到别人过上了好日子，他们心中也有渴望，但存在畏难情绪，在生产、生活中往往只是消极等待外来扶助。

三是"争当贫困户"的错误思想。有一些人则将走出贫困视为政府和相关机构的行为,"争当贫困户""争做帮扶对象"的情况依然存在。近年来,国家出台了一系列扶贫方针政策,使得贫困户得到了实实在在的改变和切实利益,人均可支配收入大幅度提升,生活发生了根本性的改变,然而在贫困退出机制的实施中,部分帮扶对象投机取巧,妄图继续依赖贫困户身份获取利益,费尽心机隐瞒真实收入,虚假谎报,为防止返贫的精准识别带来新的困难和挑战,甚至一些非贫困户看见资源向贫困户倾斜时,心里会产生不平衡,并采取各种不当手段想方设法将自己列入帮扶队伍。

四是不良风气引发的财富盲目消费思想。消除绝对贫困后,农村社会风气总体呈现不断向好态势,帮扶对象在国家强有力的贫困治理政策和有效措施下越来越有"靠头""甜头""奔头"。但是,生活改善的同时,也容易使得部分脱贫群众存在享受心理,一些贫困地区的人情风、吃喝风、滥办酒席等不良风气时有泛起,赌博活动、迷信活动、厚葬薄养、人情攀比等陈规陋习抬头,导致在贫困治理和共同富裕的康庄大道中"掉队""落伍",甚至脱贫后又回归贫困,这种情况在农村还时有出现。

五是巩固脱贫成果的规划和思路不清。在巩固拓展脱贫攻坚成果、推动脱贫攻坚与乡村振兴有效衔接的新征程上,部分脱贫户存在一蹴而就和一劳永逸的思想,对这一常态化、系统化工程认识欠缺,没有脱贫致富的清晰规划和逻辑思路作为思想指引,产生急功近利的求富心理。他们缺乏正确的创业观、生产观,缺乏脚踏实地和勤奋致富的态度。个别帮扶对象则跟风思想严重,在不考虑实际情况和自身发展特色、优势的情况下,一味效仿他人发展模式和致富思路,不能做到因地制宜、因人而异谋划发展,精准发展,导致事与愿违,陷入想要脱贫致富但又毫无头绪的困境中。

六是有些外在的措施使用不力。比如,精神贫困是难以实现真正脱贫的重要根源,是主观性的,消除精神贫困的重要手段则是教育。然而在贫困地区,存在教育扶贫不尽如人意的情况,对这些农村而言,村内教育资源非常匮乏、文化底子薄，中小学生有些还需要到离家较远的集镇上住宿学习才能享受到较优质的教育，这样的情况目前在农村贫困地区还较为普遍。另外，帮扶户的青壮劳力文化素养低，信息意识和学习意识较差，缺少劳动技能，因而只能从事低水平的体力劳动，收入来源不稳定且风险大；有些人则越懒越穷、越穷越懒，对通过学习提升知识、提高技能失去兴趣，得过且过，致富思想懈怠。

## 第二节　思想扶贫理论溯源

面对当前贫困治理中思想扶贫的重点，根治思想贫困，就要寻找到适合提升帮扶对象内在致富动力、提高自我致富能力的理论依据。马克思反贫困理论、习近平总书记关于扶志扶智的重要论述、中华传统财富思想史的优秀理论渊源，都是财富伦理的重要内容。实现思想脱贫，对财富形成正确认知，就要以马克思主义反贫困理论为主要遵循，弘扬中国共产党的历届领导人的思想扶贫思想，特别是以党的十八大以来习近平总书记关于思想贫困治理的重要论述为引领，借鉴传承中华传统优秀财富思想史的理论渊源，作为贫困治理中加强思想扶贫的主要理论依据。

### 一、马克思的反贫困思想

在马克思思想体系中，有丰富的关于揭示贫困产生的根源以及如何治理贫困的理论，主要包括关于人的主体性思想和人的价值目标理论、社会存在与社会意识的辩证关系原理等。

一是关于人的主体性思想。马克思认为，人的主体性即人作为主体在本质上的规定性，是伴随着经济的发展和生产力的进步而不断形成的。马克思曾说过："动物只是按照它所属的那个尺度和需要来建造，而人懂得按照任何一个种的尺度来进行生产，并且懂得处处都把内在的尺度运用于对象。"①
人区别于动物最显著的特质之一，就在于人在生产实践活动中会依照自己的
目的，在符合客观规律的条件下，自觉发挥主观能动性去认识世界，有意
识、有计划地改造世界。在贫困治理中，思想贫困的诱因呈现两大特征，即
内生性和外生性。内生性因素即贫困思想代际相传、脱贫规划思路不清、脱
贫信心不足等；外生性因素包括教育"失声"、政策"失踪"、引导"失语"等。
思想扶贫必须兼顾"两者同向同行，两手抓两手都要硬"，既要激发帮扶对
象的求知求上求富意识的主体能动性，也要积极开展引导、多措并举保障教
育和知识培训，全面增强由"输血式"向"造血式"转变的贫困治理策略。

二是主张人的最高价值目标是实现人的全面解放和发展。马克思在
《1844 年经济学哲学手稿》中，阐述了人的全面发展这一概念，他指出"人
以一种全面的方式，也就是说，作为一个完整的人，占有自己的全面的本
质。"②马克思认为主体人的本质是劳动，人在劳动过程中，既获得了物质财
富，同时又被赋予了精神属性。而作为劳动主体的人的发展并不是单一片
面、只追求物质的，而是全面的、系统的，是追求物质财富与精神财富的相
辅相成。精神生产是实践基础上实现主体客体化和客体主体化双向互动的过
程，是深刻总结实践经验而得出的关于思想、智慧、观念的生产，是实现人
全面解放发展的重要组成。因此，在贫困治理中，要注重协调发展、平衡发
展，重视物质生产同样也要重视精神生产，丰富人们的精神内在，共同实现
人的全面发展。

三是马克思关于社会存在与社会意识的辩证关系原理。马克思强调，
"不是人们的意识决定人们的存在，相反，是人们的社会存在决定人们的意
识"③。马克思所指的社会存在包括了社会各种组织、社会各项活动、社会各
种财产等的现实条件，社会意识则是包括思想、观念、意识等的精神因素，

---

① 马克思：《1844 年经济学—哲学手稿》，人民出版社 1980 年版，第 53—54 页。

② 《马克思恩格斯全集》第 42 卷，人民出版社 1979 年版，第 123—124 页。

③ 《马克思恩格斯选集》第 2 卷，人民出版社 2012 年版，第 2 页。

社会存在与社会意识二者为辩证统一、同频共振的关系。一方面，社会存在决定社会意识。现阶段，我国贫困治理进入新阶段，所有农村贫困人口全部脱贫、贫困县全部摘帽，正向着共同富裕的目标昂首迈进。面对新的任务和新的挑战，我国的社会存在要素已经发生一定的改变，但是因社会意识具有的相对独立性，部分帮扶对象的思想观念仍然受代际相传的影响，意识观念、思想发展跟不上社会发展速度，难以适应新的发展局面。另一方面，社会意识对社会存在具有能动的反作用。思想扶贫作为一种社会意识，注重提升帮扶对象的思想境界，树立其主体性意识，以正确的社会意识推动贫困治理实践迈上新的台阶。在推进全面脱贫与乡村振兴有效衔接的进程中，要立足我国扶贫实际和现阶段的具体工作任务，在为巩固脱贫成果进而夺取更大胜利的过程中发挥重要作用。由此可见，马克思的反贫困思想的扶贫观为我们贫困治理工作确定着力点提供了基本遵循。

## 二、党的十八大以来关于扶志扶智的重要论述

党中央对摆脱贫困、加强贫困治理工作非常重视，不仅做出了精准扶贫的重要战略部署，也对贫困治理形成了一系列重要理论论述，形成了系统的脱贫扶贫科学行动指南。特别是党的十八大以来习近平总书记关于扶贫中扶志扶智的重要论述，涵括了贫困治理中如何做好扶志扶智的思想指导和行动指南，成为我国推进贫困治理工作的重要理论依据。

党的十八大以来，习近平总书记在关于扶贫的系列重要讲话中都反复强调要注重贫困群体的思想提高和能力培养，强调要将扶贫与扶志、扶智紧密结合。2012年在河北省阜平县调研时就提出"治贫先治愚""贫困地区发展要靠内生动力"等贫困治理的重要方向，特别强调要重视贫困群体的思想扶贫，帮助他们学习脱贫技能，激发自我脱贫斗志，蕴含着丰富的扶志扶智理论。2013年，习近平总书记在湖南考察时首次提出"精准扶贫"概念，并强调"脱贫致富贵在立志"，深刻表明了扶志在扶贫工作中的关键作

用。2015 年，习近平总书记在中央扶贫开发会议上提出"扶贫先扶智"，明确了教育扶贫的重要性，提出提升贫困地区的教育质量，实现教育资源充分供给，补齐短板，强调了贫困治理中扶志与扶智相互结合、齐头并进，为精准脱贫提供内在动力。2016 年，习近平总书记在东西部扶贫协作座谈会上再次明确"扶贫必扶智"，再次强调了贫困群体的思想观念落后的危险和不利更甚于物质贫困，因此，脱贫致富既要把实现物质方面的提升作为重要任务，更要实现贫困人口的思想和精神脱贫。2017 年，在深度贫困地区脱贫攻坚座谈会上他又提出"智和志就是内力、内因"，内力和内因都要共同发力，要继续加强对贫困群体的思想上扶志、能力上扶智。在党的十九大中申明要坚持"注重扶贫同扶智、扶志相结合"的大扶贫格局。2018 年，在打好精准脱贫攻坚战座谈会上也指出要加强扶贫必须先扶志与扶智，坚持发挥好群众的主体性。2019 年，在解决"两不愁、三保障"突出问题座谈会上，习近平总书记又强调要引导贫困群体树立脱贫致富的信心和毅力，达到物质和精神双重脱贫的目标。2021 年，习近平总书记在全国脱贫攻坚总结表彰大会上再次重申要继续"实行扶贫和扶志扶智相结合"，思想扶贫、摆脱思想贫困、消除相对贫困、扶贫同扶志扶智相结合成为我国精准扶贫工作进入内生式扶贫阶段的重要标志，扶贫同扶志扶智相结合关键在于培育贫困群体的内生动力，以实现知识、技能、思想三者结合的彻底脱贫。

总之，习近平总书记关于扶贫要做到与扶志、扶智相结合的重要论述，高屋建瓴、高瞻远瞩，为我国贫困治理提供了坚实的理论基础和明确具体的努力方向，是中国进入脱贫减贫新阶段的思想指南和行动纲领。

### 三、中华传统财富思想史的理论渊源

在中华传统思想体系中，一直贯穿着对财富的意义思考、作用衡量、价值探讨等，其中不乏优秀的财富伦理思想，是当前我们进行贫困治理的重要思想资源。这些优秀的财富伦理思想从"义利观"出发，对"义""利"关

系的辩证思维以及对财富的正确定位，是对当前贫困治理中我们如何在正确把握财富实质的基础之上，做好思想扶贫问题的重要思想借鉴。

纵观我国传统财富伦理史，虽然一直贯穿着以"义"作为获取财富的道德规范和尺度的"道义论"主流价值观，对财富本质也有诸多差异争执，但大都肯定了财富的重要价值以及人们对财富追求的正当性和必要性。如孔子虽然"罕言利"，但他并不一概否定利，相反他肯定了财富的客观存在和实用性。孔子在肯定人性"欲富恶贫"的心理前提下，承认满足欲望的合理性、正当性，指出人有"恶贫贱之心""欲富贵之心"，这是人的本性而且"富而可求，虽执鞭之士，吾亦为之。"只是孔子强调"不义而富且贵，于我如浮云"（《论语·述而》）。汉代司马迁则公开肯定人们逐"利"行为的客观性："天下熙熙，皆为利来；天下攘攘，皆为利往"，把富人说成是有德的，强调人越富就越有行善的条件："君子富，好行其德""人富而仁义附焉"。（《史记·货殖列传》）而贫穷则是无德无能，要自知"惭耻"。

李觏把追求利与欲说成人天生的情与性，认为私人追求财富、满足欲望的动机是自然的，只能顺应而不能遏止的，将重视财用、讲求富国之道的人称为"贤圣之君"和"经济之士"："治国之实，必本于财用。……是故贤圣之君，经济之士，必先富其国焉。"（《富国策》）他抨击贵义贱利论，直斥它为"贼人之生，反人之情"，人们言利是正常的。他还十分明确地指出了为顺应满足人的欲望而追求物质利益的经济活动对"富国"具有基础作用。

考究古今圣贤之教义，均主张人的全面发展是衡量财富的唯一尺度，都致力于实现财富外在与人的精神内在的统一。根据财富伦理的人道原则——财富并非独立自生、自在绝对之物，而是人类彰显其生命存在和意义、与人的本质密不可分的对象性存在物，是凝结人类社会劳动、具有公共性的社会存在体。因此，在贫困治理中，要弘扬贯穿这样的一个思想主导：获得、生产财富仅仅是人类生存的手段而不是目标，只有把财富生产、消费赋予伦理的品质，财富才有益于人的生存和发展，财富的本性是人的本质力量的体现。人是经济（财富）发展的目标而不是经济（财富）发展的工具，财富追求和增长的目的应契合人的全面发展的目的，并以是否促进人的全面发展目标来衡量。对财富的追求与财富本身的生产是否正当也必须以人的发展与否为尺度。

## 四、反贫困相关理论

反贫困作为一个世界各国都要面对的历史难题，在贫困治理过程中，涌现出各种理论学说，在众多思想体系中，西方近代的"人力资本"理论、"收入再分配"理论、"涓滴效应"理论、"赋权"理论，其中的主要观点和论述，对我们反贫困的推进，具有借鉴效用和实用价值。

### （一）"人力资本"理论

人力资本是在20世纪60年代人类科学技术取得巨大进步和社会生产结构急剧变化的总体态势下，在西方经济学中迅速崛起的一种经济理论。人力资本亦称"非物质资本"，是指体现在劳动者身上的资本，如劳动者的知识技能、文化技术水平与健康状况等。

"人力资本"理论坚持以人为本经济发展思想，强调人本身生产能力的积累对于经济发展的重要意义，弥补了西方传统经济学研究以物为主、忽视作为生产要素之一的劳动者的个体差异对经济影响之不足。自"人力资本"理论兴起以来，随着科学技术不断发展和知识经济时代的到来，受到了越来越广泛的关注，其中，它对贫困问题的有关研究成为各国反贫困实践的重要借鉴。

人力资本的概念，直接来自19世纪末形成的"新古典学派"提出的一个重要概念即生产函数概念，它表明了一定的产量来自一定的生产要素组合条件下的生产要素的投入。"新古典学派"提出的资本生产率、资本边际生产率只涉及对物的投资，而后人力资本理论的研究者们以此为出发点，扩大了"投资"所包括的范围，提出关于人力资本及其经济效果的概念。

1935 年，美国哈佛大学教授 J. 沃尔什发表了《人力资本观》一文，从个人教育费用和以后收入相比较来计算教育的经济效益，用教育费用效益的分析方式来计算高中和大学在经济上是否有利的问题。而后，美国经济学家雅各布·明瑟和加里·贝克尔分别以教育收益计量方法研究了收入分配和劳动市场行为，以"人力资本"理论进行新古典微观分析。这些研究的共同特征都是以劳动力要素分析为中心，重在阐明人力资本在经济增长过程中的作用。

而"人力资本"理论最早系统的提出者是美国经济学家西奥多·舒尔茨。1960 年，舒尔茨在美国经济学会发表了《人力资本投资——一个经济学家的观点》的著名演说，首次提出"人力资本投资"这一概念，并建议把通过对儿童和成年人的教育，改进他们的健康和营养从而提高劳动质量和劳动者收入的过程看成是资本积累的过程。1962 年舒尔茨又出版了《教育经济价值》一书，全面阐述了人力投资的成本及教育经济效益的核算，从而完整地创立了"人力资本"理论。

舒尔茨突破了传统理论中将"资本"限定于"物质资本"的片面理解，将资本划分为人力资本和物质资本，开创了人类关于人的生产能力分析的新思路，并很快被引入社会领域的贫困问题研究中。舒尔茨的"人力资本"理论核心可概括为——人力资源的提高对于社会的经济增长的作用，远比物质资本的增加重要得多。

舒尔茨指出，传统的经济理论认为经济增长必须依赖于物质资本和劳动力的观点已无法解决今天的事实，对现代经济来说，人的知识、能力、健康等人力资本水平的提高，对于经济增长的贡献远比物质资本，劳动力数量的增加更为重要。在传统的经济理论中，资本实际上仅仅是指处于生产过程中的厂房、机械设备、原材料和燃料等多种物质生产要素的数量和质量，这样的资本概念是不完整的，对经济发展而言，仅仅看重物质资本的形成是不够的，为了有效地利用可以得到的资本和技术，还必须充分注意对吸收能力具有决定意义的人力资本的形成。

在此基础上，舒尔茨试图建立包括人力资本和物质资本的全面资本概念，提出物质资本是体现于物质产品上的，人力资本是体现在劳动者身上的，人力资本的量是指社会中从事现有工作的人的数量及百分比，劳动时间在一定程度上代表着该社会的人力资本的多少，就是指技艺、知识、训练程度与其他类似可以影响人从事生产性工作能力的东西。而后，舒尔茨还具体论述了人力资本的主要内容，包括保健设备和服务的各种开支；在职训练、正规的初等、中等及高等学校教育的支出；非厂商所组织的成人教育训练，特别包括农村的推广教育；用于劳动力国内流动的支出；提高企业能力方面的投资，等等。在上述人力资本投资中，他特别强调了教育投资在人力资本形成中的作用，认为教育投资是一种重要的生产性投资，教育活动是隐藏在人体内部的能使人的能力得以增长的一种生产性活动，政府有意识地投资，能积累好人们未来提高生产能力的潜力。

总之，"人力资本"理论认为贫穷的国家和个人之所以落后贫困，其根本原因不在于物质资本、物质财富的短缺，而在于忽视人力资本的增值，因人力资本匮乏引起的，并且是缺乏健康、专业知识和技能、劳动力自由流动、教育等高质量人力资本投资的结果。因此，解决贫困的根本之道是提高个人的能力，而贫困者能力的缺失又大多源于他们的人力资本的缺乏。贫困人口的人力资本不足，使得他们没有足够的"能力"去追求更多更好的生存和发展的机会，进而被社会所排斥，处于社会的最底层，被迫过着贫困的生活。因此，对贫困人口进行人力资本投资，提升他们的可行能力是推进反贫困战略的理性选择。人力资本主要探讨了人力资本的基本特征、形成过程和人力投资的成本与效益。人力资本理论的诞生和发展，不仅丰富了当代西方经济发展理论的内涵，而且对于当时世界工业化国家经济发展尤其是发展中国家的反贫困战略实践产生了广泛而深远的影响。

（二）"收入再分配"理论

随着社会经济的发展，越来越多的经济学家或社会学家认为贫困的原因不仅仅是个人造成的，还包括国家或社会的因素，因此，国家或社会对于贫困人口也应承担一部分责任。福利经济学的兴起为这种观点提供了直接的理论基础，福利经济学理论确立了社会保障制度的公平化原则。1920 年，英国经济学家阿瑟·塞西尔·庇古在《福利经济学》一书中系统论述了福利经济学理论，他指出在很大程度上，影响经济福利的因素主要有两个：第一是国民收入的多少；第二是国民收入在社会成员中的分配情况。进而在此基础上提出了增进普遍福利的路径：一是通过增加国民收入来增进普遍福利。由于促使国民收入增长的关键是要合理地配置生产要素，而生产要素中最主要的就是劳动力，为了使劳动力合理配置，就必须给劳动者适当的劳动条件，改善他们的生活福利，使他们在失去劳动能力时，能得到适当的物质帮助和社会服务。二是通过国民收入的再分配来增进普遍福利。基于边际效用递减规律，他认为在不减少国民收入总量的前提下，通过税收把收入从相对富裕的人转移给相对贫穷的人，可以增进整个社会的福利。他还对如何具体实现收入再分配提出了自愿转移和强制转移的政策建议，提出自愿转移是富人自愿拿出一部分收入为穷人举办一些教育、保健等福利慈善事业或科学和文化机构；强制转移主要指通过政府征收累进所得税和遗产税。对于向穷人转移收入，他认为也可通过两条途径来实现：一种是直接转移，如举办一些社会保险或社会服务设施；另一种是间接转移，如对穷人生活必需品提供补贴，为失业工人提供培训，向穷人孩子提供教育机会等。

福利经济学首次将穷人的福利问题与国家干预收入分配问题结合起来，主张通过国家干预收入分配来增加穷人社会福利的这一思想，成为"收入再分配"理论的直接来源和理论依据。

"收入再分配"理论流派主要有：功利主义哲学及自由主义的分配正义论、自由意志主义机会平等论、新旧福利经济学、货币学派的负所得税理论等。这些理论在其演进过程中形成了一系列价值体系，其中最具代表性的是功利主义哲学及自由主义的相关观点。

功利主义哲学的"收入再分配"理论把衡量福利尺度的效用作为私人和

公共行为的最终目标，旨在提高社会全体成员的效用总和至最大化。功利主义者假设收入再分配根据边际效用递减。穷人每增加一美元收入所产生的效用比富人每增加一美元收入产生的效用要大，随着收入增加，人们从额外的一美元收入中得到的福利是减少的。所以，政府要想提高整个社会的总效用，可以通过干预收入再分配的方式，收取富人部分收入转移给穷人。自由主义政治哲学的收入再分配理论则主张要关注最底层收入人群，在设计和实施各项税收政策和举措时，要关注对社会中最底层人群的福利的提高，也就是说要为低收入人群和特殊人群制定优惠政策。

"收入再分配"理论为制定优惠政策来调节收入分配、缩小收入分配差距、提高整个社会的福利水平，提供了有借鉴价值的思想来源。

### （三）"涓滴效应"理论

第二次世界大战以后，一些发展经济学家通过对早期发达国家的增长问题和当时世界贫困国家概况的研究获得了两个发现，第一，经济发展初期不可避免地出现贫富分化和不平等；第二，社会贫困与经济增长水平密切相关，经济增长是减少贫困的强大力量。对于发展中国家的经济发展与反贫困，当时一些国际主流发展机构认为，通过经济结构的重构（建立市场经济）和加快发展，不断做大经济这块蛋糕，贫困问题就会通过经济的"渗漏"得到解决。正是在这几方面的综合作用下，战后在有关经济增长与减贫关系的广泛讨论和研究之中，最具代表性的"涓滴效应"反贫困理论就此衍生，因此，在战后相当长一段时期内，曾经指导广大发展中国家的反贫困实践中居于主导地位的理论就是"涓滴效应"反贫困理论。

"涓滴效应"又可称之为渗漏效应、滴漏效应。最初由美国发展经济学家阿尔伯特·赫希曼在《不发达国家中的投资政策与"二元性"》一文中提出，后又在《经济发展战略》一书中进一步做了阐述，主要是解释经济发达区域与欠发达区域之间的经济相互作用及影响。他认为"增长极"对区域经济发展将会产生不利和有利的影响，分别为"极化效应"和"涓滴效应"，如果一个国家的经济增长率先在某个区域发生，那么它就会对其他区域产生作用。

在经济发展初期阶段，有利于发达地区经济增长的极化效应居主导地位，会扩大区域经济发展差异。而从长期来看，发达地区为不发达地区带来的投资和就业等发展机会的"涓滴效应"将缩小区域经济发展差异。后来这一研究也由区域经济领域延伸至贫困领域，在经济发展过程中，并不给予贫困阶层、弱势群体或贫困地区特别的优待，而是由优先发展起来的群体或地区通过消费、就业等方面惠及贫困阶层或地区，带动其发展和富裕。

虽然经济学领域的凯恩斯主义者也提出过"涓滴"问题，他们提倡财政政策应覆盖整个经济体，而非照顾特定群体，但"涓滴"理论支持者却提出反对观点，认为向富者减税，可促进他们投资进而带动经济增长，这种针对性的减税政策被指对推动整体经济未必及时见效，而很多人亦要经过一段时间的"涓滴"后才可得益。"涓滴效应"也承认，在经济增长的过程中，穷人只是间接地从中获得较小份额的收益，但随着经济不断增长，收益从上而下如水之"涓滴"不断渗透，形成水涨船高的局面，贫困发生率也将不断减少减缓直至消除，实现共同富裕。

### （四）"赋权"理论

"赋权"理论是现代政治学中一种重要的理论，旨在对权力得失和权力运作机制进行深入探讨，为我们认识人类社会中的权力现象和政治制度运作提供了新的视角和思考框架。而后，这种理论观点被引入经济学领域，其中对"权利"探讨等观点，成为反贫困理论的有益来源。

"赋权"理论指"赋予权利、使有能力"。"赋权"理论是在"涓滴效应"反贫困理论在实践中的负面效应日益显现的背景下产生的。"赋权"反贫困理论源于印度学者阿马蒂亚·森1981年出版的《贫困与饥荒——论权利与剥夺》一书中，森通过对饥荒的系统分析指出，在实际生活中一些最严重的饥荒发生，只是因为他们未能获得充分的食物权利的结果，并不直接涉及物质的食物供给问题，即个人支配粮食的能力或他支配任何一种他希望获得或拥有东西的能力，都取决于他在社会中的所有权和使用权的权利关系，即使粮食生产不发生变化，权利关系的变化也有可能引发严重的贫困和饥荒。森以"权力"这一独特的视角对贫困产生原因所作的开创性研究，成为贫困理论发展的一个重要标识。

"赋权"理论强调，要实现保护贫困群体的权利目的，只能通过相应的制度安排，通过赋权保障贫困者能获得基本生活需要、教育和医疗卫生的权利。由此可见，超越经济层面而从权利层面向穷人"赋权"构成了"赋权"反贫困理论的核心。同时，"赋权"不仅注重权利的赋予过程，而且也要不断为被剥夺权利的个人或团体创造更多的机会去获得权利和资源。因此，"赋权"理论对反贫困实践的可取之处主要在于：一方面，它通过贫困人口的参与和意见表达，为政府和其他外部力量了解贫困人口的需求提供有针对性的服务并提供了有效机制；另一方面，通过"赋权"贫困人口的平等参与，赋予了贫困人口各种机会，因而有助于提升贫困人口的能力，同时有利于增强贫困人口在扶贫项目中的主人翁意识，发挥他们的主动性和创造性。

## 第三节　思想扶贫对策

从财富伦理的角度来看，追求财富的动力源于人性，是为了人的自由全面发展。人不仅是个体的，也是社会的、整体性的，对财富的追求要实现社会的整体和谐，公正是财富伦理的基本原则。一直以来，人们有一个认识误区，即多是从物质角度看待扶贫，认为财产的多寡决定了贫困与否。这与马克思的财富伦理思想相悖。马克思主义认为，人的本质不是生产财富，而是劳动本身是人的本质，劳动实现了人的自由全面发展，而财富则是为了人的发展而服务。仅仅以财富的多寡界定贫困、消除物质贫困是片面的，还应当看到消除精神贫困的重要性。同时，科学的财富伦理还为我们揭示了非正义的财富追求，即生产的异化、不公正的分配、对消费的过度追求是贫困难以消除的原因。对此，基于财富伦理视域进一步完善贫困治理政策和措施，是提高减贫成效的关键。

习近平总书记曾在东西部扶贫协作座谈会上指出"脱贫攻坚是干出来的，靠的是广大干部群众齐心干"。因此，在日常工作中各级政府应当将思想扶贫纳入贫困治理的总体规划中，以激发帮扶对象的思想内生动力和艰苦奋斗致富精神为减贫工作导向；以正当性获得、实现人的价值目标的财富价值认知为道德导向，实施贫困治理的思想扶贫举措。

## 一、树立精神扶贫理念

改变思想扶贫、精神扶贫相对弱化的现象，要求我们在后续的贫困治理中要重视扶贫与扶智、扶志的高度结合，以守正笃实、久久为功的态度开展工作。

一是建立各级宣传机制，强化舆论宣传，让思想扶贫的观念深入人心。鼓励帮扶对象主动打破等待救助式、保障式扶贫的思想桎梏，加强观念更新、思路创新和技术革新意识，并将这些思想贯彻落实到具体的实践中。一方面，要向帮扶对象讲清楚思想扶贫的重大意义以及贫困治理过程的艰巨性、复杂性、长期性，增强他们的市场竞争意识，帮助他们树立脱贫致富的坚定信念，精准定位在贫困治理中的"主体角色"；另一方面，要向帮扶对象阐释好贫困治理的相关政策，营造准确识变、科学应变、主动求变的浓厚氛围，使帮扶群众能做到自觉依托现有政策，找思路、寻出路、生财路，为思想扶贫的顺利开展打下基础。

二是切实增强贫困群众信心，激发他们的致富勇气和决心。做好树立脱贫致富先锋模范楷模事迹宣传，总结好他们致富经验，以身边鲜活的实例推进帮扶对象树立脱贫致富光荣的理念，充分发挥榜样的引领示范作用以及"传帮带"，引导帮扶群众通过勤劳脱贫致富，获得"自己动手，丰衣足食"的成就感和喜悦感。扭转他们以贫困为荣，不屑于勤劳致富、"吃救济有理"的惰性依赖心理和价值观念错位思想，传承劳动者最光荣的中华传统美德，在思想上与贫困绝缘，塑造以劳动致富、以正当手段获得财富的正确思想。

三是树立正确的财富认知观。要引导充分肯定人们追求财富的合理性，激发帮扶对象创富致富的积极性。引导他们塑造正确的财富价值观、财富获得观，科学看待和追求财富，批判过度热衷追逐财富和摈弃求富的认知悖论，二者都因对物质抗拒力过度或求富驱动力不足而阻碍有效消除贫困。因此，要积极引导帮扶对象建立财富动力思维，引领他们锻造正确认识、认知、认同的观念去追求正当财富。

四是着力解决扶贫对象"等、靠、要"思想，增强脱贫主动性与积极性。后脱贫时代，思想扶贫是贫困治理的关键工作之一。消除经济落后只是消除绝对贫困的外在表现，而思想观念的落后才是真正影响脱贫致富成效的内在根源。因此，解放思想、端正脱贫致富思想，要真正做到致富光荣才是摆脱贫困的关键。正如比利时萨克斯说的，世界大部分的贫穷，都是一种病态，是不良生活、不良环境、不良思想的结果。"穷自在""安贫乐道""怨天尤人"，这些观念都必须要及时清理和"扫除"，而帮扶群众完全可能依靠自身的努力、政策等在特定领域做到脱贫致富"先飞"。习近平总书记在《摆脱贫困》一书中曾强调："弱鸟可望先飞，至贫可能先富。但能否实现'先飞''先富'，首先要看我们头脑里有无这种意识。"[1] 如果不注重解决帮扶对象思想扶贫的内在问题，将贫困治理仅停留在经济扶贫的外在样态完成就难以实现真正脱贫，即使是暂时摆脱贫困状态，也很有可能再度返回到贫困行列。因此，扶贫归根结底就是要进行思想的全面"脱贫"，而不仅仅是经济上的扶贫脱贫。"授人以鱼，不如授人以渔"，巩固拓展脱贫攻坚成果，全社会要以全面消除相对贫困，解决思想上贫困问题为首要任务。

---

① 习近平：《摆脱贫困》，福建人民出版社 2014 年版，第 2 页。

　　五是明确财富内蕴在于复归人的本质。贫困治理实现财富增长的价值目的在于实现人类的真正解放、全面自由发展及共同幸福生存。因此贫困治理的过程也是一项人权保障的实践，是一项功在当代，利在千秋的伟大工程。政府和各级部门要引导帮扶群众克服"认命思想"，破除安于贫困的落后意识，树立正确的财富认知观以及科学的财富追求观。

## 二、走出单纯物质帮扶"狭区"

　　全面福利式帮扶，是导致帮扶者产生惰性和依赖思想的重要原因。因此，当前需要我们以多维贫困研究理念为切入点，通过教育教学、技能培训等多种途径，积极引导帮扶群众树立先进的思想，提高自身素质以及自主发展的能力，让他们深刻领悟脱贫不仅仅是"富口袋"，更是"富脑袋"。

　　一方面，发展教育是贫困治理的根本之举。治贫先重教，要加大对贫困地区的助学力度和助学保障，全面改善贫困地区教学环境和设施，提高乡村教师综合素质和工资待遇，建设一支有扎实学识和奉献情怀的教师队伍，使贫困地区的学生能够平等地接受高质量教育，在获取知识本领的同时，坚定远大的理想信念，保证社会经济接续发展的"新生力量"，阻断贫困思想代际相传。此外，充分利用闲暇时间强化对帮扶对象的技能培训，让他们真正掌握一技之长。特别是学习新技术，如学会智能手机的使用与新兴媒体的运用，及时转变他们思想观念以及实现与市场、与时代致富新型模式的对接，提高自我经济发展能力，变"输血"为"造血"。

　　另一方面，要制定贫困量化指标和多指标多层次的贫困鉴别衡量体系。将思想脱贫纳入贫困治理的考核指标，与帮扶干部的工作绩效考核直接挂钩，并将思想扶贫量化为一件件可以"看得见、摸得着"的实事。建立一套具有长期效益的责任机制与监督机制，在物质脱贫的前提下，将帮扶对象思想的增值评价纳入帮扶考核指标，并将考核指数与改革帮扶措施相结合，不断完善考核机制，切实增强思想扶贫的实效性。

## 三、激发脱贫"内生力"

要开展群众思想教育，促进群众思想观念转变，进行有针对性的教育。对于有自觉意识希望改变贫困面貌但不知如何去改变的群众，重在进行智力教育，如学习新的技术、新的技能等。对于尚未意识到或不想改变现状的帮扶群众，首先要对其进行贫困危害性教育；其次要全面普及落实乡村教育发展，提高帮扶对象的科学文化水平。事实证明，人们的思想观念的高低与其自身的受教育程度、科学文化水平具有一定的关联，提高帮扶群众的科学文化素养是思想扶贫取得成效的前提条件和重要途径。因此，思想扶贫的方式之一就在于大力发展教育事业。这就要求在贫困地区大力开展科学普及、文化教育、知识学习，努力提高帮扶对象的科学素质和文化素养；最后要丰富文化活动，帮助贫困群体分析自身优势以及发挥主观能动性脱贫致富的重要性，充分调动他们的积极性和主动性。要坚持以促进贫困地区人民的思想进步来指导贫困治理工作，丰富贫困地区文化活动，加强贫困地区群众的精神涵养，以文化素质提升来提高思想认知，增强他们战胜困难的信心、勇气和毅力。

## 四、扶志与扶智并重

外部的各种帮扶是"外因"，它可以在一定程度上帮助帮扶对象提高脱贫速度，但如果彻底脱贫仅仅只想依赖于外在力量的帮助，或者寄全部希望于依赖政府和帮扶干部等，自身却没有长效的脱贫致富的知识和技能，返贫就会迟早到来。当前贫困治理的目标主要是让当前已经取得的脱贫成果得到巩固，实现脱贫的可持续性、长效性、稳定性。因此，贫困治理中强调扶志与扶智相结合相促进，激发帮扶对象的内生动力，保持并提升其可持续致富能力，才是从根本上解决和阻断脱贫后返贫的重要途径。

首先，以扶志扶智作为巩固脱贫攻坚成果的内源式举措。在精准扶贫战略中，扶志与扶智都是摆脱贫困的重要内源路径，而整体脱贫、消除绝对贫困后，扶志与扶智仍将是彻底摆脱相对贫困的一个长期性策略。扶志主要是通过在思想上彻底扭转和改变贫困群众的观念、意志和信心，树立他们脱贫的信心，从"要我脱贫"转变为"我要脱贫"；扶智主要是通过各种现代化手段，比如，通过教育、技能培训等方式来提高帮扶对象的生存发展能力，依靠知识、创新、发挥应有专长等去谋求自身发展、摆脱贫困、阻断贫困代际传递，从思想和智力上对帮扶对象进行帮助。

其次，以扶志扶智作为巩固拓展脱贫攻坚成果的长效动力保障。在贫困治理中，仅仅靠物质上的"扶持"并不能解决根本问题，否则就会出现只在外力作用下的短暂性脱贫"幻象"。内在缺乏"自我脱贫"意识和勤劳致富精神，也是不可持续的"暂时"脱贫，有很大可能会返贫。因此，将扶贫与扶志、扶智相融合，让帮扶群众真正避免"贫困陷阱"，使"受施者"转变为"参与者"，提升他们的内生脱贫动力和强化致富能力，从思想上根本清除帮扶对象致富欲望的慵懒之根，才是贫困治理的终极指向。

再次，扶志扶智二者既有联系又有各自不同的重点。一方面，"扶志"是激活致富的"内因"，有助于打破单纯福利扶贫的财物外力扶持，引领帮扶对象走出救助式、保障式扶贫陷阱。财富伦理的正当性获得认知原理运用于反贫困的实践，主要是锻造贫困人口的自我富裕、自我发展、自我奋斗的脱贫意识。另一方面，扶贫的又一重要实践体现在"扶智"上。技能获得、智力水平程度决定了彻底脱贫进度和富裕程度，因此，在贫困治理进程中，要及时开展各种各样的科技培训、知识普及，引导帮扶对象学会广泛获取、拓展商品流通渠道等，使他们转变成有科学技能、有经营意识与前瞻意识的知识化、创新性新型人才，树立"增智""强智"思想，增强自我脱贫能力。

最后，扶志与扶智双管齐下，实现思想脱贫，一是从扶志入手，消除精神层面的"贫根"；二是从扶智入手，为帮扶对象脱贫提供智力保障。此外，教育是思想扶贫的重要手段，一方面政府要对扶贫政策大力宣传教育，使帮扶群众认识贫困的弊端，了解政策、积极配合改变现状。另一方面是加大对贫困地区和帮扶对象的教育资源配给，不仅要保障帮扶群众的子女有学可上、上得起学，同时也要加强成人职业教育，培养和提升帮扶对象的各项技能，使其能够自食其力。另外，要加强乡村文化、乡村道德规范建设，提升乡村的人文环境氛围，维护乡村社会和谐，使乡村形成团结努力、互助脱贫的生动局面。

## 五、锻造财富发展生态认知

财富的生态认知是以理性、客观的思维方式看待财富、追求财富。是贫困治理思想扶贫的重要支撑。

第一，以财富正当性思维为财富生态思想引领，融入贫困治理中。财富正当性获得，是财富伦理的核心理论之一。正当性蕴含着规则及秩序的正确性、公正性的伦理内核，其在道德研判向度，均具有合法化与合理性的界定。财富伦理中关于财富获得正当性的意蕴及诠释，为人们正确理解财富提供了科学依据。

财富伦理正当性获得彰显了财富的道德科学认知指向，要求财富的获得必须满足合法性、合理性。以财富伦理的正当性获得作为贫困治理的伦理规则，建立以财富正当性获得认知为起点的思想脱贫，是贫困治理的应有之策。

第二，树立财富伦理倡导的生态优先绿色发展的理念。为了早日走上富裕之路，有些地区曾采取一些极端的、快速的"不择手段"求富门路，为巩固脱贫攻坚成果、走向共同富裕埋下"隐患"。因此，财富伦理视域下的思想扶贫，有必要及时清理和"去除"为尽快脱贫和实现财富数量增长而不顾及贫困地区后续发展的错误理念，树立和培育健康科学的财富生态思维。

　　绿色可持续发展是马克思主义生态生产论与中国经济实际发展的科学结合。以马克思主义生态文明思想为指导，财富伦理提出以节能低碳、绿色环保的生产方式贯穿贫困治理始终的可持续生产发展，是具有科学性的、与时代相契合的生产理论，也是贫困治理生产模式理性化的重要依据及应有之义，实现了马克思主义科学生态观的具体运用。

　　首先，要建立人与自然的密切关联。一方面，遵循人与自然和谐发展的财富伦理原则，在人类中心主义与非人类中心主义中寻找优良契合来实现反贫困。对自然开发与人的主权关系之辩是二者争论的焦点。人类中心主义坚持人是自然中具有至高价值的生物，人类所获得的利益才是衡量人与自然关系的最终准则；而非人类中心主义认为，自然界的其他存在物也具有内在价值，人对非人类存在物也负有直接的道德责任和义务。人类财富盲目增长与现代社会大规模开发造成日益严重的环境污染、资源浪费的事实印证，我们必须在人类与非人类中心主义之间寻求折中发展之道，既要强调和保障人类的权利，同时也要承认自然权利的不可侵犯。大地伦理学提倡的敬畏生命、尊重保护自然，肯定了所有生命形式均具有生存价值，要同等看待人类和其他所有生命的权利的观点，也是财富伦理的重要价值指向。因此，以财富伦理的逻辑思考运用于贫困治理，蕴含着我们须遵循人与自然的二重和谐关系：一是肯定人与自然的依存关系，自然为人创造生存条件，人是自然的一分子；二是肯定人类对自然的能动性，人类通过合理开发改造自然，从中获得原材料发展生产以摆脱贫困。在不断进行财富生产、脱贫致富的过程中，能否做到珍爱自然、走可持续发展之路、实现生态化脱贫，是衡量脱贫攻坚成效的重要指标。

　　其次，要求我们要坚持生态优先绿色发展导向，坚定绿水青山就是金山银山生态战略理念，弘扬绿色财富发展方式，逐步改变过去以生态环境为代价，换取物质财富的做法，改变"大量生产、大量消耗、大量排放"的粗放式生产和非理性消费模式，走出一条经济发展和绿色生态相辅相成的绿色发展道路，切实加强对生态文明建设的全面领导和顶层设计，充分依靠自然资源，推进理论、实践、制度全方位创新，使财富要素包括土地、资产、自然因素等"活"起来，使外在有效资源变为可用"财产"，使绿水青山变成贫困治理中可用的"金山银山"。

"绿水青山就是金山银山"，财富伦理倡导的生态优先绿色发展才是脱贫智慧之路。我们要坚持环保发展新理念，探索彻底脱贫的可持续发展模式。贫困治理不仅是实现贫困地区的"靶向"脱贫，更重要的是探寻贫困地区财富后续长效发展之路。财富伦理强调生态绿色资源的稀缺性和不可再生性，强调对生态环境的保护。因此，我们要以财富伦理绿色发展为思想导向，牢牢守住生态底线，大力发展绿色经济，合理整合各种可用资源并注重代际发展，全面提高扶贫生态效益。

# 第四章　贫困治理的财富生产考量

财富生产创造是贫困治理中的重要环节，在财富正确认知的基础上，如何实现财富生态化的生产，也是财富伦理的研究对象和重要内容之一。因此，科学解决相对贫困问题、推进贫困治理成效，以财富伦理的绿色可持续生产为依托、构建理性生产模式，是财富伦理嵌入贫困治理的重要方式。

在中西方传统财富思想中，一直以来都蕴含着丰富的财富均衡增长及绿色可持续生产的经典表述，譬如，中华传统思想流派儒家"天人合一""民胞物与"的生产和谐发展论，道家"道法自然"的生态发展论，佛家"生命同体"的环境同一体论，等等，均强调发展生产须立足人与自然、社会的和谐统一。在西方，财富生态生产也是早已达成的思想共识。比如，20世纪初，环境保护主义者、生态整体主义思想奠基人奥尔多·利奥波德就提出，真正的文明是人类与其他生物互为依存的合作状态，人类是生物共同体中的一个成员，负有维护大地共同体的责任。现代西方非人类中心主义环境哲学家霍尔姆斯·罗尔斯顿继承和发展了利奥波德的大地伦理思想，提出了自然内在价值论，认为人类不仅对生态系统内的动植物个体负有义务，并且对整体生态系统均负有责任和义务，为人类发展生产中要做到生态保护提供了价值范式转向。总之，财富增长的生态化一直以来都是近现代各国、各地区经济发展和经济行为的重要准则。

绿色可持续发展蕴含着人与自然、他人、自身之间的和谐价值取向，是涵养现代生态文明的科学路径。"绿水青山就是生产力"的时代论断，是以生态发展理念来推动贫困治理工作的财富伦理价值指向。因此，在探索有益于我国贫困治理的生产方式时，要以如何实现财富生产的生态化、可持续性为研究重点，深入分析财富伦理视域中贫困治理在向相对贫困转变后的财富生产现状，总结亟待解决的问题并分析其原因，在深入研究和探讨相关理论依据的基础上，提出实现目标的有效路径。

## 第一节　贫困治理的财富生产转向

财富生产是贫困治理的重要环节，也是贫困治理的手段和目的的统一。财富如何才能实现理性生产，使"后扶贫时代""后脱贫时代"形成高质量、后续力足的生产模式，是当前贫困治理必须要解决的重要问题。

探讨新时代财富生产的科学转向，是推进新阶段贫困治理财富良性生产的必然前提。我国贫困治理的目标和任务已由解决基本生存条件的绝对贫困转向解决生态贫困、社会贫困等相对贫困治理领域，而生产扶贫是治理相对贫困、实现可持续发展的关键一步，对贫困治理的质量和效率起着重要导向及决定性作用。

### 一、推进生态生产

随着绝对贫困问题的解决，在相对贫困治理阶段，"生存贫困"已不再是生产领域最迫切解决的难题，生产方式有必要从全新的角度，以马克思主义生态哲学为指导，进行再认识、研判和实施。生产要从单纯以提高物质利益为主要目标的扩张性发展模式转向对人和自然双向关怀、实现人与自然共存共荣的生态化发展模式，为相对贫困治理提供生产领域的科学支撑和动力。

生态脆弱与经济贫困之间在一定程度上存在着互为因果的关系。贫困地区生态的脆弱性限制了其经济建设能够从生态系统中获取自然资源的丰富程度，从而因资源匮乏缘故可能会导致再贫困；而为了能够尽可能地摆脱贫困，在人力资本、物质资本等也同样缺失的情况下，过度攫取自然资源也可能又成为贫困地区的无奈选择。从绿色发展的视角来看，这种恶性循环必定会使贫困治理成果成为泡影，也将会导致脱贫人口的返贫成为必然。

党的十九届五中全会指出，要走中国特色社会主义乡村振兴道路，全面实施乡村振兴战略，建立完善农村低收入人口和欠发达地区帮扶机制。早日实现共同富裕，已经成为我国每位公民都奋力追求的目标和认同的理念。为了尽快摆脱贫困，走上共同富裕道路，就需要及时排除阻碍贫困地区经济发展的"拦路石"，通过生态经济建设，防止再出现仅围绕经济量的纯粹数字提升而牺牲环境获取经济发展的不当生产方式，确保脱贫后的生产能保持可持续发展的资源基础。在发展生态经济中坚持对经济与生态的统筹兼顾，坚持绿色发展与创新驱动，实施人才优先战略和对外开放战略；推进生态经济体系的建构，让生态保护与农村经济发展协同推进，保持实现农村经济稳定增长的趋势，走经济的可持续发展之路，形成生产生态化模式。

## 二、统筹创新生产方式

相对贫困是经济社会发展进程中长期存在的社会问题，相对贫困治理是一个涉及经济、政治、文化、生态等多个领域的系统工程。通过统筹农村经济的发展，从经济社会发展全局出发，合理配置、调配好农村贫困地区的自然资源、社会资源等资源综合体，是彻底解决"穷"字问题的重中之重。为实现这一目的，需要各部门展开全面规划，发挥农村生态资源优势，深入实施纵向、横向的贫困治理生产模式。纵向而言，要形成从顶层到基层的管理主线脉络，从相应的生产政策制定到具体落实、从全面规划到细部方案，使相对贫困治理形成生产发展"网络图"，并将脱贫任务压实压细到各部门、各责任主体；横向而言，要建构从各区域、县域到村域的生产线路，使生产所需的各种资源得到有序流动及合理调配，推动贫困地区经济发展的提质增效。

在财富生产环节，还需构建缓解相对贫困的生产长效机制，针对帮扶人口的特殊性，为低收入人群打造与他们实际情况相符合的收入增长生产机制。创新是解决相对贫困的根本之策，探索生产方式创新，可在以下方面下功夫：一是建立相对贫困治理的产业培育机制，因地制宜发展特色产业，打造知名产品和服务品牌，确保脱贫增收的稳定性和持续性。二是推动生产优化升级，充分利用大数据、区块链、人工智能等现代信息技术，转型升级传统扶贫产业、培育壮大新兴扶贫产业。三是依托各类新型经营主体和专业化市场化服务组织，打造有竞争力的扶贫产业集群，形成全面推进的科学生产体系。

## 三、因地制宜精准生产

生态脆弱、资源匮乏、区位偏远往往是一个地区贫困形成的重要原因。贫困地区大多交通不便，且土地贫瘠、资源不足。这些地理环境因素、区位因素导致了生产产品销路不畅，产业发展动力不足，招商引资难度大。因此，贫困治理，就要通过加强产业扶贫；因地制宜，就要找准推广最适合本地经济发展的产业，并为这些产业创造良好发展客观条件，提升贫困地区的生产力，力争多创造财富，推动和鼓励当地的财富生产。

发展因地制宜的产业，带动经济增加收入。产业扶贫作为基于区域产业发展的能力建设扶贫模式，不仅有利于为困难群众提供更多的就业机会，还带动了贫困乡村产业融合发展。自2016年以来，国家大力推进贫困县涉农资金整合，支持了832个贫困县开展涉农资金统筹整合试点，3年整合各类涉农资金超过9000亿元。财政部发布的数据显示，2019年安排中央专项扶贫资金1261亿元，连续4年每年净增200亿元。2016年至2019年，中央财政累计安排专项扶贫资金 3843.8 亿元，年均增长 28.6%。[①] 借助于扶贫政策体系和扶贫发展资金的投入，我国产业扶贫项目的精准度和力度大幅提升，与各地实际相契合的贫困治理模式不断推陈出新，形成如龙头企业带动、致富能人带动、集体经济带动等创新模式，并获得了可喜的经济效益。随着基础设施建设逐渐完善，生产发展条件得到明显改善，政府积极通过开展经营主体培育、组织劳动技能培训、构建贫困人口转移就业平台等开展就业扶贫，农村地区吸纳就业的能力明显增强。

扶贫生产实践证明，生产模式的正确与否，在带动贫困地区整体发展、推动贫困人口增收方面起着决定性作用。就区域发展的宏观层面来看，近年来，国家财政扶贫资金主要围绕培育壮大特色农业产业、改善生产生活条件、扶贫贷款贴息等乡村内源发展能力建设的关键领域进行资金投入，使得贫困地区农村的生产生活条件得到明显改善，产业发展能力得到一定程度的提升，带动了帮扶群众增收能力的不断增强。

不可否认的是，虽然当前我国的贫困治理取得了历史性突破和跨越性发展，但在具体实践中，低质量脱贫与短期化扶贫等隐患依然存在。从产业扶贫来看，国家在顶层设计上进行了细致全面的规划，出台了形式多样、因地制宜的扶贫政策，社会各界的投资力度也逐年加大，但在实施过程中，尤其是在项目落地的最后阶段，真正可选择、可落实的举措还有待细化，比如，各地选择的特色产业同质化现象严重问题，导致产品销路和产业收入受到局限和影响。过去为了按时完成脱贫任务，有些地方政府往往选择以当地普遍通用的多重扶贫措施开展帮扶，由此贫困户虽在短期内的收入水平有所上升，但对提升他们内生生产发展能力帮助不大。除此之外，部分地区的基层行政治理能力还较为薄弱，只能采用一些短期治理方式，比如以利率分红的形式将扶贫资金统一投入当地企业中，但在产业扶贫实际运作中却无力挖掘开发长效增收项目。然而，这种收入分红的收益时间短，

---

①　董碧娟：《中央财政全力保障扶贫资金投入》，《经济日报》2019 年 7 月 18 日。

在项目节点结束后，已脱贫户仍有可能因没有收益又退回到原先的贫困状态。

尤其是在扶贫产业开发初期，由于缺少发展思路，对现代技术掌握不够，农村地区开拓营销渠道不够广泛，村民积极性也不高。对此，很多贫困地区通过探索产业发展模式，通过建立村委、企业、合作社和农户之间的合作关系，构建产购销发展模式。形成由村委带动农户开发产业，尤其是开发新引进种养品种、由合作社组织农户进行生产、由企业收购产品并进行营销的发展模式。

由此可见，在我国现阶段消除相对贫困的扶贫实践中，财富生产的产业扶贫项目减贫效应是否能有效发挥作用，还充满了不确定性。未来如何进一步激发贫困治理的生产发展动力，做到可持续优化生产，是我国相对贫困治理将必然面对的严峻考验。

## 第二节　贫困治理中财富生产面临的困境

在贫困治理中，财富生产面临着如何实现可持续发展的挑战。随着人类文明的不断进步、经济的不断发展，人们生活水平的不断改善，人类与自然的关系却出现愈加紧张的状况，生态环境的严峻形势成为了人类可持续生产发展道路上必须面对和亟待消弭的"沟壑"。

### 一、生态恶化带来贫困治理难题

在人类不断探赜摆脱贫困、实现共同富裕的今天，现代一些不恰当的产业方式导致财富生产衍生这样一个"病象"：生产发展与生态环境间不协调现象不断凸显，生态环境面临恶化的发展窘境；各种绿色资源过度消耗，生态环境破坏严重，农村地区尤其是贫困地区土地质量下降，生态系统遭受到破坏，直接造成生活环境的恶化，对人们的生活条件及生产发展造成威胁，尤其是贫困群体受到的影响尤为突出。因为他们的收入水平对于生态环境的依赖性要远大于非贫困人口，生态资源对贫困人口相对而言重要性更为凸显，因此，生态环境的破坏从一定程度上加剧了贫困问题更难以破解。

在以往绝对贫困治理过程中，一些地区过于关注贫困人口的收入数量的提高和积累，在发展生产的过程中，伴随着的是机械使用过频、土地资源开发过度以及各种污染等问题，对农村原生态环境造成了不同程度的破坏，这些生态危机成为相对贫困治理阶段生产发展首要解决的问题。

同时，从全球不同区域的情况来看，虽然经过几十年的发展，全球整体贫困发生率已从 1990 年的 37.1% 降低到 2020 年的 9%[①]，但是不同地区的贫困状况各异，减贫程度差距较大，部分地区贫困发生率仍处于较高水平，而长期工业化与生态环境的不协调发展是其中重要原因之一。无论是发展中国家还是发达国家，全球都面临着生产发展中如何维护生态与如何加快贫困摆脱的双重悖论。因此，消除贫困和防止生态恶化，是相对贫困治理阶段必须解决的双重问题。

## 二、贫困治理与生态建设出现背离

在全球生态危机背景下，中国也同样要探索走出生态与贫困双重恶化的困境。如今，中国经济水平已取得空前提高，但有些地区生存环境却面临进一步恶化的危机，尤其是对贫困地区的影响更为严重，生态与贫困易于形成恶性循环关系。在 19 世纪恩格斯早已向人们提出警示："不要过分陶醉于我们人类对自然界的胜利，对于每一次这样的胜利，自然界都对我们进行报复。"[②]

---

① 参见世界银行：《2020 年贫困和共同繁荣报告》，2020 年。
② 《马克思恩格斯选集》第 3 卷，人民出版社 2012 年版，第 998 页。

自改革开放以来，随着中国经济发展速度加快，生态环境的保护进程相对滞后，使得生态文明建设与扶贫开发存在着强烈的内在张力，二者形成了此消彼长的"跷跷板"，而一方的成型或推进还有可能伴随着另一方的停滞或衰退，为中国生态长期可持续发展留下"隐患"。虽然从目前的发展战略来看，经济发展与环境保护之间趋向于互为表里、协调共进关系，但经济发展与环境保护的内在矛盾与短期冲突仍不可避免。在生态环境严重恶化的情况下，贫困地区与生态环境逐渐由"平行发展"演变为"互为耦合"的关系。

以中国西部地区为例，中国西部相对贫困地区一半处于山区和丘陵地区，这些地区自然条件较差，生态环境脆弱，由于生活需求和发展经济需要，当地生态环境遭到更多破坏和过度开发，导致的结果就是西北地区干旱严重，全年大部分时间为干旱日，很大程度上影响了农业生产总量。

## 三、缺乏绿色减贫意识与可持续发展规划

绿色发展理念是我国贫困治理的重要理论支撑，是关系到农村全面脱贫以及可持续发展的重要思路。绿色发展理念在贫困治理中可称之为绿色减贫意识，绿色减贫意识在世界获得共识和认同，联合国 193 个会员国通过的《2030 年可持续发展议程》，确立了消除贫困、保护地球、确保所有人共享繁荣的全球性目标，在突出可持续发展理念的同时，更加倡导加强消除贫困的任务，并且能够走绿色发展的减贫道路；在推进经济、社会和环境共同发展中，提出了必须走包容式发展模式，即"不落下任何一个人"的绿色发展新理念；绿色减贫与发展之路，更加注重解决减贫、教育、卫生等传统基本生存的问题，注重发展中国家的造血功能。联合国《2030 年可持续发展议程》绿色发展和减贫目标的确定，为绿色减贫的国际合作和发展创造了新的机遇，标志着绿色减贫在世界范围的贫困治理中形成新前景、新期许。

绿色发展是一种新的经济发展举措，绿色减贫意识是贫困治理的一种新

的生产发展意识,它将人类福祉置于发展的中心位置,确保自然资源继续为可持续发展提供必要的资源与环境服务。绿色减贫意识扩展了财富与福祉、增长与发展质量的传统定义,为贫困治理的生产发展提供了科学思想导向。然而由于受经济诉求提高、地域条件差异以及治理理念、人文观念等因素的影响,绿色发展理念在我国贫困地区的发展实践中仍具有较大挑战。从粗放型向集约型转换、从数量型向质量型转变的绿色生产思路还有待于进一步树立和推进。

在可持续发展规划方面,一个地区的贫困与其生态脆弱和区位劣势具有较高的耦合度。随着贫困治理的推进,我国对生产的环保愈加重视,一些贫困地区划定了生态改善生产区,有效限制了人们对这些地区的"资源掠夺",保护了生态环境,粗放式的掠夺型发展在一定程度上得到限制。而实际现状是,目前许多贫困地区在产业开发、产业生产上还缺少可持续发展规划,没有培育起绿色产业体系,缺少对绿色产业的长远规划,基础设施、物流网络缺乏,产业链没有打通,因此无法将资源优势转化为经济优势,也未能解除生态脆弱的困境。同时,土地缺乏、缺少水资源、生态环境恶劣等因素会直接限制贫困地区生产力水平。比如,在我国北方的一些贫困地区,森林植被少、沙漠化较为严重,即使一些地方曾有矿产等资源,但粗放的生产开发导致资源枯竭,环境受到严重破坏,使自身失去了赖以发展的环境而带来相对贫困程度更为严重,相对贫困消除难度更大。

对农村劳动力的规划有待提高。劳动力是发展生产的重要要素,在城镇化进程中,贫困地区由于缺乏经济基础、经济来源,青壮年更多走出乡村到城市打工,造成农村劳动力流失严重;由于贫困人口普遍知识文化水平低,学习能力较差,对科学技术掌握难度大;由于产业发展有一定的风险,一些村民不愿承担风险、因循守旧进行生产。另外,扶贫产业发展周期较长,与外出打工获利相比缺少吸引力。要发展产业,通常要经过较长时间的培训,这也造成村民发展产业的动力不足和农村生产劳动力供给不足的困境。

## 第三节　贫困治理财富生态生产的时代诉求

财富生产中出现的问题，主要是人们在脱贫致富、实现财富增长过程中，对坚持生态生产发展的认识度、重视度还有待提高，而漠视生态化和绿色发展，则是财富生产出现各种弊端以及问题的根本原因所在。

### 一、坚持可持续发展的财富生态生产

可持续发展要求发展主体应以持续的、长远的获利作为社会发展的一个重要衡量标准，在发展进程中要有一种"前瞻性意识"，要将今天的和明天的发展在实践进程中有机统一起来。正确解释了人类与自然界之间应为相互协调发展的"伙伴关系"，人类应当在保护生态环境、与自然及其存在物和谐相处中实现财富生产发展。

自 20 世纪 60 年代以来，可持续发展理念一直是引导全球发展的核心思想。1972 年联合国首次举办人类环境会议。1987 年世界环境与发展委员会在《我们共同的未来》的报告中，首次阐述和明确了"可持续发展"的界定范畴，在报告中提出，"可持续发展"就是在"不损害未来一代需求的前提下，满足当前一代人的需求"，这是人类对发展本质认识的深化。而后，随着可持续发展思想不断深入，1992 年在联合国环境与发展大会上就可持续发展达成国际共识；2000 年 9 月联合国首脑会议签署了《联合国千年宣言》，宣言蕴含着丰富的可持续发展理念；2002 年可持续发展世界首脑会议举行，随着可持续发展理念在全球发展中的战略地位不断得以提升；2015 年联合国 193 个会员国通过《2030 年可持续发展议程》，旨在提出实现保护地球与消除贫困并举，确保所有人共享繁荣的全球性目标，从生态和经济的双重角度对人类发展及生活环境提出绿色发展的长期战略方案，在全球范围内广泛传播可持续发展理念，并不断推广"生态环境保护＋经济发展"双赢的经

验。在目标制定中，议程涵盖 17 个可持续发展总目标及 169 个子目标，其内容旨在追求全面消除全球贫困、为所有人构建有尊严的生活的共同目标。因此，议程突出可持续发展的理念，倡导走绿色发展的减贫道路；在推进经济、社会和环境的发展中，则提出了必须走包容式发展模式和绿色发展新模式，即走生态发展、绿色减贫之路。与此同时，在这一过程中，更加注重强化发展中国家的绿色发展"造血"功能。《2030 年可持续发展议程》确定了绿色发展和绿色减贫目标，为绿色减贫创造了新的机遇，为绿色减贫在世界范围内的实施带来了新前景和新期许，成为世界各国通过绿色发展与减贫实现并行，在推动经济复苏中秉持可持续发展的新依据。可持续发展理念进一步突出了绿色减贫和生态生产是贫困治理的重要手段，标志着绿色发展理念在全球范围内实现了持续性的共识，为 2030 年全球发展战略指明了新方向、新目标。总之，可持续发展理念的核心要求就是在保持资源和环境能实现永续利用的前提下达到经济社会的良性发展，它涵盖了人、社会、自然三者的共同和协调发展的重要内容。

贫困之所以是一项长期的、全球性的难题，除了收入差距的根本性问题之外，还有一个瓶颈就是如何与可持续发展协调共进。从时间维度来看，贫困之所以难以消除就是因为贫困帮扶伊始时，有些地区未将可持续发展因素充分注入，过度重视暂时经济成效而使减贫本身产生脱贫负效应。从内容维度来看，贫困之所以难以消除是因为在减贫过程中忽略各种脱贫因素的平衡发展和可持续性，缺乏对于减贫增富的科学认识，忽视减贫与可持续发展不可分割的内在联系，从而造成"拆东墙补西墙"的不平衡现象，无法摆脱真正的贫困。

## 二、财富生态生产是贫困治理的必然需求

贫困的定义并不是一成不变的，相反地，贫困的特征属性及其内涵是随着不同空间、不同时间而发生变化的。因此，减贫措施的确立也要随着贫困

在不同条件下的发展情况而不断进行调整。从我国贫困发展历程来看,减贫战略也相应发生过多次演变,主要是:

第一阶段(1978—1985 年):在改革开放初期,我国贫困主要大范围遍布在整个农村地区,贫困范围广、规模大,而且居民贫困内容主要停留在对基本物质生活条件的需求,此阶段的减贫措施主要针对全体农村人口,从生产方式的改革出发,对农村生产力、农产品价格政策及农村市场化制度建设几方面进行农村扶贫的推进。

第二阶段(1986—1994 年):随着第一阶段的减贫成功,我国贫困又随之产生新的特征,市场化经济改革的推进也逐渐引起农村贫困的新问题。全面改革使农村发展失去其优先效应,农村经济增长对减贫的拉动作用日益趋下,原先的经济拉动式扶贫模式的优势已不复存在,减贫工作面临新的挑战。此阶段的减贫战略又随之进行新的调整,由之前的整体减贫调整为更为针对性的区域性减贫方针,根据贫困程度以县为单位在全国范围确定了 592 个国家重点扶持贫困县,并根据全国不同地区的贫困特征确立 18 个连片特困地区。主要以未解决温饱问题的极度贫困人口为基础,贫困标准进一步提升,减贫力度不断推进。

第三阶段(1995—2000 年):随着东、中、西部差距的不断扩大,此阶段的贫困问题随之产生本质性转变。若干自然环境条件恶劣的贫困地区在全国贫困总人口中占据了相当高的比重。扶贫面临的主要是在发展过程中逐渐处于劣势的自然条件较差、基础设施和发展条件落后的贫困地区,如分布在"老、少、边、穷"地区、自然环境恶劣地区的贫困人口,贫困特征由区域连片式分布转向散点式分布。因此,减贫战略的内容和侧重点也相应发生了变化:一是对扶贫精准度进一步提高;二是对区域均衡扶贫进行创新;三是扶贫监测系统初步建立;四是开始关注特殊群体扶贫。

第四阶段(2001—2010 年):进入 21 世纪以来,贫困特征又有了新变化:大范围的贫困面貌已经得以最大限度的解决,但是随着社会出现贫富差距两极分化现象，部分地区的贫困程度反而在持续加深；同时，贫困也从收入性的单一性贫困转向多维度贫困，贫困人口的健康、教育、社会福利等方面需求日益显现和提高。贫困分布由区域性转变为阶层性的更深层次的贫困。这些贫困新特征对新阶段扶贫开发工作提出了更高的挑战和要求。在扶贫范围上，扶贫对象从县级已转变为村级，"整村推进"模式随之出现，扶贫开发战略进入整村推进的新阶段；在扶贫内容上，开始侧重贫困人口素质培训等内在能力的培养和发展，由之前的物质扶贫逐渐向内生发展能力支持方面扩展。

第五阶段（2010—2020 年）：进入 21 世纪以来，我国贫困格局再一次发生变化。贫困分布特征由集聚向分散发展，贫困深度有所加深，同时，贫困人口所处的自然生态条件也进一步恶化，国家的扶贫开发任务也从解决温饱进入提高人们整体生活水平的新阶段。在范围上，减贫战略更加精准化，具体到对贫困人口个体的"靶向式减贫"，在减贫内容上更加多维化，从以经济水平为主发展为在健康、教育和卫生等各领域、多方面的减贫。同时，在此阶段中，绿色发展作为生态生产的追求目标，成为减贫的重要目标，也是贫困治理所必须采取的措施。首先，从贫困特征来看，现阶段贫困人口所处生态环境有逐渐恶化的趋向，影响和降低人们的生活水平；其次，从减贫目标来看，绿色发展是贫困地区必不可少的发展内容之一。因此，生态发展与减贫战略的结合，是中国乃至全球减贫发展的必然发展趋势。

## 三、以财富生态生产作为贫困治理的新方式

财富生态生产是以保护生态为出发点进行贫困治理的新战略，打破了传统纯粹唯一追求经济增长的扶贫模式，并形成了新的可持续扶贫脱贫的内在机制。

首先，财富生态生产有效提升了贫困地区内生动力。生活在贫困地区的人们因客观、主观原因等限制，在自身教育水平及专业技能等方面较为缺

乏，大部分仅依赖和局囿于政府帮扶的被动式扶贫。财富生态生产构建了新的绿色贫困治理机制。从宏观层面分析，国家通过推进贫困地区财富生态生产，为贫困治理奠定良好基础，为贫困地区长期发展奠定良好软实力。从微观层面看，贫困人口从被动的接受式扶持变为主动的积极减贫，调动了他们自身减贫的主动性，从而也带动和提升了贫困地区的内生发展能力。

其次，财富生态生产开辟了相对贫困治理的新路径。财富生态生产以保持生态条件为衡量标准，为贫困地区制定了具有针对性、区别性、包容性的不同减贫模式：对于自然条件较差的地区，考虑其生态环境的承载力、恢复力都较低，财富生产采取以生态保护为主的发展路径；而对于生态条件较好的地区，则要在生态环境承受范围之内，有效整合利用当地资源，通过产业融合、产业优势互补等方式，提升资源利用率；对于生态条件较为复杂的贫困地区，比如，同时拥有较好生态环境和生态破坏较严重的混合区域，则因地制宜，根据生态条件的差异采取不同的财富生产方式。

最后，财富生态生产追求的是可持续的共享发展模式。贫困治理的财富生态生产是以绿色发展理念即生产的可持续发展为目标的减贫过程，强调在治理消除相对贫困的同时注重保护生态环境和生态发展。因此，财富生态生产其本质就体现了共享理念，因为生态生产所凭借的生态环境和生态发展不是个体所能决定的，需要依靠自然生产力系统和生态体系整体循环来实现，它是自然与自然、人与自然共享的可持续体系，而这正是社会主义共享发展理念的本质体现。

## 第四节　贫困治理的财富生产生态范式理论依据

在贫困治理中，要实现财富生产生态化的良性发展，有必要梳理相关的理论作为明确生产方向与提高生产质量的重要支撑和依据。贫困治理中财富生产的理论依据及理论来源，主要是在马克思财富思想中关于生产劳动是财富获得的正当途径的论述，绿色发展、生态生产与绿色减贫的相关理论，绿色减贫融入贫困治理的思想。

## 一、马克思生产劳动相关论述

马克思对财富必须经由劳动获得才具有正当性的论述，以及财富本质的畸变以异化劳动方式体现出来的系统科学理论，是贫困治理运用财富伦理来实现财富生产生态化的重要指导思想。

### （一）生产劳动是财富获得正当性的必要手段

马克思从论证劳动是人类繁衍及财富获得的主要途径出发，肯定了人类生产劳动的价值，提出生产劳动是社会与个人财富获得的一种正当性手段和路径。

首先，马克思肯定了财富生成的前提在于人及其劳动实践活动。劳动在财富生产中具有本体论价值，劳动主体（人的个体与人的"类"）才是财富的本质指向。恩格斯通过在《反杜林论》中批驳杜林关于财产获得必须运用暴力来掠夺的思想基础之上，充分阐明了马克思关于劳动创造财富的观点："无论如何，财产必须先由劳动生产出来，然后才能被掠夺。"[①] 鲜明指出财富生产和获得的合德性、合理性只能通过劳动方式而无其他捷径。其次，提出财富生产的劳动活动不是私人的而是社会的伦理思考。人通过劳动获得财富的行为并不是隔绝孤立的，马克思批判拉萨尔等提出的"劳动是一切财富的源泉"，在《哥达纲领批判》中阐释："劳动本身不过是一种自然力即人的劳动力的表现"，"劳动只有作为社会的劳动……只有在社会中和通过社会，才能成为财富和文化的源泉。"[②] 只有在社会现实环境中，劳动与其他

---

① 《马克思恩格斯选集》第 3 卷，人民出版社 2012 年版，第 541 页。

② 《马克思恩格斯选集》第 2 卷，人民出版社 2012 年版，第 357、359 页。

要素（生产资料、劳动对象、自然资源等）相结合才能创造出真正意义上的财富。最后，马克思认为，在创造财富的劳动过程中，人与他人、社会、自然均具有联系的普遍性，形成一张紧密关联交织的网，即每个人在生产并享受应得财富的同时，也为他人的合法享受而创造财富，反之，他人的劳动同样也能为自己财富增殖创造客观条件。因此，每个人的劳动均包含自我价值和社会价值两部分，个体与他人劳动互为补充、无法分割，每个人的劳动必须与其他人的劳动相协调相融合，才能保证社会总体财富的合法增长。

### （二）异化劳动是财富本质的伦理畸化

长期以来，西方学者如马尔库塞、萨特、卢卡奇等提出的种种异化理论，仅限于从人的生理心理需求以及道德思想文化等方面来追溯，因而陷入将异化与对象化、物化等同的泥淖，无法在社会生产关系、剩余价值产生缘由中深刻揭示异化本质及其根源。

马克思则扬弃和超越了西方的种种异化学说，他积极关注雇佣工人的劳动和生活现状，立足人本辩证法和社会伦理价值批判双重维度，揭示了主体劳动和私有财产之间的冲突和分歧，解开了资本主义生产方式中资本控制劳动、人被物所奴役的各种伦理困惑，从而提出了异化劳动的实质。对此，马克思提出以异化劳动来反映劳动者同他的产品及劳动本身的畸形关系，指出资本主义把特定劳动行为掩饰为一般劳动活动，使得"一切财富都成了工业的财富，成了劳动的财富"，因而，"财富等等不过是人的对象化的异化了的现实，是客体化了的人的本质力量的异化了的现实。"[①] 这样一来，劳动和财富就演变成了自身片面的本质存在，此论断构成了马克思对异化劳动分析的理论前提。而后，马克思进一步论述了异化劳动涵盖四个层面：劳动者与自我劳动产品、劳动者与自己劳动本身、劳动者与自身类本质及劳动者与其他

---

① 马克思：《1844年经济学哲学手稿》，人民出版社2000年版，第100页。

人相异化，异化带来的恶果呈现为科技越进步、生产越扩张、工人创造财富越多，而同时雇佣工人本身却越廉价贫困，肉体及精神上更受摧残、道德上更为堕落。

总之，工人创造出来的劳动成果反过来幻化为操纵自身的工具，自由自觉的劳动活动在私有制条件下发生变异，使得财富本质"片面化""非理性化"，正如法兰克福学派马尔库塞所称的——工业社会极权主义会制造出"单向度的人"，人沦落为劳动工具，而社会则成为"单向度的社会"。改变这种局面、杜绝劳动异化的根源，依据马克思的推断，人们必须通过自己本质力量的对象化活动（财富活动），自我生产、创造、发展来克服和解决资本主义固有的内生性矛盾。

## 二、绿色发展与绿色减贫理论

绿色发展是以经济增长和社会发展为双向目标的可持续发展方式，是在保证效率的同时，更注重和谐与可持续的长期发展方式。绿色发展是绿色减贫的重要目标之一，也是我国可持续发展必不可少的要素。从内涵看，绿色发展是以生态环境整体容量及生态资源承载能力两大条件为原则，以生态环境保护为发展前提，倡导构建可持续、可循环的新型绿色发展机制。分层次来看，绿色发展主要包括几层内容：一是将环境资源作为社会经济发展的内在要素，将环境资源由传统经济的外在因素内生化，使其成为推动经济、社会发展的内生变量；二是发展目标多元化，绿色发展与传统发展的不同在于，其不以经济发展为唯一发展目标，而是把经济、社会和生态环境的长期稳定发展作为发展的共同目标；三是构建绿色发展的整体机制，追求整个经济活动的规划实施和经济成果都"绿色化"，使绿色理念体现在发展的每个环节。

绿色发展是经济、社会和自然的理念结合，而贫困则随着社会整体发展也逐渐演变为经济、自然和社会的多重贫困。绿色发展通过自然资源和环境因素影响贫困人口生计及健康水平，与减贫具有紧密联系。由此可见，绿色发展和贫困治理密不可分。经济"新常态"从表面来看是经济增速放缓，但从更深一层角度来看则是整体经济发展方式的根本性转变，绿色发展从本质上符合了经济"新常态"的理念要求，从传统的"先污染、后治理"的粗放发展方式转变为集约、可持续的包容性发展，成为解决贫困的创新之路。

经济"新常态"的发展理念使绿色发展与贫困治理更加紧密地融合在一起。首先，在发展理念上，贫困问题的解决要顺应经济发展大趋势，遵循绿色发展道路是不可逆转的宏观思路。其次，绿色发展是贫困地区摆脱相对贫困的最佳生产模式，是减贫方式转变的强劲动力。最后，绿色发展是贫困地区财富生产的有效选择。一些贫困地区经过了长时间实行"先污染、后治理"的减贫方式，生态环境遭受到不同程度的破坏，严重影响了当地资源的可持续发展，并且也影响了人们的生活质量，粗放式的减贫模式俨然已不成立。绿色发展则能为贫困地区带来崭新的减贫方式，它以可持续发展为指导思想来实现贫困地区以环境保护、资源再生为生产准则的减贫目标。同时，通过绿色产业等绿色发展开拓贫困地区生产新路径，巩固脱贫攻坚成果，绿色发展必然成为贫困治理的有效选择。

在内涵上，绿色减贫主要分为宏观层面和微观层面：从宏观层面看，绿色减贫是以可持续发展为目标、以绿色发展与减贫为共同任务的长期发展战略。它充分考量了人、自然和社会三方的协调统一发展，在减贫过程中注重实施环境保护的低碳式减贫发展模式。同时，绿色资源保护是绿色减贫的一个重要内容和维度，绿色资源主要包括的自然生态资源如水、土壤、森林、大气等基本元素，是绿色减贫的基本内容，也是绿色发展与贫困治理相融合的理性形式。

从微观层面来看，绿色减贫是通过环保的、可循环方式达到减贫目标的新型减贫模式。一是通过充分利用可再生能源达到提升贫困地区发展水平、达到提升帮扶群众生活水平的目标，同时有效节约运用再生能源，如利用太阳能、光伏发电等改善贫困人口生活水平。二是以绿色资源为资本，在生态可承载能力范围之内，建立可循环的绿色产业机制，在创造经济效益的基础之上达到减贫效果，如发展旅游业，通过充分利用自然资源建立旅游产业链，从而在提高贫困人口收入水平的同时，对当地环境也能产生积极影响。打破绿色资源的传统价值，将生态资源通过市场货币化，使其价值充分体现出来，有效地解决环境污染，实现生态资源的可持续利用，进而达到减贫效果，这也是绿色减贫的核心及创新内容。

因此，运用绿色减贫的理论来推进贫困治理进程具有重要意义和现实价值，主要有以下做法。

第一，实施绿色产业减贫。绿色产业是近年来我国乃至全球倡导的产业发展方向，它通过环保健康的生产技术，采用无害的实施技术，注重节约原材料和能源消耗，进而达到少投入、高产出、低污染的产业输出，并在生产过程中解决污染物的排放问题。从实施环节方面来看，绿色产业主要包括两方面内容：一是在产业扶贫实施过程中，注重绿色资源保护，在产业项目规划和实施中重点考量资源保护是否达到相应指标，严格控制污染排放量，做到资源节约与生态环境保持的共同发展。二是在目标实现中，通过可持续、可循环的绿色机制引导产业升级，从而实现减贫目标，同时创新理念、运行、实施、评价等环节，达到经济效益和资源保护双赢的绿色生产成效。

第二，推进文化减贫。广义的绿色减贫模式也包含文化减贫。所谓文化减贫，是指在减贫过程中，注重帮扶对象自身文化水平的提升，引导他们从精神层面上切实摆脱贫困。文化减贫的本质其实是以消除能力贫困为目标而延伸发展起来的，这也从一定层面反映了贫困除了物质贫困，同时还存在精神贫困，这种精神贫困其实就是一种在文化观念、智力以及思维方面的相对落后。而造成这种帮扶对象文化贫瘠现象的，既有先天地域的闭塞因素，也有后天经济发展滞后带来的制约因素。文化减贫是从贫困人口的内在出发，进行源头式的扶贫，从观念上使帮扶对象树立自我减贫的需求和积极性，是由被动式扶贫向主动式减贫的关键连接点。同时，文化扶贫的另一个含义是指通过有效整合文化资源，通过文化价值的转化，使帮扶对象从中获得经济效益，同时也实现了对当地文化资源的保护和延续。文化资源与生态资源一样，除了具有自身特殊属性之外，还具有市场价值，文化减贫充分利用文化资源这一属性，通过结合旅游业、互联网等产业，使文化产业成为获得良好收益的另一条减贫途径。文化减贫成为贫困地区实现可持续财富生产和发展的有效减贫手段。

第三，加快生态减贫。生态减贫本质上隶属于绿色减贫的又一种类型，主要是指以生态环境承载力为前提，通过采取包容性措施达到减贫效果的贫困治理战略。生态扶贫首先从理念上肯定了生态环境保护的重要性，将生态环境质量与人类生活水平联系起来，肯定了生态与经济、社会的协同发展；同时，在实施过程中，生态减贫注重通过合理利用生态资源来达到减贫效果，在生态环境承载能力范围之内合理开发生态资源，使帮扶群众可以从生态环境资源中获得长期可持续的效益和红利，从而达到生态和经济、社会等因素形成互相促进的正向关系。生态减贫的核心是融合贫困地区生态资源和整体发展，包括发展财富生态生产，完善了贫困治理生产体系，并拓展和提升生态资源的可利用率，实现了生态资源的可持续发展。

## 三、绿色减贫融入贫困治理思想

第一，绿色减贫有效提高了贫困治理的科学性和完整性。扶贫脱贫的基础是精准识别，旨在按照贫困线标准将贫困家庭和人口准确选择出来，并找准其致贫原因。而绿色减贫提出为精准识别提供更为全面、科学和完整的识别依据和基础，打破仅以收入多少为唯一的贫困识别标准，增加资源与环境保护的绿色发展维度，符合多维扶贫的宗旨和要求，使贫困治理的内涵更具科学性。与此同时，绿色减贫为确定脱贫路径的科学性打下了基础。绿色减贫的前提就是坚持"一方水土养一方人"的原则，在确定脱贫路径时充分考虑贫困地区资源环境承载力大小，通过环境承载力标准来确定下一步扶贫、脱贫的目标和举措。

第二，绿色减贫是实现脱贫有序性和持久性的重要方式。实践证明，仅仅以收入水平提高为目标的扶贫脱贫方式和帮扶措施，往往容易导致再次返贫现象。当然导致返贫有诸多原因，但是其中一个重要原因就是脱贫户的生存能力和发展能力尚未完全培养起来。扶贫产业或扶贫项目以及其他扶贫措施等缺乏持久性稳定性，从而导致了就业和收入保障度不高，受市场经济和自然灾害的风险防范能力不高而带来已脱贫人口的较高返贫率，致使扶贫脱贫工作效率下降。而依靠绿色减贫的理念和方式确定并实施的特色差异性扶贫脱贫，由于从一开始就注重区域的经济发展和自然的内在共生性，贫困治理充分运用走绿色发展经济、生成财富的道路，综合贫困地区的整体产业发展和资源环境长期发展，增强和保证了产业发展的可持续性。秉持绿色减贫方式，推进贫困治理的财富生产兼顾绿色和发展并行、扶贫与生态并重、短期效益和长期效益相统一，决定了扶贫脱贫的成效。

第三，绿色减贫为构建贫困治理考核机制和贫困退出机制提供有益基础和参考。完善的扶贫考核机制是贫困治理中必不可少的制度保障，精准考核是检验扶贫成效的重要因素，而绿色减贫的融入则为扶贫考核和贫困户退出机制提供了重要保证。首先，绿色减贫提高了考核的准确度。以绿色发展作为扶贫成效的标准之一，衡量一个地区减贫成效不仅体现在收入水平的提升，同样体现在生活在此地区的人们的健康程度、生活质量以及生态环境保护等其他维度的完成情况，若一味以破坏当地环境来提升本地区收入，必然会对贫困治理产生消极影响。结合绿色减贫可以使考核从环境保护、资源利用率、能源节约程度等方面精准地对减贫成效进行全面评价，提升考核评估的准确度和可信度。其次，绿色减贫进一步完善扶贫退出机制。绿色减贫从绿色发展角度为退出机制提供了新的参考标准，以区域的环境承载力、生态保护程度等作为贫困治理的评价标准，只有在经济、医疗、教育、环境等多方面均达标的地区才可以退出帮扶行列，脱贫一户、销号一户，提高退出机制的准确度。因此，要继续用长远的、发展的理念完善退出机制。

第四，绿色减贫有利于实现精准脱贫与区域经济发展的有机结合。精准脱贫的精髓是"真脱贫""脱真贫"，主要体现在对象精准、项目精准、资金精准、帮扶措施精准、脱贫效果精准和考核精准的"六个精准"。绿色减贫主要包含了在精准脱贫的前提和基础上的绿色扶贫方式、绿色扶贫措施、绿色项目、绿色考核内容，等等。但这并非否定区域经济发展、否认作为帮扶对象的乡镇村产业发展，而是个体经济和集体经济的全面融合和同步发展。绿色减贫强调的就是区域性减贫产业和经济培育的全面发展，比如，倡导旅游经济、特色产业经济、传统文化景观经济、乡村集体经济等的共同发展。绿色减贫体现了贫困治理与区域经济之间有机结合的最佳方式和最有效路径。

第五，绿色减贫为我国后脱贫时代的减贫指明新方向。2020年，我国已实现在现有标准下贫困地区的整体脱贫，脱贫"摘帽"、区域性整体贫困问题得以解决。但是，这并不意味着贫困治理的滞留。事实上，贫困问题是人类面临的长期任务和挑战，我国的减贫之路也不会就此停摆。今后我国扶贫脱贫的目标和任务将聚焦于解决相对贫困，而绿色减贫理念的融入则为中国精准扶贫战略成功之后的后续减贫奠定了宏观性的指导。可持续发展模式是全人类共同遵循、共同认可的发展道路，在今后的贫困治理中，绿色发展理念将会越来越凸显其重要性。绝对贫困人口的全面脱贫，意味着解决相对贫困在未来贫困治理中将会是重心和任务，生态环境保护对于相对贫困的影响力也将会不断提升，而绿色减贫带来的绿色福利，也必将有力促进我国贫困治理的健康和可持续发展。

## 第五节　贫困治理的可持续生产路径

探索财富伦理融入贫困治理生产的对策、举措，主要是以财富绿色思维为导向，引导贫困治理财富生产的生态化实现；倡导财富生态生产的科学方式；锻造绿色减贫新机制。

## 一、以财富绿色为导向

如何实现财富增长和生态之间的平衡发展，是财富伦理研究主要关注点之一。财富绿色理论所秉持的财富增长生态、健康、环保的伦理导向，与新发展理念主旨一致，它通过敬畏、适度、节制等道德核心条目折射于实际运用中。财富绿色理论蕴含的财富生态创造与使用内涵，是加快贫困治理的重要驱动力。敬畏，涵括了"内心有敬、对外持畏"的双向度伦理意蕴，表达的是主体对事物理性认知后自觉产生的尊重、自持等心理倾向。自古以来，"敬畏"就是中西传统伦理思想史上的重要价值内核，儒家提倡以"君子之心"敬畏天命，德国宗教哲学家鲁道夫·奥托将敬畏称为是使人诚心归顺的神圣"魔幻力量"，德国古典理性主义哲学创始人伊曼努尔·康德论证了"敬畏感"是人对理性力量尊崇的道德律学说，这些思想均表达了敬畏是人们思想观念、行动处世所应负有的道德责任和义务。适度，与"适中""适当""适宜"同义，用于表达事物发展的恰当的伦理秩序。中华传统文明注重"过犹不及"的中庸之道，西方德性伦理强调中道是过度和不及之间的合理选择，均阐述了适度的道德诉求与伦理趋向。节制，是伦理学最古老的范畴之一，它侧重于规范道德主体塑造节用、自制的行为方式，如古希腊哲学家柏拉图就将节制列为完善人格应具有的"四主德"之一；而节用作为墨家思想体系的重要组成部分，对抑制统治者奢靡浪费、安民裕民产生了积极作用；儒家推崇"强本而节用，则天不能贫"（《荀子》）、"节用而爱人，使民以时"（《论语》）的民本思想，也在一定程度上积极推进了当时社会经济的发展。

财富发展的绿色生态化理论，是贫困治理的思想来源和现实载体，它为人类整体脱贫的实现提供了可持续发展理论引领及科学理性路径。保持敬畏自然、敬畏生命的伦理坚守，是财富绿色发展的伦理诉求。承认自然界和其他人类命运共同体都具有特定的内在价值，是马克思主义生态思想的基点，也是财富伦理学科的主旨。人类是自然界的重要成员和产物，而人类生存所必需的物质生活资料由自然界提供，人类依赖自然界而生存发展："在实践上，人的普遍性正是表现为这样的普遍性，它把整个自然——首先作为人的直接的生活资料，其次作为人的生命活动的对象（材料）和工具——变成人的无机的身体。"[①] 因此，实现巩固拓展脱贫成果和防止返贫，我们在不断运用自然资源创造财富的同时，也要谋求与自然界的和谐共生之道。

首先，要尊重自然，守护生态的"红线""底线"，做到生态保护和脱贫致富并重。建立起财富生产的绿色屏障、环保壁垒，后续的贫困治理主要任务在于既要谋求发展、以发展推进扶贫效果，更要坚守生态底线、走生态开发生产和绿色创造发展之路。其次，要顺应自然，大力开发挖掘帮扶对象生活区域的特有生态优势和生态资源，因地制宜，继续维护和发展既不破坏自然又能提高产出的生态模式。最后，要爱护自然，由于受先天条件的影响，帮扶对象所居区域的生态环境条件相对更为脆弱、生态资源更为匮乏，因此，巩固拓展脱贫成果、防止返贫，我们更要始终如一地遵循"天人合一""民胞物与"的伦理准则与道德准绳，保护各区域原有自然资源的可持续发展再生能力。同时，坚决杜绝一切有损和破坏自然生态的活动和行为，倡导"绿色 +"的低碳、节能、环保新型发展模式。

倡导财富生产适度理性发展，是财富绿色发展的伦理指向。财富伦理倡导的"适度"道德原则对激发人类主体的自律道德约束力，培育主体理性财富生产方式，将财富创造控制在合理的限度之内具有重要作用。贫困治理、加快改善民生应更应注重保持生态可持续性和代际发展。财富绿色理论能防止人们在财富生产过程中的"不足"与"过度"，并秉持"中道""理性"的生态发展，既"讲德""有度"又"可控"地追求富裕。因此，巩固拓展脱贫成果、防止返贫，一方面要避免财富生产的"不及"，把资源和生态的边界作为适度生产的上限，但又不能因噎废食、裹足不前。要求人们积极破

---

① 马克思：《1844 年经济学哲学手稿》，人民出版社 2000 年版，第 56 页。

解生态困境，发展绿色产业链，实现生态资源整合优化，拓展生态发展合作平台。另一方面要防止财富生产的"过度""越线"。过度开发的后果，必将是对不可复制的自然资源的损毁和可持续发展的断裂，使脱贫成果"功亏一篑"。因此，实现共同富裕就要坚持"绿水青山就是生产力"的生态旨归，坚守"绿水青山就是金山银山"的科学理念，坚持走绿色发展道路。

## 二、倡导财富生态生产方式

"绿水青山就是金山银山"的科学论断为财富生产指引了生态发展路径，是后脱贫时代贫困治理由"自然索取式"向"生态共生式"转变的良性财富生产方式的行动指南。

第一，构建绿色扶贫生产新格局，以无污染、低消耗的集约型生态生产方式取代传统的高污染、高消耗的粗放型工业生产方式，实现贫困地区财富生产方式由"自然索取式"转向"生态共生式"的绿色生产。当前，消除绝对贫困后，还处于相对贫困状态的帮扶群众，主要居住于深山区、石山区及地方病高发区等自然条件、生存条件较为落后和困难的地区，生产发展仍深受资源匮乏和自然灾害等问题的困扰，相对恶劣的生存环境增加了贫困治理以及脱贫攻坚成果有效巩固拓展的难度。因此，针对环境条件的天然局限，贫困治理必须保持维护生态环境与财富不断发展的统一性，开创并加强以生态产业建设为减贫脱贫主线，辅以林木保护、湿地保护以及水土流失等的绿色发展治理。

第二，增强贫困地区绿色"造血"的财富生产功能，构建贫困治理的绿色循环产业链和可持续发展经济体。因地制宜、利用资源优势来发展特色生态产业，构建环保的产业发展链。比如，大力发展贫困地区的特色生态种养业、农产品加工业、乡村旅游、休闲农业等新产业业态，并打造成为后脱贫时代的绿色主打产业。同时，积极鼓励和引导帮扶对象增强生态生产和自立意识，转化为生态产品生产者和供给者。

第三，拓展贫困治理产业合作平台，合理整合生态资源。全面考察贫困地区生态资源的分布情况，把各种相关生态资源要素组合成为一个整体，系统全面、科学有序地开发生态资源，达到地区之间"发展带动脱贫、脱贫促进发展"的共赢，实现贫困地区生态和经济双重效益的最大化。

第四，设立好"绿色准入机制"。精确识别、精准审核各种扶贫项目是否能真正满足生态环保和可持续发展的双重要求，杜绝消耗污染产业的进入，保证贫困治理"富而不污"的新型财富生产模式。同时，鼓励生态科技精准发力，鼓励生态科技研发。加快推进生态技术转化落地并运用于生态建设，建立和完善生态污染精准防治机制与生态修复机制，形成生态保护新屏障，筑好生态防线。

第五，实现贫困地区绿色产业"三结合"。以开发自然生态资源为基础的绿色产业经济作为突破口，开发特有的绿色生态优势资源，构建和打造可持续发展业态和扶贫体系产业发展集群，实现贫困地区的注重发展绿色产业、推进绿色发展与贫困治理相结合、"经济、生态、社会效益"实现共同发展的生动局面，锻造"造血式""内源式"的巩固拓展脱贫攻坚成果的财富生产绿色新生态。


## 三、健全绿色减贫新机制

绿色减贫的本质是有效完成绿色资源价值到绿色资产价值再到绿色资本价值的转化。通过绿色投资机制重塑、绿色内在价值转换以及绿色长效外溢循环锻造绿色减贫新机制，形成贫困治理财富生产的动力新源泉。同时，绿色减贫机制并不仅仅是绿色发展机制与减贫机制的简单结合体，而是具有相互影响、相互转化、相互促进的动态可持续循环减贫机制，是财富绿色发展与减贫之间更深化、更具理论性的综合发展模式。其有效机制主要有绿色投资机制、绿色减贫内在价值转化机制和绿色减贫长效外溢循环机制。

（一）绿色投资机制

绿色投资机制的本质是保证绿色资本存量增长的重要制度。从投资主体、投资主体运营方式以及投资资金渠道、投资管理四方面出发，通过突出投资主体性，提升绿色资源的有效配置，与市场接轨，拓宽绿色投资的渠道来源，重塑绿色投资机制，是贫困地区内部循环绿色减贫机制的核心之一。实现绿色投资机制主要做到以下几方面。

第一，发挥区域内部绿色资源优势，突出帮扶对象投资主体，提升贫困地区内源性循环。首先，绿色减贫投资机制的核心是合理发挥贫困地区内部的特色资源，要尽可能地发挥生态资源自身价值，有效提供生态服务功能要素和生态承载力要素，为贫困地区的减贫发展和生态保护提供原始动力。尽可能挖掘贫困地区现有和潜在的绿色资源，如自然风貌、文化历史及民族风情等资源，形成贫困地区内生发展的基础。其次，有效发挥帮扶对象主体功能，通过龙头企业、专业合作社、农技能人等，激活贫困地区内部新动力，形成内部循环的脱贫新机制。再次，提升帮扶对象自身对于绿色减贫的主动性把控。帮扶对象是整个绿色减贫的主体对象同时也是核心参与者，贫困地区的可持续发展除了外界绿色生态环境的保障之外，帮扶群众自身发展能力的提升更是不可或缺的核心力量。最后，突出政府对于绿色减贫的保障。对于贫困地区绿色资源的评价和定位，当地政府要发挥力量，对具有潜在优势的绿色资源进行准确掌握和整合，对绿色减贫的投资机制提供相应的资金保证和组织保证。同时，当地政府应根据贫困地区保持长期发展的原则，严格保证生态保护红线，制定适宜当地的绿色投资规划。

第二，加强绿色资源配置，增强资源的可持续经济价值，提升贫困地区投资效率。根据不同地区资源禀赋及稀缺性，进行合理配置，达到生态效益、经济效益和社会效益的最大化。对于具有良好天然绿色生态环境的贫困地区，绿色减贫要侧重于对绿色资源集约利用程度高的产业进行投资，在提高生态系统服务功能的同时，也进一步增加贫困地区生态资本的存量：首先，在资源承载能力范围内，有效挖掘当地自然优势，为贫困地区内部造血功能提供资源基础。其次，在经济收益产生的同时，使经济效益精确到帮扶对象个体，政府和产业通过劳动力倾斜、资金倾斜和政策倾斜对他们进行支撑。劳动力倾斜主要是指贫困地区的产业发展对务工人员的就业等的更多支持；资金倾斜主要指在发展绿色产业过程中，政府或企业对帮扶对象有一定额度的资金优先支持，比如，无息贷款或者扶贫资金扶持，为帮扶群众自主发展产业提供资本支持，提升他们内生增长能力；增强其减贫能力。政策倾斜主要是指政府对绿色减贫相关产业提供一定的政策优惠，旨在吸引企业对贫困地区的投资和发展，进而带动整体贫困地区的发展。同时，对帮扶对象自身而言，因生态资源所带来的经济收益而得到红利，对绿色生态资源的保护意识不断增强，这种保护意识的提升远远高于宣传或强制性效果，带来环保意识与经济效益形成共赢的局面。

第三，接轨市场，扩宽投资渠道，建立市场化绿色投资机制。目前扶贫资金投资的主要方式是政府主导的自上而下的扶贫投资机制，然而其弊端在于往往容易忽略贫困地区自身及社会民间力量，对政府的依赖性较高，无法形成自身应有的内生发展能力。同时，帮扶群众在整个过程中自主脱贫致富的主动性较弱，对市场动态把握不敏感，存在较高返贫隐患。绿色减贫要充分发挥市场作用，多渠道拓宽贫困地区的投资方式：首先，贫困地区自身的经济效益循环投资。在贫困地区通过减贫得到的经济效益除了用于生活水平提升之外，有一部分还要用于对贫困地区绿色资源进行再次减贫投资，形成循环减贫机制。其次，外部市场、社会及企业对贫困地区资源的投资帮扶。在绿色扶贫项目规划和设定时，充分考虑市场需求变化，根据市场要求结合自身条件设立针对性的特色项目产业，提升与外部市场资源、社会民间资源以及企业的衔接和合作密度，提升外部资金的投资支撑，为下一步价值转化提供基础保障。最后，政府辅助性的投资。由于绿色资源包容性发展需要一定的维护成本，而且绿色投资本身是一个长期过程，周期较长，因此在短期内仍然需要政府辅助性的投资支持。

第四，绿色资本投资管理机制。首先，以绿色发展为原则，坚守"生态保护红线"，对贫困地区的不同生态环境状况和绿色资源禀赋进行合理分析，在贫困地区生态资源承载力保障前提下进行投资。其次，保障贫困地区绿色资源投资的可持续性和长期性，确保绿色资本存量及效益，使贫困地区绿色减贫享有长久效益。再次，在绿色投资机制中注重控制成本的投入，尤其是在生态环境较差需要对生态环境保护投入较多的情况下，更需要评价成本与收益的关系，确保减贫成效。另外，建立一个完善有效的绿色投资管理机制，进一步明确职能，细化各个机构的具体职责，提升绿色投资资金的使用率。最后，在整个投资过程中，对投资项目的顺利进行合理监督、对实施效果进行科学评价。

### （二）绿色减贫内在价值转化机制

绿色减贫的内在价值转化，其本质是绿色资源本身价值向绿色减贫价值转化的体现，以及绿色资源价值转化为经济、社会和生态价值，形成贫困地区减贫内源核心驱动力。"绿色"因素在循环中不仅是目的导向，而且是经济系统中必不可少的中间要素，是推动贫困地区经济发展的有效途径。绿色资源的经济价值，使绿色资源在经济市场中的需求提高，带动社会、政府及帮扶群众自身对绿色资源保护的重视度提升，从而促进贫困地区绿色资源的可持续发展。

生态资源不同于一般资源，它具有共享性、可持续性和循环性，一个地区生态资源的好坏并不仅局限于对当地人口的影响，对周边乃至更大范围的生态和居民生态水平都具有重要意义，由于生态的不可再生特性也导致其修复的成本巨大。而绿色减贫则充分考虑了生态资源的代际、代内公平，通过包容式发展理念对生态系统的恢复和保护起到直接与间接的促进作用。

从绿色减贫内部发展来看，绿色减贫机制能有效联结贫困地区各种资源条件，提升贫困地区资源利用间的平衡关系，使绿色减贫循环模式通畅运转。首先，以贫困地区的综合发展为目标，突破了仅以经济为主的单维度减贫模式，融合经济、社会、文化、生态等不同维度的协同发展。其次，充分考虑到贫困地区的不同绿色资源拥有量，以其本身现有的资源条件进行针对性的合理性开发减贫，提高帮扶群众对于自身地区发展的把控能力，从而提高他们的整体内生发展能力及减贫主动性，使他们从被动地接受式减贫发展到主动创造性减贫。最后，各个环节、各个区域都存在相互影响、相互带动的"环环相扣"关系，绿色减贫的实施通过借助当地绿色资源为依托，形成"绿色资源——经济、社会及文化水平提升——绿色资源"的良性循环模式。

第一，生态资源的价值循环机制。考察人与自然的发展历程，生态资源环境与人类的发展在本质上是一体化而不是相分裂、相背离的关系，生态资源保护对于人类发展能起到积极推进作用。尤其在贫困地区，由于地域特征、自然生态优势以及长期以来的限制性开发等原因，在国家发展中实际承担着"生态保障""资源储备"和"风景建设"的任务。绿色减贫最关键的是赋予绿色资源更长远的意义和价值，挖掘和开拓绿色资源的潜在经济价值，打破传统资源使用单向输出方式，使绿色资源转化为绿色资本，从而实现价值的最终转化。

一是中国的贫困地区大多为偏远的农村，现代化程度低、基础设施较为薄弱、产业模式单一。而绿色资源是贫困地区经济活动的重要依赖资源，为人们从事经济活动提供了良好的前提和条件，对脱贫减贫具有显著的正向引导作用。二是绿色减贫完成了贫困地区生态资源价值向经济价值和社会价值的转换。传统经济向生态经济、循环经济的转变，是当下全球人口剧增、资源短缺和生态蜕变的严峻形势下的必然选择。绿色减贫的生态化，是旨在建立一种生态经济体系，利用绿色资源作为生产要素，通过贫困人口参与和政府的政策引导支持，在合理开发绿色资源基础上充分发挥自然资源价值，使其转化为经济价值。三是绿色减贫是经济价值有效反馈于绿色资源的转换过程。绿色减贫利用绿色资源转化为经济价值，再次逆向反馈到绿色资源的保护和投入中，为下一轮的绿色减贫转化机制提供新基础。在此过程中，经济价值除了提升帮扶群众生活水平之外，一部分转化为绿色价值，如旅游业的生态资源保护投入及基础设施投入等，依靠绿色生态资源产生的经济效益又再一次投入自然资本中，打通经济价值与绿色资源的逆向连接，形成绿色资源与经济价值的闭合循环机制，为绿色减贫的可持续性提供保障和基础。

第二，文化资源的价值转化机制。文化资源也是一种绿色资源，它是贫困地区可持续发展的内在资源。从经济角度而言，文化资源同生态资源一样，具有一定的市场价值，尤其当前人们对于文化资源的需求日趋上升，文化资源在市场上的价值不断体现出来，从而对于帮扶群众具有减贫价值。因此，贫困地区依靠当地独有的文化资源，建立特色文化产业，是文化资源价值转化的重要体现。从社会和经济角度看，生态环境破坏与贫困都是社会发展和经济滞后共同造成的恶化现象。在贫困地区，还往往呈现出生态与社会双重脆弱的问题。自然生态脆弱是指自然生态环境因天然条件差或后天遭受破坏而造成的承载能力较低现象；而社会脆弱是指一个区域社会关系和结构稳定受到破坏，导致潜在的受灾因素、受伤害程度及应对能力下降现象。社会脆弱主要体现在三方面：一是一个区域内人群组织结构的完整性受到破坏，如老龄化严重，外出劳动力转移造成区域内人口结构比例失调现象；二是一个区域内的社会问题和社会矛盾突出，是社会结构不平衡导致的直接问题；三是一个区域的社会文化如习俗、传统内部性因素遭受破坏或遗失的现象。

文化资源的匮乏是帮扶对象面临的精神困境，发展好、保护好文化资源也是绿色减贫的重要内容，是发展包容性、可持续减贫的主要动力之一。绿色减贫中的文化维度包括主要以下内容：一是文化观念和思想观念的转变，主要指帮扶对象对绿色减贫理念的把握、领悟以及对可持续发展的包容性减贫战略在思想上的认同，提升对减贫政策的契合度，提升脱贫主动性。二是开展技术和知识教育培训，旨在提升帮扶群众的受教育水平、技术水平以及生产能力。三是文化资源的保护和开发提升，主要指以对自然文化资源的保护来提升贫困地区精神文明建设及其长期发展潜力。四是树立社会认同感，主要是指给予帮扶对象公平合理的机会和能力，使他们在就业机会、社会保障、医疗保险等方面机会均等，提升他们对社会的认可。

### （三）绿色减贫长效外溢循环机制

绿色减贫通过对一个地区生态环境的提升，同样对周围地区具有一定的正向影响，绿色减贫尤其是生态维度对区域具有一定的溢出性。当一个地区的生态、文化等绿色资源得到良好保护时，对周边地区环境治理、生态可持续发展、文化融合等方面具有一定的正向作用，能有效促进周边地区减贫成效或未来潜力的发展。因此，绿色减贫从外部发展角度来看不仅仅是某一地区独有的减贫机制，同时也是周围地区共享的一项发展战略。从减贫成效来分析，一个地区绿色减贫的综合成效的高低不仅仅完全体现在本地区，同样也有一部分成效溢出使周围地区受益，从而提升区域间绿色减贫的联动性。

具体而言，第一，区域层面的绿色减贫外溢机制。从区域层面来看，绿色减贫成效不仅有益于贫困地区本土的减贫发展，同时对于周边地区生态环境及绿色减贫成效具有溢出效应。绿色资源因服务对象的多样化使其具有不同于其他物质资源的共享性特征，并不受地域和空间的限制，因此绿色减贫依靠绿色资源取得的减贫效果同样具有空间的溢出性，即绿色减贫效应不仅局限于本地区，而对周边地区都有一定的影响。生态环境保护外部性的存在，使得各区域形成相互作用的生态监管和环境保护来避免粗放式破坏性的发展，如此，一方面保证当地发展的可持续性，另一方面对周边区域产生正向效应，破除"生态脆弱→贫困→掠夺式开发→生态进一步恶化→更贫困"的恶性循环，加快了贫困治理的步伐。

第二，绿色减贫的全域性可持续机制。从时间维度来看，绿色减贫以可持续发展为最终目标，通过提升贫困地区的长期发展，避免贫困地区因为绿色资源过度消耗并超过当地的环境承载力而造成脱贫人口返贫现象的出现。绿色减贫通过建立贫困地区内源机制，制定长期生产发展目标，在未来继续提升财富生产致富的内生能力，使得贫困地区整体发展能力不断提升。从资源条件来看，绿色减贫注重生态、文化等绿色资源的保护和维系，使本地区在适当的开发范围内可以长时间的加以运用，从而使当地绿色资源得以代代相传，避免造成代际返贫现象出现，加快可持续发展的步伐。

# 第五章　贫困治理的财富分配公平审视

公平与正义是财富伦理的财富分配哲学基础。财富分配的公平，即财富是如何进行合理配置的衡量标准，既是财富伦理的核心价值观，也是对财富实现合理分配的伦理原则。在财富伦理视野中，创造财富获得的收益应当惠及社会所有成员，包括社会财富的公正分配。因此，财富伦理运用和嵌入贫困治理以及财富分配是否实现了公平正义，是其中一项重要的衡量标准。

"公正或正义"是人类最古老最基本的伦理学基础范畴，2002年增补本的汉英双语《现代汉语词典》中把"公正"解释为"公平正直，没有偏私"，"正义"解释为"公正的、有利于人民的""正当的或正确的"。通常正直、正当、公正是用来表征个体应有德性，而用公平、正义来形容社会制度、体制、政策的德性元素。公平正义联结起来理解，则是指在解决人与人之间、人与群体之间以及个体与群体、个体与社会之间的利益关系时，体现公正正义的原则和精神，使权利和义务紧密连接，因而每个人都能各得其所、各尽其分、各得其值。在财富伦理视域中，没有公平正义的社会是不道德的社会，公平正义是财富分配的核心价值和道德要求。

## 第一节　贫困治理的财富分配现状

### 一、实现财富公平分配的阶段性和长期性

贫困治理的最终目标，在于实现共同富裕。共同富裕是一个长远目标，

具有长期性、艰巨性、复杂性，需要一个长期的过程才能实现。这个过程必然要经历一个从少数到多数、从低层次到高层次、从单方面到多方面的渐进演化过程。

相对贫困治理是我国实现共同富裕过程的重要组成部分，因而也具有相应的阶段性和长期性。一方面，相对贫困治理的公平分配实现是一个梯度层级发展的过程。"共同富裕"本身包含了阶段性发展的特征。在发展阶段层面，社会主义初级阶段能实现的"共同富裕"不是"相同"，更不是"均富"。习近平总书记强调，"不是所有人都同时富裕，也不是所有地区同时达到一个富裕水准，不同人群不仅实现富裕的程度有高有低，时间上也会有先有后，不同地区富裕程度还会存在一定差异，不可能齐头并进。"[①]共同富裕不是区域、个体之间整齐划一的平均主义和均等发展。长期以来，我国农村与城镇发展差异较大，且不同区域之间农村的发展差异也较大，相对贫困治理过程带来的对公平分配的实现，必然也是一个梯度推进、分阶段渐进发展的过程。另一方面，我国农村相对贫困治理过程必然具有长期性。实现共同富裕需要通过全国人民共同奋斗把"蛋糕"做大分好，需要不断创造和积累社会财富、完善制度，这个过程不可能一蹴而就。当前阶段我国虽然已实现消灭绝对贫困，但仅是刚跨过"贫困线"或"温饱线"，小康的基础尚不牢固，相较于消除绝对贫困的局部性和紧迫性，消除相对贫困需要更加充裕的社会财富、更加完善的制度体系。当前，我国城乡、区域、群体之间的发展差距较大，农村相对贫困程度和规模都远高于城市，对资源的绝对公平分配，必然要经历一个从探索阶段到成熟阶段的长期发展过程。

## 二、以贫困治理成效推进财富公平分配

贫困的成因可以概括为以下几方面：一是自身能力、外在条件限制、机

---

① 习近平：《扎实推动共同富裕》，《求是》2021 年第 20 期。

会匮乏导致致富能力受限；二是因懒惰、"等、靠、要"思想和传统生产生活习惯导致观念落后，限制个体对财富追求动力；三是偶发性因素导致支出超过收入水平；四是因生理、身体等因素导致个体不具备财富创造的能力。

现有贫困治理政策与财富公平的对接程度比较高，有效推进了财富分配公平的实现。首先，现有的贫困治理政策注重发展特色产业推进经济发展工程，在以党建、教育、人才队伍建设促进贫困治理的同时，也注重提供就业机会，改善个体观念，引导个体参与创造致富；同时，强调要激发帮扶对象创业就业积极性来实现脱贫致富，依据劳动量大小、劳动付出多少等标准来分配财富，与单纯的依赖社会救济帮扶相比，更加符合财富公平的原则。换言之，社会用于再分配的财富，都是劳动者通过参与劳动所创造的，激励了有劳动能力的人通过自身的努力去获取财富。因此，我国现有的贫困治理在改善观念、提高特定群体参与财富创造的积极性、创造更多的就业机会、提升就业能力等方面能够很好地推进财富公平的实现。其次，现有的绝对贫困已经消除的脱贫成效还不是终点，在脱贫攻坚取得全面胜利之后，还要继续大力实施乡村振兴战略，继续依托农村产业发展、农民持续增收、农业现代化推进贫困治理，持续挖掘农村经济发展潜力、提升农民致富动力，不断推动农业繁荣的生命力，这是贫困治理策略对推进财富公平分配实现的重要保障。运用已取得的贫困治理有效举措推进财富公平分配，是今后贫困治理实现财富分配合理性探索的有力支撑。

### 三、衡量标准的多维化

相对贫困的衡量标准突破了单维的经济指标，发展资源的缺乏和自我发展能力的缺失被纳入相对贫困范畴，由此衡量分配公平与否也是多元多维度的。

绝对贫困问题得到了历史性解决后，我国贫困治理的重心和难点由显性的绝对贫困转为隐形的相对贫困。相对贫困问题上升为贫困的基本样态，进一步凸显了隐性元素对相对贫困的作用，文化差异促成区域发展不平衡、政策差异形成收入分配的不均衡、发展差异加快不合理的财富分配、能力差异强化个体发展的不平衡，因此，实现财富公平分配，就要消除相对贫困的多维成因。

要注重消除文化的区域差异，使受教育环境、条件实现均衡；破解政策设计的不合理性，减少区域发展的不平衡、收入不均衡，使相对贫困治理真正实现公平分配，减缓相对贫困的发生率和治理难度。缩小发展差异，扭转轻乡重城、以农哺工的发展导向及城乡二元经济结构，避免城乡发展差距拉大、消除城乡居民间的收入分配差距过大问题，防止分配不公平的反复、强化与再生。尽量缩小个体间在收入、知识结构、信息获取能力及创收能力等方面的差异，消除社会群体间的贫富差距。

## 第二节　实现财富公平存在的问题

在长期对贫困治理的重视和大力推行下，贫困治理的财富公平问题得以很好解决，但是，由于受经济发展程度、财富认知程度等的影响，真正实现贫困治理中的财富分配实质公正，仍存在有待提高之处。

### 一、对财富公平辨析存在误区

（一）存在偏狭倾向

贫困问题的存在引发了人们对财富伦理、经济正义等问题的思考。我们可以从财富伦理领域的两个对分配不公的界定来考察：一是分配不均衡，简单地说就是有人分得多、有人分得少。二是分配不均衡引发的财富使用悖谬——占有巨额财富的人以各种夸张的方式挥霍，而占有较少财富的人却连基本生活保障都非常困难。因此，反贫困工作的出发点以及扶贫能够获得社会认可应做到：消除贫困，维护公平。英国经济学家、福利经济学之父庇古曾经指出，把一定数额的财富转移给穷人，其在穷人手中产生的效用会远高于在富人手中产生的效用。其观点具有分配公平思考的一定合理性，但如果仅从这一立场出发去审视推进反贫困，很容易就会产生出分配公平就是掐高补低的认知，而这往往会导致富人创造财富的积极性下降，比如，采取高额税制实施再分配的方案，会引发社会财富整体增长放缓，不利于贫困治理甚至是贫困者应有利益的获得，并将会导致分配从公平走向无原则的平均主义。

因此，财富公平并不意味着完全均等地分配，而是指在合理的基础上，每个人都能够享受到公平的待遇和机会。包含分配的按劳动量、贡献大小、社会需要总体调配的资源扣除再分配等。这是在相对贫困治理阶段必须遵循的原则。

（二）财富创造者与享有者相分离

劳动创造财富，同时生产资料也参与了财富的创造过程。在社会总产品的分配当中，劳动者和生产资料的所有者都需要参与分配。片面夸大财富公平的内涵，可能导致公平成为平均主义，引发社会再分配所需资金增加，导致劳动者和资本所有者利益被压缩、劳动力资源和资本外流。举个例子，在扶贫过程当中，驻村帮扶人员搭建平台、链接资源，为当地扶贫产业的发展付出了大量劳动。在相关产业创造财富及产生效益之中，帮扶人员付出劳动、外界资源投入等都作出了贡献，但在产品的分配当中，这两者都没有参与或者很少参与成果分配，如果他们长期在财富分配中得不到明确认可，就会出现分配不公现象，进而影响整个贫困治理进程。

（三）对财富公平分配认知不当

相对贫困的核心内涵是收入不平等和分配不均，因此，相对贫困阶段贫困问题的核心解决问题主要是贫困人口的收入在总收入中的分配比例问题。

从这个角度出发，帮助穷人摆脱贫困就应当是社会的责任——因为社会的其他人员享受了收益带来的好处，他们需要回馈穷人，这样才显得比较符合公平的价值诉求。但是，要实现公平还要回答好以下问题：为了帮助穷人摆脱贫困，外在条件应投入多大的财力改善才合理？一般认为，投入社会力量改善穷人的处境，只需要能够保证穷人享受与其他人同等的机会即可，比如，接受教育、就业、参与社会投资、创业等方面保障机会均等。但如果提倡从穷人以外的其他更富有群体身上"割更多的肉"，不仅会受到来自富人的反对，可能还会出现贫困地区和贫困人员向社会无止境索取的现象。

致富的主渠道是靠个人的勤劳与智慧。即使是依靠家族财富累积，以此为资本扩大财富的，其家族财富的最初来源也是依靠创业者的勤奋和聪慧。基于这样的理由，让贫困群体摆脱贫困的主要路径，不是执着于思考如何从富人口袋掏钱的"杀富济贫"，而是应当关注如何利用好现有的资源、政策条件，让穷人成为创业者、致富者。

## 二、制度对财富公平的影响

马克思主义认为，分配并不是与生产相并列的环节，而是受生产的决定和支配。生产力决定生产关系，所有制结构决定分配结构和分配结果，这一规律在人类社会的各个阶段发挥作用。自全面建成小康社会以来，我国进入后脱贫时代，但我国仍处于并将长期处于社会主义初级阶段的基本国情没有变。而现阶段中国社会的主要矛盾已经从"人民日益增长的物质文化需要同落后的社会生产之间的矛盾"转化为"人民日益增长的美好生活需要和不平衡不充分的发展之间的矛盾"，前者更多强调经济增长问题，而后者则更多强调收入和财富分配问题。

我们要清醒地认识到，劳动者尤其是边远地区劳动者，由于性别差异、体力差异、脑力差异而导致他们自身的劳动能力不同，尤其是刚脱贫家庭所承受的家庭负担不同。在现实生活中，因生活环境、家庭条件和个人能力等先天的条件不同，社会成员处在不同的发展起点，创造财富的能力、就业创业的能力、保障自身生活需要的能力都有很大差别。与此同时，刚脱贫家庭也还需要付出更多的劳动来满足生存需求，实现对美好生活、更高生活质量的追求，这些都是现行财富分配制度下容易忽视的问题。

当前的分配制度仍存在短板。因此，在制度完善方面，应全面考量制度的时效性、合理性，着力构建与相对贫困治理阶段相符合的创业式经济增长体系、综合性分配审核体系、包容性分配机制、多元化分配治理对策。通过优化收入分配结构，缩小收入差距，有针对性地健全和改革财富分配制度。

## 三、财富共享仍有待强化

财富共同享有、共同拥有，是财富伦理的财富分配实现公正公平应有之义，财富共享也是贫困治理的最终目标之一。在现实中，财富要真正实现共享仍存在一些弊端。

### （一）共享改革发展成果还未实现全面普及

马克思、恩格斯关于公平、劳动及资本等议题的讨论蕴含着丰富的共享思想，在"工业工人只有当他们把资产者的资本，即生产所必需的原料、机器和工具以及生活资料转变为社会财产，即转变为自己的、由他们共同享用的财产时，他们才能解放自己。"[①]

自改革开放以来，我国社会生产力高速发展，人民生活水平得到极大改善，中国跃居为世界第二大经济体。但同时，我们也应该看到，人们共同享受改革发展成果的应然性和经济发展水平还不相匹配。对此"共享"主体是人民群众，目的在于实现人的自由全面发展。共享在经济领域要求做到分配公平，在政治领域要求做到民主权利，在社会领域要求做到保障就业权、教

_____

① 《马克思恩格斯文集》第 2 卷，人民出版社 2009 年版，第 211 页。

育权等。与发达国家相比，我国的生产力水平还没有达到高度发达的程度，人民共享的物质基础还需继续厚植。我国脱贫攻坚战取得全面胜利后，后脱贫时代工作任务依然繁重，扶贫脱贫不仅仅是解决帮扶对象的最低生活保障问题，关键还在于贫困地区和脱贫人口的后续发展问题。

相对贫困治理阶段的财富共享关键在于全面性。要采取针对性更强、覆盖面更大、作用更直接、效果更明显的举措，为群众增福祉、享公平；从实际出发；做好普惠性、基础性、兜底性民生建设，不断提高公共服务共建能力和共享水平，织密织牢民生托底"保障网"；改善民生促进共享。在保障基本公共服务有效供给基础上，积极引导和满足人民群众对健康服务、文体服务、休闲服务等方面的社会需求，培育形成新的经济增长点；着力保障民生建设资金投入，全力解决人民群众关心的问题。

## （二）地区和行业间的收入还存在差距拉大现象

贫困治理不断推进，经济发展和分配制度不断调整。在这样的背景下，我国的财富分配状况发生了变化。一方面，在经济总量增加的前提下居民人均收入大幅增长；另一方面，城乡之间、行业之间、地区之间的收入差距却呈现拉大的趋势。

后脱贫时代，我国进入城市化的新阶段，居民的生活方式、职业结构和消费行为将发生巨大的变化。伴随乡村振兴、加强农业的推进，城乡居民收入水平却仍然存在差距。国家统计局公布的《2021 年居民收入和消费支出情况》显示，2021 年城镇居民人均可支配收入 47412 元，农村居民人均可支配收入 18931，城乡居民人均可支配收入比为 2.5[①]。如果把城镇居民的社会保障、教育、医疗等隐性收入计算到其中，这一差距将会更大。由于我国地域广阔，各地经济发展还存在不平衡，地区收入差距仍较为明显，比如，

---

① 　国家统计局：《2021 年居民收入和消费支出情况》，2022 年 1 月 17 日，见 http://www.stats.gov.cn/tjsj/zxfb/202201/t20220117_1826403.html。

东部沿海地区由于地理位置好、交通便利、环境相对优越而利于经济发展；中西部地区由于区位相对封闭、交通和贸易交流不便而使经济发展受到影响。此外，改革开放后中国实行对外开放，随着科学技术水平的迅猛发展，新兴行业和垄断性行业，如金融、保险、房地产、交通运输、电讯、科学研究、综合技术服务的员工不仅工资高、增长快，而且享有优厚的住房、医疗福利待遇。而传统行业如建筑、农、林、牧、渔业的职工收入低、增长慢。凡此种种，也带来了财富分配中实现全面共享的障碍。

## 第三节　追求财富公平的理论依据

创造财富、共享财富是人类社会永恒的主题。与动物依据本能去获取物品以满足生存基本需求不同，人类具有更高的生活质量追求，人类的需求是复杂多元、不断前进的。同时，人类也拥有超越动物的劳动创造财富的能力以及对如何实现财富合理分配的审视能力，因此，在财富分配中，人们一直秉持对公平、正义、平等等财富分配核心伦理的诉求。

### 一、客观看待财富来源的思想

（一）消除财富分配的思想桎梏

人们所拥有的财富都是由人所创造出来的，而每个人所拥有的财富既有自己所创造的，也有经由他人创造出来的，或者经由某种途径转移到自己手中的。创造财富需要依托一定的内外条件性要素。外在要素包括自然资源、地理位置、就业前景、机遇以及他人帮助等；内在要素包括个人技能水平、努力程度、身体健康状况等。

而贫困群体往往缺乏其中大部分甚至全部要素，自身创造财富的能力会受到限制。他们一是渴望能增强自己创造财富的能力；二是希望通过某种机制能够获得馈赠。当一个人在当前内外在条件限制之下，创造或者拥有足以满足其需求的财富，产生这样的想法其实很正常。当然这也是被帮扶者遭受较多的质疑之一，就是"等、靠、要"思想严重、观念陈旧、不愿改变现状。有些帮扶对象经历过多次尝试，但还是依然无力改变现状。或者偶尔尝试一些新的致富模式，比如，投入一定的劳动和资金养殖或者种植能够带来经济收益的畜禽或作物，结果却由于市场等多方面原因导致失败、亏损，让自己陷入更加困难的境地。这样的案例哪怕只是发生在他人身上，也足以让帮扶对象产生心理上的不安，向他们提出类似的改善经济状况的建议之时，他们就会认为这是一场冒险和博弈，除非有值得信赖的人或者机构担保，不会发生亏损或者亏损后果不由参与者承担，否则很难调动他们的积极性。

因此，马克思曾经说过："意识必须从物质生活的矛盾中，从社会生产力和生产关系之间的现存冲突中去解释。"[①] 富人收入减少，可能只是生活水准下降的问题，而在贫困线上挣扎的人却有可能因为一次冒险的失败而陷入赤贫境地。物质生产方式影响并塑造人们的思想，因此，帮扶对象对财富获取的认知往往仅限于谋求稳妥。要实现财富的公平分配，首先就要转变帮扶人员的思想意识。

（二）财富占有认知具有差异性和统一性

人们占有财富的目的，一开始仅仅是为了满足各种直接现实的需求。既包括吃穿住行等基本的人性需求，也包括体面、尊严感、权力欲等社会性需求。如果做一个宏观的分类，大致可以概括为安全感和优越感。

第一个层次是安全感，包括三方面：一是指免于饥寒威胁，这主要是由占有的财富不足以支撑基本生活需求所致；二是指免于遭受蛇虫猛兽、盗窃乱贼、坚甲利兵等的伤害；三是指免于遭受疾病瘟疫、自然异象的突发性冲

---

① 《马克思恩格斯文集》第 2 卷，人民出版社 2009 年版，第 592 页。

击。为了应对这三种状况，寻求安全感，人们采取的应对措施主要就是创造财富、积累财富。在财富的使用上，针对具体的威胁，一是把拥有的财富投入食物、衣物、住所的耗费上；二是把财富用于生活管理和提高，比如，进一步加固房屋、加强安保或者向政府缴纳税金以获得保护，以及在宗教活动中投入资财；三是适当的储蓄财富以应对突发状况。

第二个层次是优越感，主要指个体在社会中追逐的荣誉感、尊严感、超越感、控制欲等的满足。包括用于丰富饮食的品类、添置华丽的衣物、建造宏伟的住所、佩戴稀有的饰品等。财富就是用以满足这些需求的一个手段。在不同阶层当中对财富的认知会存在差异性，这种差异性源于个人对需求的认知不同。对满足荣誉感所需物品缺乏好奇心，一部分是因为个体占有的财富数量太少，无法想象那样的一种生活方式。另一部分是因为其活动范围之内，拥有较少的其他物品也能实现其对优越感的追求。

总的来说，人们对财富的认知和财富的目的有着多样性的态度，这种态度随着生产的进步和个人生活条件的提升而逐渐改善。反之，如果生产没有进步或者个人生活条件没有改善，他们就会对财富的生产或者分配提出质疑。这种客观存在的差异性背后，是要采取各项举措来调整人们对于财富目的的统一性认知，即形成这样的共识：财富是用于满足人的各种需求，以实现人生价值、获得幸福生活的工具。


## 二、维护初次分配的合理诉求

### （一）财富创造者具有通过多种形式参与分配的权利

通过向全社会征税，再投入资源开展贫困治理工作，一些收入较高的纳税群体心中可能会产生抵触心态。认为特定群体的贫困问题，主要是自身状况导致，与他们无关。甚至把贫困群体当作社会的负担，想要甩包袱。所以才出现有的公司想方设法将公司注册地放到有税收优惠的地方甚至其他国家以实现合理避税。比如，在中国的一位知名富豪退休之际，舆论界曾发表文章称"一个时代的结束"，将个人的富裕与社会的支持相剥离。这说明就全社会而言，对财富的形成还存在片面化的认知。社会是一个有机整体，任何人的成功与失败都具有普遍联系。既要看到全国人民为社会稳定、经济发展做出的大量付出，也要看到劳动者、生产资料的所有者在创造社会财富、全面提升我国经济总量、科技实力和综合国力方面的重要贡献。

劳动与生产资料结合创造财富，劳动者和生产资料的所有者理应在财富分配当中获取必要的份额。富裕群体通过对生产资料的占有实现财富的增加，数额超过普通收入群体几十倍。只要这些财富的增加是通过合法渠道获得的，就不应当遭受道德上的指责，更不应当扣上资本家剥削的帽子。马克思指出，生产资料"实际上它们不仅可能是上年度劳动的产品，而且它们现在的形式也是经过许多世代、在人的控制下、通过人的劳动不断发生变化的产物。"[①]生产资料参与分配也是劳动参与分配的一种表现。劳动者不能因为过往的已有劳动而永久性地不再劳动，却又持续地参与分配，否则其合理性会受到挑战。但是劫富济贫式的财产分配肯定不合理，"共产主义并不剥夺任何人占有社会产品的权力，它只剥夺利用这种占有去奴役他人劳动的权力。"[②]在社会主义初级阶段出现的贫富分化，可以通过调整分配结构、税收体系来实现。

### （二）贫困问题是一个社会问题

支持开展反贫困工作，既有我们内心当中对于身处困境者的同情和怜悯，也有一种潜在的情感倾斜。帮扶对象容易陷入贫困的如下几种状况最容易让人产生同理心：一是因为身处生命的特殊周期，如年幼或年老阶段而陷入贫困；二是因为遭逢变故，丧失劳动能力、背负巨额债务而陷入贫困；或者因社会经济结构变化导致失业而陷入贫困等。这些是每一个人都有可能面

---

① 《马克思恩格斯文集》第 5 卷，人民出版社 2009 年版，第 212 页。

② 《马克思恩格斯文集》第 2 卷，人民出版社 2009 年版，第 47 页。

临的情况，易于使人产生共鸣。

美国学者罗尔斯提出，"所有社会价值——自由和机会、收入和财富、自尊的社会基础——都要平等地分配，除非对其中一种价值或所有价值的平等分配合乎每个人的利益。"① 每个人都希望自己在陷入困境之时能得到他人的援助，那么在力所能及之时援助他人就是理所当然。除了这种道德情感上的出发点以外，更重要的是人与人彼此之间密不可分。马克思指出，社会主义社会应实行按劳分配原则，但应该先扣除几个部分，"第一，同生产没有直接关系的一般管理费用；第二，用来满足共同需要的部分，如学校、保险设施等；第三，为丧失劳动能力的人等等设立的基金"。②

因此，社会经济运行需要全体社会成员的彼此支持。这种支持包括四个方面，一是其他社会成员主动为特定经济体的运行提供资源、劳动力以及消费品购买等积极的支持；二是对特定经济体的正常运行持支持态度，对政府实施的"让一部分人先富起来"、扶持特定产业等类似政策的支持，不唱反调、不搞破坏；三是对他人通过诚实劳动、合法致富而产生的收入分配差距的容忍；四是对政府实施再分配补贴贫困群体、开展反贫困工作，得到先富群体的支持。经济活动、社会交往，劳动力市场供应、商品供给与消费，等等，无不揭示着社会全体成员间你中有我、我中有你的这种密切联系。贫困问题的存在或许既有个人原因也有社会原因，但只要存在贫困，那它就是一个社会问题。在这样的背景下，不解决或者解决不好贫困问题，与每一个人都密切相关。

### 三、遵循财富再次分配的伦理原则

财富再分配的伦理要求包含三大原则：第一，有利于财富总量增加，满

---

① [美]约翰·罗尔斯：《正义论》，何怀宏等译，中国社会科学出版社2006年版，第48页。

② 《马克思恩格斯文集》第3卷，人民出版社2009年版，第433页。

足人类不断发展的需求；第二，贫困治理要秉持实现人民美好生活的诉求与经济效益相统一；第三，个体的投入产出比应当是可接受的，对社会的影响应当是正面的。

## （一）财富再分配符合人们生活不断发展的需求

基于人类需求的分化和发展，以及人口总量的增加，对财富的需求也会随着增长。根据法国经济学家托马斯·皮凯蒂的研究，过去 300 年人类财富总量的年增长率在扣除人口增长和通货膨胀带来的影响以后，实际年增长率基本维持在 1%—1.6% 之间。① 但人类社会的需求却随着时代的发展出现巨大变化。制度体系必须要促进货币资源、生产资料、人力资源的优化配置，最大程度地发挥人、财、物的效用，努力保持经济实际增长率不下跌，才能跟上人类需求发展的要求。人、财、物配置不当，就会阻碍财富的增值，减缓社会财富总量的增加。从贫困类型上划分，贫困一般包括收入贫困、能力贫困、权利贫困和心理贫困四种②，收入贫困的群体往往也同时面临权利贫困和能力贫困的问题，而富裕群体往往在社会权利和获取财富的能力上都优于贫困人员。在社会财富总量增长放缓甚至减少的情况下，富裕群体可以利用自身优势，继续保持自己收入的增长或者至少不受损，而贫困群体则往往会成为总量增长放缓的利益受损者。因此，促进总量增长是非常必要的。

## （二）贫困治理秉持实现人民美好生活与效益相统一

贫困地区居民生活条件差，仅凭自身力量改变现状收效甚微。需要政府、社会在人力、物力、财力等方面给予帮扶，才能保证贫困群体也能过上幸福生活，共享改革发展的成果。

---

① ［法］托马斯·皮凯蒂：《21 世纪资本论》，巴曙松译，中信出版社 2014 年版，第 74 页。

② 李兴洲：《公平正义：教育扶贫的价值追求》，《教育研究》2017 年第 3 期。

改革开放取得的成就，既有杰出人才的创造性贡献，也有普通劳动者的默默付出，还有广大人民群众对国家改革与发展带来的社会利益格局变化的支持、对维护国家社会稳定、民族地区和谐安宁的支持。这些因素的共同合力作用，才有了今天贫困治理的丰硕成果。因此，减贫脱贫不能简单考虑投资能够产生多少经济回报的问题，更应关注的是投入的社会财富能否为贫困居民带来幸福生活的问题。在贫困治理中要始终秉承实现人民对美好生活的向往的目标，但是在扶贫建设方式的选择上，则要充分考虑投资效益的最大化与最优化，考虑如何利用好有限的财富为民众带来更多的益处，充分发挥财富的价值。

导致贫困地区贫穷的制约因素，一是自然资源与硬件设施等外在条件限制，包括区位优势较差、交通不便、自然资源匮乏、基础设施建设落后等，这些导致主导产业难以形成。二是劳动力相对稀少。这两大制约因素就决定了开展扶贫工作要具体问题具体分析。并要注意几种情况，一是投资成本大，但是产生的效益却不足以很好地改善当地群众的物质文化生活；二是有些投资虽然能够极大地改善当地群众的物质文化生活条件，但是对单个村落的投资耗费过大，以至于影响了扶贫资金在其他村落的使用；三是某种特定扶贫模式所需人、财、物投入过大，比如当地并不具备发展某种产业的条件却仍然盲目投入资金。以上三种情况都必须要思考转变扶贫模式及转换投资方式。大水漫灌不科学，集中力量树样板同样不可取。政府和社会用于扶贫建设的投资总量是相对有限的，要实现彻底摆脱相对贫困，在贫困治理模式选择上，就必须考虑投入和效益的最优化问题。

（三）扶贫的投入产出比及对社会影响的最优化

从社会总产品当中扣除一部分去支付生存花费是必要的，但是在贫困治理中，究竟投入多少才是适当的，必须经过全盘考虑和部署。马克思说过，"扣除这些部分，在经济上是必要的，至于扣多少，应当根据现有的物资和力量来确定，但是这些无论如何根据公平原则是无法计算的"。[①]贫困地区经济发展，贫困群体致富能力提升面临的一个问题是生产模式转换困难，甚至形成了贫困文化的代际传递。背后的原因在于他们实施新的生产经营模式转换遭遇失败或者投入产出不成比例，最后不得不放弃转化生产经营的努力。从个体角度看待财富生产的问题，就是要提升生产经营投资的科学性，这已经成为社会的共识。简单把生产资源盲目地分配到并不善于使其实现最大效率增值的人手中，投入和产出不成正比，实际效果还不如"输血式"的帮扶。这种模式还会造成社会财富的严重浪费，并对社会带来负面影响。社会用于扶贫建设的投资，是政府通过税收等方式从其他创造财富的群体中转移过来的，或者是社会力量自主贡献的。这笔投资放在那些拥有创造财富的群体当中，产生的直接经济效益往往会大于用于扶贫投资。但是贫困治理要秉持实现人民美好生活与效益相统一的原则，如果这笔投资使用得当，能够为贫困群体带来收益，改善他们的生活条件，那么适当牺牲一点社会财富总量的增加速度也是可以接受的。但如果这样一笔投资使用不当，没有能够起到改善贫困群体生活的作用，就会导致社会财富被白白耗费，并且失去增值的机会，进而严重挫伤社会扶贫的积极性。因此，扶贫建设的投入产出比应当是可接受的，对社会的影响也应当是正面的。

## 第四节　实现财富分配公平的举措

对贫困治理的财富分配现状探讨，分析贫困治理中财富分配存在的问题，提出财富分配的理论依据，目的在于探索在贫困治理中如何更好地做到财富分配的公平。实现贫困治理的财富分配公平，主要是以劳动为财富分配要素，完善社会保障机制；合理划分财富分配占比；精准把握扶贫尺度，科

---

① 《马克思恩格斯文集》第 3 卷，人民出版社 2009 年版，第 433 页。

学评价扶贫效益；健全财富公平分配机制。

## 一、以劳动为财富分配要素及完善社会保障机制

### （一）以马克思按劳分配思想为指导

针对空想社会主义者劳动无差别存在的理论批判，以及深化勃雷在1839年《对劳动的迫害及其救治方案》中提出的"等量劳动等量报酬"的观点，马克思系统地阐述了按劳分配理论，他在《资本论》中提出未来社会计量个人消费品分配的尺度是劳动时间，形成按劳分配思想雏形。而后，1875年在《哥达纲领批判》中马克思又论述了在共产主义第一阶段（社会主义阶段）实行资源产品"按劳分配"是必然性的观点，即在生产力仍旧不足、财富还未充分涌流的社会阶段，个人消费品应以劳动为尺度来进行分配、劳动量要与报酬相当。

马克思建立在公有制基础之上的按劳分配思想，兼顾了劳动量公平计算、社会公共福利及个人消费的保障，体现了人与人之间的权利平等。其主张有：一是只有在公有制经济社会，才能实现按劳分配。二是在共产主义第一阶段，要承认"劳动者的不同等的个人天赋，从而不同等的工作能力，是天然特权"[1]。劳动作为谋生手段，按"劳"而"分"符合正义诉求。三是消费品根据付出劳动量来分配，"每一个生产者，在作了各项扣除之后，从社会方面领回的，正好是他所给予社会的。他给予社会的，就是他个人的劳动量"[2]。四是"劳"按照个体的劳动时间或劳动强度来计量。五是首先要在社会总产品中扣除为公共基金而进行劳动的产品，再分配到个人。

此外，以公有制为分配主体的社会，劳动者具有二重身份：一方面它属于"一个处于私人地位的生产者"[3]，另一方面作为社会"这个共同体的一个

---

[1] 《马克思恩格斯选集》第 3 卷，人民出版社 2012 年版，第 364 页。
[2] 《马克思恩格斯全集》第 25 卷，人民出版社 2001 年版，第 18 页。
[3] 《马克思恩格斯文集》第 3 卷，人民出版社 2009 年版，第 433 页。

肢体"①，都是属于处于社会成员地位的生产者。因而，在生产、分配过程中就蕴含了个人利益和全体成员利益，并且个人劳动量及对社会贡献也并不一致，因此，必须严格执行财富按劳分配原则，才能真正做到公平公正。

马克思的分配思想建立在对资本主义私有制批判的基础之上，指出了社会财富分配公平正义是公有制社会的科学分配模式，为我国贫困治理指明了路径和方向。坚定社会主义制度才是能消除贫困、实现富裕的优良制度。马克思、恩格斯指出造成资本主义社会分配不公的根源正是在于私有财产制，因此，财富幻象、异化劳动、物操控人成为资本主义的常态和痼疾。

在贫困治理中，应引导贫困群众树立共产主义信仰，在思想信念上坚信社会主义制度具有无可比拟的优越性和先进性，社会主义先进的新型生产关系有利于社会财富生产能力培育，而人民至上的财富发展理念是最终实现分配公平的根本。遵循按劳分配模式、劳动的付出与回报等量原理。一是科学规范财富分配标准制定，除丧失劳动能力者外，扶贫资源分配以具备劳动能力的扶贫对象劳动时间、劳动量大小为计量依据。二是扶贫部门不能一味地为完成各项指标而盲目投入和包揽。摒弃劳而不获与不劳而获并存现象，避免财富分配无边界化，避免物质扶贫、福利扶贫导致的"养懒人"，实施按劳分配、多劳多得来激发劳动者积极性和活力。三是建立严格的劳动成果分配监管制度。设置由上至下、分级分层监督劳动成果分配机制，并建立各级评价指标；完善扶贫劳动资金管理，做到阳光扶贫、健康扶贫，杜绝扶贫腐败的发生。

（二）平衡机会均等，提高劳动回报

贫困群体因其所处地域、自身原因等，本身就存在先天相对劣势，没有财富积累基础，无法依靠其他生产要素增加财富，另外，还存在机会不均等、把握机会的能力不均等因素。

---

① 《马克思恩格斯全集》第 46 卷，人民出版社 1979 年版，第 484 页。

第一，要尽量消除机会不均等的弊端。造成机会不均等的原因，主要包括所在地的自然资源拥有量、地理位置、基础设施建设特别是交通的便捷程度和质量、不同地区享有和实行的政策条件、宏观经济环境等。因为这些原因，各地劳动者能够享有的就业机会、质量都会受到影响，进而影响收入的高低。解决分配不公的问题，就要改善以上条件。自然资源和地理位置看似是一个绝对客观的条件，也是可以通过改善交通环境、实施适当范围内的移民搬迁来解决。而且越是在这两者相对较差的地方，越是需要基础设施建设、政策条件的改善来辅助。所以，解决机会均等的问题，政府在基建和政策方面，要将贫困地区与其他地区一视同仁，并加大投入力度。

第二，提高劳动者创造财富的能力，并通过自身劳动获得财富分配的公平性。在把握机会能力不均等这个问题上，主要就是帮扶群体自身知识与技能的匮乏，没有参与竞争高质量就业岗位的能力，因此，通过加大教育培训的均等化投入、加大技术技能指导力度等，能有效增强帮扶对象把握机会的能力。而后，通过劳动者创富能力的提高，劳动效率的增强，在财富分配上要提倡"多劳多得"并兼顾多种要素参与分配。针对能够通过劳动或者其他要素参与分配，采取"平衡兼顾"原则，对获得高额回报的群体，适当调低他们获取的财富数量，并采取其他非物质的方式进行奖励；对弱势群体则适当加以分配倾斜和优质资源的"靶向流动"，给予必要的照顾。做到既能保证经济活动中各要素参与的积极性，又能最大限度地调低过高收入。

### （三）重点关注贫困群体的社会保障

在分配环节，要做到两方面来实现财富分配的公平：一是完善社会保障制度，二是营造社会慈善氛围。在社会保障制度问题方面，农村社会保障面临的主要问题：社会保障制度残缺不全、覆盖面小、保障水平低、运行模式单一、资金严重不足、管理不到位、社会化程度低、区域发展不平衡、缺乏制度保障等。其中，核心问题是保障水平低，而根本原因就在于缺乏资金。这主要是在城乡二元结构背景下，社会保障制度设计的时候，更多倾向于城市劳动者——主要是干部职工，针对他们安排了养老、医疗等生活保障，但是对于没有固定工作的农民群体却还没有相应完善的保障。因此，建立城乡一体化的社会保障机制，以健全制度为帮扶群众解决好生活问题，才能体现分配的合理和公平。

在社会慈善的问题上，重点要放在引导社会大众参与慈善。获得各类社会慈善组织在资金、人员等方面的支持，以及媒体的支持。通过制度化的方式，鼓励企业、高收入群体有针对性地帮扶弱势一方。同时鼓励社会大众自发的慈善行为，对网络众筹等新兴慈善模式，要加强机构资质审查以及资金流向监管，坚决制止任何组织乘机抽成的问题。通过以上举措，在财富分配中实现和维护公平。

## 二、合理划分财富分配占比

### （一）初次分配要保障财富创造者的利益

维持财富总量增加的提升速度，就必须维护财富创造者的利益。初次分配当中，要充分保障财富创造者的利益。初次分配涉及的利益相关方包括劳动者、资本所有者和包括政府在内的非营利性机构三方，在社会财富总量确定的情况下，劳动者、资本所有者和非营利性机构之间，三方各自取得自己应得的份额即为合理。财富在劳动者、资本所有者和政府三方之间的分配，从具体分配的内容来看，包括劳动者的工资收入、资本所有者的投资回报、政府以及其他非营利性机构的雇员工资、机构运营成本、政府实施再分配的税费收缴。前四项属于初次分配的部分，这四项当中任何一项的增加，都意味着其他项目数额的减少。在初次分配当中，政府以及其他非营利性机构分得的数额，是包含了人员工资和机构运营开支的。作为非营利性机构，很难用商业上的成本效益模式去衡量其资金分配的合理程度，也无法与营利性机构相对比。要实现其资金安排的科学性、使其符合财富分配的公正原则，比较妥当的方法是畅通岗位流动渠道，让劳动者在营利性机构和非营利性机构之间流动，以市场化的方式实现平衡，进而实现工资分配趋向于公正。使政府以及其他非营利性机构费用控制在合理的范围之内，避免对劳动者合理工资收入的挤压。

劳动者的工资收入和资本所有者的收益之间，是既对立又统一的关系。从财富分配公正的角度以及维护劳动者权益的角度看，既要保持劳动者的付出与回报成正比，又要保证劳动者收入的增长与企业经营状况的同步改善，这就需要适当的限制资本收益及增长幅度。事实上，"在发达国家，1970 年后利润和资本占国民收入的比重显著上升，与此同时，工资和劳动的比重出现下降。"① 这种状况之下，劳动阶层的利益受损，但同时因为投资回报率高，在经济全球化的背景下，这些国家会比其他国家更能吸引外国投资，而在国外投资增加以后，就会出现劳动力资源的相对短缺。投资者之间为了保持利润，有可能会选择提高劳动者报酬的方式，争夺劳动力资源，在资本的相互竞争之下，技能优越的劳动者的收益大概率会提升。同时，随着投资在该国的增加，就业机会也会增加。对更多的普通劳动者而言，这当然应当算作一个好消息。所以对劳动者的工资收入与资本收益之间的关系要辩证地看待。

根据法国经济学家托马斯·皮凯蒂的估计，美国会在 2030 年进入极度不平等状态：社会上层无论是劳动收入还是资本收入，与社会中下层的差距都会进一步拉大。这种不平等从长期来看，对社会下层是一个糟糕的问题，但是短期看来，却能增加美国短期投资和对顶层劳动力资源的吸引能力，进一步吸纳投资和劳动者阶层的高级技术人员、管理人员流向美国。时任美国总统特朗普在 2017 年施行的税改政策，几乎印证了皮凯蒂的估计，"本次

---

① ［法］托马斯·皮凯蒂：《21 世纪资本论》，巴曙松译，中信出版社 2014 年版，第224 页。

税改如能施行，美国将成为新的'避税天堂'，在鼓励本国企业回迁的同时，也将吸引外国企业转移至美国。""减税计划一旦施行，有很大可能吸引资本流向美国，各国为留住资本，也将纷纷效仿美国实施减税政策。"① 因此，必须要认识到经济全球化背景下资本的流动性问题。在产业扶贫开发的过程当中，以保障劳动者利益为出发点的劳动——资本收益分配政策，既要立足现实，也要着眼长远。产业扶贫的目标，既要使贫困人员有工作、有收入，更要保证持续性。

## （二）财富再分配合理性的限度

　　财富的再分配当中，引起关注的问题就是贫富差距问题。要实现财富分配公平，就要做到财富合理分配。均贫富的观点自古有之，如儒家学者董仲舒早就提出"使富者足以示贵而不至于骄，贫者足以养生而不至于忧。以此为度，而调均之。"也就是说，要控制过高收入，防止有人跌入过低收入境地，因为对社会大众而言，"大富则骄，大贫则忧。忧则为盗，骄则为暴，此众人之情也。"② 在财富的生产、获取和分配都符合一定社会道德法律规范的情况下，人们对财富的无度追逐即把财富本身当作目的会引发道德上的质疑，"金钱原本是达到幸福的一种手段，现在却自身成了个人的幸福观念的主要成分。"③ 而在财富的使用，或者说消费上，又存在为了追逐物质或精神刺激性享受而挥霍浪费财富的现象；而在不违反社会道德法律规则下，追逐财富的积累却是一种正当行为。从财富伦理的视角审视，如果提倡这一行为，可能会导致全社会产生对财富的错误认知，误解财富本身真正的价值所在；而如果在道德上予以不加辨析的谴责，一味地批判正当的求富，可能会造成越穷越正当、越富越不道德的错误认知。

---

　　① 徐志等：《特朗普税改：资本回流、减税竞争与中国的应对》，《财政监督》2017 年第 15 期。

　　② 董仲舒：《春秋繁露》，岳麓书社 1997 年版，第 5132 页。

　　③ ［英］约翰·穆勒：《功利主义》，徐大建译，商务印书馆 2014 年版，第 45 页。

人们积累了大量财富以后，一般会有两个选择：首先是投资。财富的所有者本着财富增加的目的，大多会倾向于将财富用于再次投资。这种投资势必会促进社会产业的发展，提供更多的就业岗位。在这种模式之下，以均贫富为目的的再分配应当受到限制。其次是消费。这种消费模式要一分为二地看待。在中华传统文化中，墨子提倡"节用"，而荀子提出"节用以礼，消费等差"的观点，"食欲有刍豢，衣欲有文绣，行欲有舆马。"（《荀子》）管子也主张"俭则伤事，侈则伤货。"（《管子·乘马》）如此种种。古代先贤提出的对社会资源浪费性消费应当被限制，主张空耗社会资财不利民的观点；而对其他内容的物质消费品消费，则认为应当支持，因为消费会拉动生产，带来流通，从而促进社会经济的发展。这些观点应在当今时代进行继承、借鉴和发展，财富本身不应当成为目的，只应作为主体的人实现自身价值和全面自由发展目的的一种重要手段。

实施财富再分配，是为了保证财富分配的合理性，使物质财富不够充沛的群体因补偿得到生活的改善，在得到资助的情况下转变生产模式和生活模式，走出贫困代际传递的怪圈。相对贫困治理的公平分配，既要发挥市场机制的作用，更要强调政府的责任，即政府有责任在收入财富的二次分配中调整社会分配情况，从而改变初步分配形成的不够合理格局。

均贫富并不是再分配的理由，更不是再分配的目的，财富再分配的伦理合理性限度，应当是在保障消费与生产正常运转的前提下，最大限度发挥财富再分配对促进人的发展的积极作用。

## 三、精准把握扶贫尺度及科学评价扶贫效益

### （一）根据贫困原因精准施策

扶贫政策的制定都是源于对贫困的认知。中国古代社会普遍关注扶贫问题，这起源于大型社会灾难引起的群体贫困，以及老人、幼儿、孤寡、残障人士等无力生存弱势群体的贫困。西方国家在资本主义发展早期喜欢把贫困

归咎于个人原因，认为贫穷是懒惰造成的。到了现代，随着人们对社会现象分析了解的深入，逐渐认识到贫困更多是社会原因所导致的，这种价值理念的转变与社会经济条件限制密切相关。梳理以往历史，当社会还没有能力去满足所有人的基本生活需求的时候，贫困往往被归咎于要么是天灾、要么是个人主观原因。而当经济发展了，一部分人过上了富足生活的时候，社会中又开始出现对富裕群体进行道德责难的现象，认为他们要为穷人的糟糕境遇负责，主张对其财产权进行限制，加大财富再分配力度以补贴穷人。而当这种再分配开始对经济发展产生负面影响，甚至直接影响到大多数中层以上收入水平群体的利益的时候，又开始出现将贫穷归咎于贫困个体的主张：不够努力、不够节俭、不懂得储蓄、不懂规划投资、不懂合理安排工作，等等。

　　由此可见，对贫困的认知一直都受到利益诉求的影响，显然，这种认知模式是不负责任的。对导致贫困的原因，既要看到个人因素，也要看到社会因素。从社会因素来说，以再分配为手段实施的济贫措施带有维护社会公正的属性；从个人因素来说，济贫政策更多是一种制度化的慈善行为。无论从哪个角度出发，应当做到的是既不能歧视穷人，但也不能仅仅因为存在贫富分化，就采取简单粗暴的劫富济贫行为，要精准分析具体情况、精准制定扶贫脱贫政策。

## （二）优惠政策向普适性转变及培育帮扶对象的生存力

　　在理性认知导致贫穷的基础上，要清楚地看到，无论是从社会责任的角度还是慈善的角度，消除绝对贫困都是文明社会应有的属性。财富分配上的贫富两极分化是不可取的。因此，实现财富分配的公平正义，就要制定相应的良好政策予以维护，而扶贫政策应先以保障基本生存条件为底线，在一定程度上向社会弱势群体倾斜。但是也要注意，这些特殊的优惠性政策如果长期持续，会给社会带来一定的负担，也容易导致一部分好逸恶劳的人安于现状，不愿努力改善自身生存条件并回馈社会，易于成为社会的负担，也会造成对通过劳动脱贫、勤奋创造财富的人带来消极影响，最终必然会演化为对这种优惠制度的反感。所以，基本生存条件的保障必须是有资格性约束的。诚然，任何资格性的约束都有可能造成对保障对象的限制甚至歧视，因此我们要尽量降低负面效应，但这绝不是取消资格性约束的理由，在保障了基本生活条件、解决了绝对贫困的情况下，社会的相对贫困问题就凸显出来。现有的扶贫体系在解决绝对贫困之后，往往还有一个延展性，会继续助力刚脱贫的人口走向富裕。但是要看到，这种外在的、来自政府或他人持续助力不应是无限的，因为扶贫的最终目标是要让脱贫者通过劳动等合法行为实现收入提升。简单而言，是外来力量能"扶上马、送一程"，但不是也不可能送到终点。因此，无论是政策、财物补贴、还是人力支援，都不应无限期地存在，因为各种支援的无度帮扶，就会使帮扶对象永远处于依附状态。在解决贫困的时候，采取政策支持、物质帮扶等措施是必要的，但是在走向富裕的道路上，继续这样的措施无异于饮鸩止渴，最终会挤压勤奋者的生存空间，对发挥市场在资源配置中的决定性作用产生不利影响。

因此，实现财富分配的公平正义，政府及相关部门除了要继续做好致富环境的优化以外，还要促成低收入群体的自身发展与能力提升的双重并举。把各种特殊的单向性的照顾政策调整为对整个农村发展、农业现代化以及全部群体增收的普适性政策，提升脱贫户的致富能力，从源头上解决绝对贫困问题，同时也能有效化解贫富分化问题。

### （三）全面评价扶贫效益

实现贫困治理中的财富公平，就要强调对扶贫的结果性评价的综合考虑。不能单纯只看到多少扶贫项目落地、多少贫困人口脱贫。评价体系要做到粗中有细、粗细结合。具体而言，应从三方面去把握：一是脱贫后不返贫是首要任务，二是经济发展是重要基础，三是凝聚人心是根本前提。

脱贫后不返贫是首要任务。"小康不小康，关键看老乡。"习近平总书记在党的十八届二中全会第二次全体会议上就强调，"贫穷不是社会主义。如果贫困地区长期贫困，面貌长期得不到改变，群众生活长期得不到明显提高，那就没有体现我国社会主义制度的优越性，那也不是社会主义。"① 全面小康是全体人的小康。因此，所有的贫困人口全面脱贫，是扶贫工程的首要任务，也是考察扶贫效益是否达标的首要标准。完成这个任务是一个系统性的工程，需要各级政府、社会各界群策群力通力合作，长期投入才能实现。

经济发展是基础。简单直接的财政补贴，可以快速在账面上完成脱贫的任务，但是这种模式是不持久的。在补贴停止之后，刚脱贫人口又会迅速回到贫困状态。所以扶贫效益的第二个评价标准就在于是否促进了经济发展。而对经济是否发展，则需要采取粗放型的评价模式，比如，评价考核的时候，不能只去评估某个村、某个人财富收入增长了多少，而是全面评估所有帮扶对象是否达到了脱贫标准。如果仅把具体到某个村、某个人的增收数量作为评价的观测点，就会使扶贫政策的经济效果评价出现严重偏差。我们必须看到，有部分地区、部分人存在着特殊的原因，不可能迅速走向富裕，甚至在很长一个时期内都不可能出现财富的较大增长，因此，评价机制要相对灵活。比如，我们要以县或者乡为单位，只要这个地区自扶贫政策实施以来，社会经济增长显著，就可以认定其扶贫效益是不错的，因为整体的增长必然也会带动一大批人增收致富。从宏观上能够看到效益，就要肯定这个地区扶贫人员的努力、扶贫政策的有效性。

凝聚人心是前提。一是要凝聚帮扶对象的整体力量，凝聚人心。"幸福不会从天而降。好日子是干出来的。脱贫致富终究要靠贫困群众用自己的辛勤劳动来实现。"② 过去总有一些贫困户存在"靠着墙根晒太阳，等着别人送小康"的惰性思想，有的地方甚至存在越扶越贫的现象，就在于没有调动贫困人员的参与积极性，没有让他们认知到贫困不是等待就能改善的。二是凝聚全社会的人心，动员社会力量广泛参与扶贫。"'人心齐，泰山移。'脱贫致富不仅仅是贫困地区的事，也是全社会的事。"③ 帮扶对象个人力量有限，

---

① 《习近平扶贫论述摘编》，中央文献出版社 2018 年版，第 5 页。

② 《习近平扶贫论述摘编》，中央文献出版社 2018 年版，第 136 页。

③ 《习近平扶贫论述摘编》，中央文献出版社 2018 年版，第 100 页。

政府虽然开展多种扶持工作，但同时能得到社会各界的合力支持，则既可以为贫困治理事业带来丰富的物质力量支持，也可以树立更多勤劳致富群体的榜样，充分发挥他们的先富带动后富的作用。

## 四、健全财富公平分配机制

针对致贫原因分类分层、对症下药实施新策略，在分配制度上我们要戒搞形式、戒做虚功，全面推进贫困治理，建立健全和完善贫困治理的公平分配机制，在全社会消除相对贫困。

首先，建立公正分配的联合机制。制定资产折股量化给贫困村、贫困户的实施细则，明确帮扶对象在收益分配中的比例和方式。帮扶对象往往以连片集中方式生活，可以因势利导，建立带动帮扶群众增收、巩固拓展脱贫成果的连片利益联结机制，让包括帮扶对象在内的社会所有成员都能共享产业发展成果。此外，大力扶持专业合作社的发展，鼓励合作社将有意愿的帮扶对象吸纳为成员，实现资产的共同创造、共同受益。

其次，建立公平分配的共享机制。共同富裕是社会主义的本质规定和奋斗目标，"共享""共同"均反映了社会成员对财富的合理共同占有方式。一方面，在贫困治理中，要强调共富是目标，先富要传帮带后富，有条件的要实施对口帮扶，实现"涓滴效应"到"靶向性"瞄准式帮扶机制。另一方面，要做到公正扶贫，使财富能惠及需要脱贫的所有地域和各个群体层面，尽量做到全覆盖。

最后，建立公正分配的识别措施。完善兜底措施并建立扶贫跟踪筛选，精确调整出脱贫中已稳定对象，精准识别出重点帮扶或已巩固的对象，使有限资金得以公平准确地落实到真正需要帮扶的对象；同时，优化扶贫资源配置的精准长效机制，切实管理好、分配好各项扶贫贷款、扶贫基金等。

# 第六章　贫困治理的财富消费辨析

贫困治理中的财富伦理策略涵盖生产、分配、交换和消费四个部分。要实现永久性脱贫，除了要培育正确的财富观、致富观，实现财富生产生态化以及财富分配的公平正义，还要在全社会尤其是贫困群体、低收入群体和有致贫风险、返贫风险的群体当中培育正确的财富消费观，纠正人们在财富消费认知、消费方式、消费安排上的偏差。

## 第一节　贫困治理的财富消费现状

消费是社会主体消耗一定的物质资料满足个人物质和精神上需要的过程，是主体的各种需求得以满足和实现的过程。马克思把财富消费纳入财富运行的全过程，通过消费与生产的关系揭示了私有制条件下消费的不平等。马克思认为，需要是连接消费和生产的关键，只有在消费后物质资料才能进行下一次的生产，"没有需要，就没有生产，而消费则把需要再生产出来。"[①]马克思在《资本论》中指出，财富是"一个靠自己的属性来满足人的某种需要的物"[②]，这个需要不仅是物质上的也包括精神上的需要，而只有在满足基本的生存需要之后，人类才会有更高水平的需要。

---

① 《马克思恩格斯全集》第 46 卷，人民出版社 1979 年版，第 29 页。

② 《马克思恩格斯选集》第 2 卷，人民出版社 2012 年版，第 95 页。

马克思揭露了在资本主义社会，私有制使财富的真正生产者失去了消费的主动性及满足更高需要的机会，只有在未来共产主义理想社会，消费的真正目的才是实现人的自由而全面发展。随着生产力的高度发展和科技的不断进步，人的需求将无限地接近满足自身自由而全面发展的条件，人的需要也越来越靠近人的本质，为实现人的自由而全面发展提供保障。因此，消费在本质上是人能力的验证，在人实现全面发展的进程中，人首先会逐步追求满足自身生存条件的物质性消费，但在物质消费得以实现以后对精神方面的需求也将会逐步提高。马克思关于财富消费的基本原理，为我们分析相对贫困治理的消费现状分析，提供了科学指导思想。

贫困作为人类社会的"顽疾"，全面消除有待时日。经过长期的科学治理，贫困地区在财富消费方面已逐渐趋于理性，树立了良好的消费模式，我国贫困治理进入消除相对贫困阶段，在财富消费方面主要呈现为非理性消费观仍然存在、经济结构调整需要强调消费、贫困地区居民消费支出仍然压力较大等现象。

## 一、非理性消费观尚存

当前，我国已实现绝对贫困的全面消除，但这并不意味着人们科学财富消费观的自然形成。对财富消费，部分帮扶对象还存在种种认知偏差，不当的财富使用消费思想还未进行全面纠偏，是当前财富消费观存在的弊端。被消费主义影响的部分帮扶对象，对消费价值观的了解呈现碎片化、片面化，他们常倾向于通过消费强调自我的主体性，用不同的消费方式为自我定位，并寻找"同道中人"，从而形成攀比消费、享乐消费、超前消费的非理性消费方式。

一是秉持及时行乐的消费观。有些贫困户信奉"今朝有酒今朝醉，明日愁来明日愁"，贪图一时的安逸享乐，经济一旦有所缓和，手头一旦有点积蓄随时就想消费掉，热衷于买酒买肉、吃喝请客，不考虑将生活必需以外的剩余财富用于今后的生活安排、粮食耕种、开展副业等的规划和储备，比如在壮族、瑶族、苗族等一些少数民族聚集区中，钱财用于平时烟、酒开支过去很普遍，现在依然热度难减。这些及时行乐者往往只追求短暂快乐，缺乏长期规划和目标，他们通常把辛苦获得的劳动报酬或者外来资助款迅速花掉，没有为未来做打算。在现实生活中，这类人往往缺乏自律和理财知识，他们沉溺于眼前的享乐，忽视了未来所将要面临的各种风险。由于没有储蓄和投资，他们难以实现财富积累，一旦面临财务困境，就会变得非常脆弱，易再次陷入贫困，更谈不上致富。

二是封建迷信活动的开支大。在贫困地区特别是一些少数民族聚集区，祭神与宗教消费之风仍然盛行，面对贫穷落后处境，不是奋发图强、积极抗争，而是寄托于求神拜佛、寄希望于神灵和上天护佑实现发财致富。一些帮扶对象生活尚处于困顿窘迫、经济拮据状态，却将政府的扶贫救济用于修建庙宇、刻碑供祠。有些村寨每年帮扶人口用于请神灵、祭奠祭祀的支出，甚至占据家庭开支的首位；一些少数民族在种植或狩猎中还会举行开支巨大的隆重祭祀仪式，这些现象在其他少数民族帮扶对象中也常见，导致了不当消费观的形成。

三是炫比式的消费兴盛。经过改革开放几十年，我国经济得以快速发展，人民生活水平日益提高。但由于受到错误价值观的影响及西方一些不良文化的渗透，由此也带来了贫困治理中要面对的财富消费误区。比如，通过无节制消费来炫耀财富的畸形消费观，社会上的一些"暴富""先富"者，沉溺于大吃大喝，迷恋于争奇斗富、挥霍浪费，但在提高素质方面的投入却很吝啬，如文化投资与支出、公益性支出等，这些不良风气不仅给他们自身带来极大的打击，也会给整个社会带来极其恶劣的影响。经济上富有与精神上贫穷形成鲜明对比。更有甚者，一些人精神上极其无聊，就醉心于堕落性消费，这种挥霍炫耀、愚昧盲目的消费风气，对社会的腐蚀破坏性极大。

这些不当消费观念，同时也影响了贫困地区一些脱贫人口的财富消费思想，形成炫耀攀比式的消费。比如，贫困地区特别是一些少数民族贫困地区，特别看重宗族亲缘关系，注重人际交往，在婚丧嫁娶、人情往来、节日聚餐时互相攀比的风气仍较为盛行，为"摆排场""好面子"在开支上超出自身承受能力；部分帮扶对象在各种仪式节日中的各种消费毫无预算且至今并未削减，因此，把本应用于发展生产的有限资金甚至是政府救济款也挥霍消费于操办红白喜事、请客送礼、节日庆典甚至日常交往中。此外，有些帮扶对象在购买商品消费时，过度追求商品消费带来的攀比和炫耀心理满足，而所购物品并不是实际需求的商品。同时，部分帮扶对象甚至崇尚超前消费、提前开支的观念，当超出预计消费时，他们就有些会选择分期付款等方式进行支付，更有甚者落入各种高利贷的陷阱。

这些非理性财富消费观的陋习，为刚摆脱绝对贫困的脱贫人口带来了负面影响，甚至导致返贫。

## 二、消费总量不足

由于投资和出口增速放缓，更凸显消费的作用。在经济学上，消费、投资和出口被认为是拉动经济发展的三驾马车。当前中国的经济发展依然是依靠投资、出口和消费共同拉动，投资、出口和消费依然是中国经济发展的动力引擎，虽然在特定阶段某一个动力引擎可能承载的负担更重一些，但三者是协同发挥作用而不是单向发挥作用的。因此，鉴于投资和出口放缓，如何通过刺激消费来扩大投资、促进对外贸易，成为推动经济发展必须重点关注的问题。

在我国，农村人口所占比重超过一半，大大高于城市人口所占比重，但是刺激消费仍是贫困治理的难题。由于长期以来农民增收困难、农村消费市场不完善等原因，带来城乡消费水平差异大、农村消费结构偏低、一直处于低迷的状态等问题，也导致了农村消费需求存在消费总量的不足。

影响消费水平的因素很多，但起决定性作用的还是居民的收入水平。历史上我国推行的重工业优先发展战略，使得我国经济在十分薄弱的情况下得到了快速发展，农业为此作出了巨大贡献，农业服务于工业、农村服务于城市使得农业、农村一直处于较为落后的状态。在确立市场经济以后，市场对资源的基础性调节作用使得基础设施落后的农村地区，无论资金还是人才等资源的投入在与城市的资源争夺战中一直处于劣势地位，农村的经济发展受到资源投入的诸多约束，农民增收困难的局面还需加大力度进行改善。

国际金融危机加速了中国经济发展方式由外向型向内向型转变的步伐，因此，刺激国内消费需求成为今后一个时期拉动中国经济增长、加快贫困治理步伐的关键。我国城乡之间存在的消费水平差距使得农村消费需求的启动更为迫切，而且存在广阔的空间。因此，在实现农民增收、加快公共服务均等化、解除农村居民后顾之忧、刺激农村消费需求、改善农村消费市场环境等方面，亟须加大力度。

## 三、消费支出压力大

第一，消费承受力低，难以构建可持续的消费模式。近年来，随着中国经济的快速发展，城乡居民收入快速提升，城乡居民的收入差距也在不断缩小，但农村居民消费仍然不足，有待于培育农村消费市场，创造条件增强农村居民消费力。

自扶贫政策实施以来，贫困地区居民收入逐年增长，但同时其消费也在同步增加。据统计，2015 年至 2019 年，我国贫困地区农村居民人均收入增长了 1.5 倍多。这充分说明我国的扶贫事业取得了重大成效，贫困地区农村居民实现了真脱贫，但是人均消费支出也随之增长。农村贫困地区居民的整体消费率过高，严重影响了其储蓄及投资，降低了其未来应对风险的能力。同时，贫困群体当前一些迫切的消费支出需求，如就医、入学、改善住房等，几乎就耗尽了他们所有的收入，因而不能规划更长远的消费和投资计划，只能应对一些比较短期的消费。

从近年人均消费支出与人均可支配收入的比率即消费率来看，农村居民的消费率稳定维持在80%以上，意味着农村居民的有限收入中的绝大部分都被用于消费。如果选择其他投资渠道，获益可能会更高，但是农村家庭一般仅有数千元的空闲或储蓄资金，可选择的投资方式并不多。特别是为了防备可能的风险性开支，他们不得不选择银行存款这样的低风险低收益的投资模式，这种模式给农村居民获得财产性收入、增加未来的财富造成了严重的阻碍。农村居民的消费率过高，储蓄减少、缺少投资，无法为财富增加提供更多促进作用。

第二，消费能力较弱。由于资源分配、收入分配不均，我国的贫富差距过大现象仍然存在，同时因刚脱贫人口比例不小，形成贫困地区低收入群体依然具有较大规模，导致农村消费能力偏低。比如，部分贫困地区居民现有的食品支出，还没有达到国家设定的居民食物与营养摄入的需求，其食品支出比率偏高和实际消费数额偏低，恰恰说明他们的消费能力较弱。但是，在广大农村地区，如果以去库存、增加社会消费总量为目的刺激消费，可能会诱发农民冲动消费、过度消费，导致农民的储蓄进一步减少。对收入仍相对较低的家庭而言，会埋下诱发返贫的风险隐患。此外，脱贫户应对各种风险的能力还较弱，一旦发生某些意外或特殊状况，整个家庭将会再次陷入贫困境地。

第三，非生活必需品开支逐年增大。近年来，虽然全国居民用于食品烟酒等生活必需品的开支占比逐年减少，但是贫困地区农村居民的食品烟酒开支占个人消费支出总额的比重却依然高于全国平均水平。另外，贫困地区农村居民的非生活必需品开支压力逐年增大，譬如，其交通通信、教育文化娱乐和医疗保健三项消费支出，在家庭实际支出金额和占总消费支出的比重都在持续增长。

此外，贫困地区内部出现消费分化现象。在贫困地区农村居民中，不同收入水平的群体之间在消费支出上出现了很大的差异，此外，不同家庭结构之间消费差异也颇为明显。

## 第二节　财富非理性消费缘由

从财富伦理视角研究发现，帮扶对象群体非理性消费率整体偏高与自身所具有的消费能力较弱之间产生背离，可持续发展的消费模式和理性消费观有待强化。此外，部分帮扶对象奉行的非理性财富消费模式，对非必要开支的盲目增大，也是导致他们仍面临财富困境的重要原因。

### 一、消费方式不当

从衣食住行等方面来看，人皆有满足其生存与生活必需的消费动力。在选择满足生活需求的商品上，与人的学识水平与认知能力密切相关。贫困人口之所以陷入贫困境地，就与他们的学识水平有着密切联系。学识水平既会影响收入状况，也对人的消费产生影响。帮扶对象在进行消费行为规划、选择消费品的时候，受限于个人的学识水平与认知能力，往往会作出错误的判断，导致的不合理支出。

一是在不同消费物品的选择上，受短期可支配收入的限制，以及缺乏对相关知识信息的把握而听任某些不良商家宣传，购买了价格不低但是质量欠佳的商品，而这些商品有效使用期短、损耗多，导致了他们支出消费压力的增大。

二是在不同类型的消费行为选择上，帮扶对象可能更倾向于能够及时给自己带来某种满足感的消费品，而不会做出更加务实的选择。以商品购买为例，价格偏低但质量不佳的商品，使用期限短、使用体验也不容乐观，但因其价格相对便宜，却比质量优但价格稍贵的商品更受到部分帮扶对象的欢迎，这些偏向属于异质性的消费习惯，一经形成就很难改变。

三是存在不合理的冲动型消费，造成个人收入浪费。帮扶对象本身可支配收入本来就偏低，但他们不合理的非必要开支消费率却非常高，从而导致收支结余减少，冲动型消费频频出现。结合近年来贫困地区居民可消费支出与各地物价的实际情况，冲动型消费必然导致帮扶对象生活必需品的支出被压缩，年度结余减少，出现非理性消费现象。

四是有些农村居民消费观念保守落后、求稳求俭，制约了消费需求的增长。相对于冲动型消费，保守型消费在老年群体中所占比重较大。因长期的传统自然经济、"弱质"小农经济孕育了农村居民相对保守落后、求稳求俭的消费观念，导致这部分农村居民不敢消费、不肯消费，"惜购""喜存"等现象的存在，制约了农村消费需求的增长。

## 二、非理性盲目消费

### （一）精神空虚带来愚昧型消费

农村地区因自然条件、基础设施不足等因素影响及经济发展水平的制约，群众文化生活还相对贫乏、不够丰富。比如，一些农村地区连基本的文化设施都没有，农民群众闲暇时看场戏、看场电影甚至读张报纸都困难，他们在生产劳动之余很难通过健康、积极向上的文化娱乐活动来达到放松自己、武装头脑、陶冶情操的目的，这也为聚众花销和搞封建迷信活动等愚昧型消费留下了可乘之机。此外，农村的文化活动本来相对就少，特别是冬季农活较少，农民下下象棋、打打扑克、看看电视都是很好的文娱活动。但也有一些人却把它们当成了"增收"的"正事"并乐此不疲，聚众下象棋、打麻将、打扑克牌进行赌博等仍为数不少，而且屡禁不止。

贫困地区文化的空缺易于造成人们精神上的空虚，导致封建迷信活动盛行。市场经济条件下，农民拥有生产经营自主权，种养什么由自己决定，但很多帮扶对象由于不懂市场规律，不了解市场行情，他们将挣钱与赔钱、人生顺与不顺的原因，都归结于天意神意，寄希望于"上天"的安排，热衷于向无形的"神"寻求精神支撑，也导致了投入建神庙、搞祭祀活动开支过多。

此外，帮扶对象在消费支出选择上往往不仅受到自身状况的影响，也会受到外在因素、外部环境的影响，即朋辈群体带动的消费反应。比如，在消费品的选择上，从众心理导致跟风消费的出现。经济发展与收入增加，使一部分农村率先富裕起来的家庭得以不断改善自身生活环境，同时也产生各种消费开支，比如建新房、购买交通工具、添置各种家用电器等。其他收入状况较差的家庭也在能力所及的范围内向其看齐，而一些相对贫困、实际购买力不足的家庭，受攀比从众心理的影响，基于好面子或享乐需求也跟风盲目消费，并通过压缩其他正常开支甚至以负债的方式，学习富裕家庭的消费模式，这些都对家庭的其他正常消费支出形成了剥夺，并影响了家庭合理消费需求的满足。

（二）人情开支带来较重负担

农村地区的人情开支对贫困群体构成了较大的消费压力。一是日常走亲访友的红包支出多。很多地区都有逢年过节时亲友之间互相走动的传统习俗。走动的双方都会花费一部分金钱用于购买礼品，给亲友特别是老人、小孩封红包等。特别是在农村部分相对高收入群体的带动下，日常的礼尚往来花销被不断攀比拉高，比如，外出务工者逢年节回村还要给亲戚朋友更好的礼品、更大的红包等。这样一来，对收入相对较低群体的财务压力就会增大。

二是乡村地区举办酒宴的不必要支出过大。在许多乡村地区普遍存在大摆宴席、大操大办各种红白喜事的风气。日常的酒宴一般有婚丧嫁娶和高龄老人的寿宴，随着这种操办宴席的风气蔓延，酒宴类型也开始扩展，出现子女升学宴、搬新家购新车等的庆祝宴会、新生儿的满月酒等举办频繁，酒宴的举办者负责支出操办宴会的开支，参加宴会者要依据一定的规则支出相应数量的红包。

特别是近年来在攀比风气和讲求面子的双重刺激下，酒宴的耗费有越来越高的趋势。宴席上还频频出现海鲜等各种价格较高的食材、各种高级烟酒等，在宴席过程当中，有些还比拼燃放烟花爆竹的数量、美观度等，有些甚至耗资数千元甚至上万元。在婚礼和葬礼当中，有些还会高价请来演艺人员、仪式性服务人员助兴及进行有偿服务等。对酒宴的参与者，支出的红包分量并不是按照自己的实际收入状况，而是以聚居地区已经形成的习惯性标准为基础，再按照双方的亲密度等确定酒宴的红包数额，给收入较低者带来了不必要的财富负担和非理性的财富消费。

大部分农民贫困户存在浪费型花销，造成了他们有限财产的流失。譬如，以有祖孙三代的 6 人户为例，以 10 年为一个周期，该家庭可能举办的酒宴包括生日宴、升学宴、建新房宴、购新车宴、婚宴、满月酒宴等，这样一来，每年都要举办 2 次以上的酒宴。这些宴席，导致贫困地区在人情方面开支如同滚雪球一般越来越大。

## 三、受限于客观因素

第一，农村生产方式和基础设施较为落后，抑制了消费。农业生产方式比较落后，致使农村居民抵御自然灾害的能力较弱，影响了农民的消费能力。由于受各种因素的影响，农产品价格走势难以预料；劳动力总体上供大于求以及农民缺乏专业技能，农民的工资性收入增长受到限制；创业就业机会少，农民收入水平较低、不稳定，从而影响农民的消费能力。此外，农村基础设施比较落后，消费环境差。一方面，城乡二元经济结构的存在，使农村基础设施建设远落后于城市，抑制了农村市场结构和消费结构的升级。另一方面，目前大多数农村尚未建立完善的现代化流通体系，商业流通网点少，经营方式落后，专门的售后服务机构基本上还没有，影响农村居民消费的多样化。同时，由于对农村消费市场缺乏有力监管，商品质量参差不齐，也影响了农民消费的积极性。

第二，商品供给与需求未能实现有效衔接。长期以来，我国工商企业存在严重的"重城市，轻农村"的倾向，生产经营者所关注的主要是城市消费者，而对农村居民的消费倾向、消费结构、消费习惯、消费特征、购买心理等方面往往没有进行专门的市场调查并生产出适销对路的产品，"有效供给"不足抑制了农村居民的"有效需求"。农村社会保障体制建设滞后且不健全，制约了农民的消费。由于我国农村建立现代社会保障制度的时间短、覆盖面小，而且农村居民的收入低，未来收入不确定，为了应对将来的养老、医疗、子女教育等，即使收入有所增加也不敢轻易增加消费，这就制约了农村居民的即期消费，抑制了农村居民合理消费需求的增长。

第三，农村金融体系不完善、服务效率低下，消费信用制度不健全，影响了农村居民跨期消费的可支付能力。农村金融体系建设不完善，金融机构的数量、规模、产品等相对不足，服务方式单一且服务效率不高、力度不强，加上消费信用制度不健全，致使农村居民贷款难、消费信贷更难，制约了农村居民消费质量的提升。

第四，公共产品供给缓解消费压力效果不足。一是交通开支大。大部分农村贫困地区地处相对偏远的山区，交通不便。虽然近年来各级政府加大了对贫困地区的基础设施建设工作，但因交通工具、交通线路的限制，贫困地区外出的花费还较多。二是教育支出消费居高不下。教育支出是贫困地区居民消费大项之一。虽然现阶段贫困地区上学的便利程度都已经大幅提高，但是一部分家庭因为无人照料子女，只能选择让子女较早地跟随外出务工的父母进城上学，或者较早地进入寄宿制学校，这些教育模式都会拉高家庭的教育支出。三是贫困地区农村居民的医疗开支耗费较高。贫困地区农村卫生站覆盖率已经很广，但基础卫生机构的诊疗条件有限，而现有的医疗福利供给对缓解贫困群体消费压力还不足。四是区位劣势导致消费成本上涨。因区位条件所限，导致贫困地区居民难以享受正价商品折扣、网购消费优惠，只能继续承担部分商品高运输成本和多级经销商利润叠加以后的被拉高的购物价格，增加了他们的消费负担。

## 第三节　财富理性消费的学理依据

财富理性消费是贫困治理必须要面对和解决的重要问题，也是财富伦理研究的核心问题。针对贫困治理的财富消费现状及存在问题，我国在加快消除相对贫困的进程中，如何实现财富的理性消费？梳理和提炼马克思关于消费的理论等财富理性消费的科学思想，推进规范化、科学化消费观形成，是提升贫困治理有效性的关键环节。

## 一、马克思财富消费的科学理论

### （一）财富本质在于"为人性"

财富基本伦理价值在于其有用性。马克思从唯物史观审视财富发展历程、追溯和论证财富的本质，肯定财富对于社会进步不可或缺性以及人类追求一定的物质利益具有正当性，赋予了财富应有的本原意蕴。早在《德意志意识形态》中他就提出，解决物质利益问题是人类达至身心彻底解放的根本前提，"……当人们还不能使自己的吃喝住穿在质和量方面得到充分保证的时候，人们就根本不能获得解放。"[1]"思想一旦离开利益，就一定会使自己出丑。"[2] 摆脱劳动异化和落后制度等影响人的身心发展桎梏，首先必须满足人的生存物质需求，并以财富增长为前提，努力发展生产力、生产资料以获得人类永续进步，"生产力的这种发展之所以是绝对必需的实际前提，还因为如果没有这种发展，那就只会有贫穷、极端贫困的普遍化；而在极端贫困的情况下，必须重新开始争取必需品的斗争，全部陈腐污浊的东西又要死灰复燃。"[3] 人的基本生存、生命有一定的财富来维持，才能论及人的全面发展。在极端贫困的境况下，人与人之间还会爆发生活必需品的残酷争夺，随之而来的是腐朽制度和落后生产关系的卷土重来，无产阶级的革命成果将毁于一旦，"财富的本质在于财富的主体存在。"[4] 财富作为社会关系衍生的产

---

① 《马克思恩格斯选集》第 1 卷，人民出版社 2012 年版，第 154 页。
② 《马克思恩格斯文集》第 1 卷，人民出版社 2009 年版，第 286 页。
③ 《马克思恩格斯选集》第 1 卷，人民出版社 2012 年版，第 166 页。
④ 《马克思恩格斯文集》第 1 卷，人民出版社 2009 年版，第 181 页。

物，由人类主体所创造，本身就蕴含着人的对象性与主体性的统一。

财富最重要的伦理价值在于"为人性"，即促进人的全面发展。财富生产的终极旨归在于人本性，即实现人的自由全面发展和劳动解放，"使人的世界即各种关系回归于人自身"①。财富是人的发展手段性存在。财富既具有物性更具有属人性的双重属性，隐藏在物态之下的财富还有更重要的为人性本质。首先，财富是"一个靠自己的属性来满足人的某种需要的物""不论财富的社会的形式如何，使用价值总是构成财富的物质的内容"。②财富作为一种客观存在的物质实体，其最重要的作用在于以自身"物"的使用价值来满足人类生存和发展需要。其次，对人类而言，财富仅是"中介因"和"质料因"，财富本身具有不可或缺性，是人类进步的重要载体，但它作为人类的劳动产物，无论是以实体形式、货币形态还是虚拟资本形态出现，"财富从物质上来看只是需要的多样性"③。财富只能作为人类发展自身的某种介质和工具存在。

财富"为人性"的本质特征，要求我们摈弃绝对唯心论和抽象自然法则论，从具体的社会生产力状况、现实社会经济关系、最关键的是从人的能力、潜力充分发展程度等要素来系统研判财富的价值。而财富的价值则在于人们在合理"度"内自由运用现有条件创造财富来满足自身需要、促进自身发展。

## （二）财富生产与财富消费密切

马克思认为，财富的生产为消费提供了重要的物质来源，财富生产的目的是消费。"生产直接是消费，消费直接是生产"④，生产和消费"总是表现为一个过程的两个要素，在这个过程中，生产是实际的起点，因而也是起支

---

① 《马克思恩格斯文集》第 1 卷，人民出版社 2009 年版，第 46 页。
② 《马克思恩格斯全集》第 23 卷，人民出版社 1972 年版，第 47—48 页。
③ 《马克思恩格斯全集》第 30 卷，人民出版社 1995 年版，第 524 页。
④ 《马克思恩格斯文集》第 8 卷，人民出版社 2009 年版，第 15 页。

配作用的要素。消费，作为必需，作为需要，本身就是生产活动的一个内在要素。"①财富的生产和消费两个环节是紧密相连的，财富的生产源于消费需求。而"人从出现在地球舞台上的第一天起，每天都要消费，不管在他开始生产以前和在生产期间都是一样"②。财富生产就是要使产品被用于满足人的各项消费需求，"生产的目的就是拥有。生产不仅有这样一种功利的目的，而且有一种私己的目的；人进行生产又是为了自己拥有；他生产的物品是他直接、利己的需要的对象化"，"产品的占有，是衡量能够在多大程度上使需求得到满足的尺度"。③这反映的是唯物主义的观点，当个人实现了对产品的占有、对财富的消费，才是真正实现了需求的满足。马克思强调的生产的合目的性与消费的直接现实性，是对唯心主义式抽象的虚假满足性消费构建的批驳。此外，马克思还认为，社会产品的价值也是在消费中才能得到实现，"一条铁路，如果没有通车、不被磨损、不被消费，它只是可能性的铁路，不是现实的铁路。"④

### （三）批判资本主义社会非理性财富消费模式

恩格斯在为马克思《雇佣劳动与资本》1891 年单行本写的导言中指出，"通过有计划地利用和进一步发展一切社会成员的现有的巨大生产力，在人人都必须劳动的条件下，人人也都将同等地、愈益丰富地得到生活资料、享受资料、发展和表现一切体力和智力所需的资料。"⑤他把人应当获得的消费资料分为生活资料、享受资料和体力智力的付出以及维护体力智力持续成长的发展资料三个部分。但是资本主义在工人应获得的消费资料上有着内在的矛盾性，一方面，资本家想要占有更多的剩余价值，就必然会加大对工人的

---

① 《马克思恩格斯文集》第 8 卷，人民出版社 2009 年版，第 18 页。
② 马克思：《资本论》第 1 卷，人民出版社 2004 年版，第 196 页。
③ 马克思：《1844 年经济学哲学手稿》，人民出版社 2002 年版，第 180 页。
④ 《马克思恩格斯全集》第 46 卷，人民出版社 1995 年版，第 228 页。
⑤ 《马克思恩格斯选集》第 1 卷，人民出版社 2012 年版，第 326 页。

剥削，就会要求人们"节俭"，让"人无论在活动方面还是在享受方面都没有别的需要了"①。这样就可以只发给工人最低限度的工资，资本家就可以占有更多的份额。但是资本要实现增值就要刺激消费量的扩大，"第一，要求扩大现有的消费量；第二，要求把现有的消费推广到更大的范围，以便造成新的需要；第三，要求生产出新的需要，发现和创造出新的使用价值。"② 在这样一种消费刺激之下，消费不再是为了满足自身真实的需要，而是为了满足资本增殖的需要，满足资本家占有更多社会财富的需要。

对这样一种扭曲的消费观，马克思是持批判态度的，并精辟地指出，人的消费欲望被调动起来了，一些不那么合理的消费需求也被刺激出来，并且超越了个人现有收入水平，那人们就要想方设法多挣钱，"他们越想多挣几个钱，他们就越不得不牺牲自己的时间，并且完全放弃一切自由，在挣钱欲望的驱使下从事奴隶劳动。"③ 为了实现对消费品的占有而导致劳动者没有任何的闲暇，这本身就不符合人的自由全面发展的需要，而人的消费本身也就成了资本增殖的工具，而不是为满足自己的需要，但这并不意味着马克思主张禁欲主义，"决不是禁欲，而是发展生产力，发展生产的能力，因而既是发展消费的能力，又是发展消费的资料。消费的能力是消费的条件，因而是消费的首要手段，而这种能力是一种个人才能的发展，生产力的发展。"④ 在财富消费的合理限度上，马克思、恩格斯都主张要以实现劳动者的实际需求为目的，合理地规划消费行为，过度地压抑人的需要、禁欲主义是不符合生产的目的，也不符合人生存生活的现实性要求。消费需要的实现是人的自我实现的重要方式，也是存在者的活动方式。但同时以实现资本增殖为目的过度刺激、制造消费需求的行为更不恰当，因此，要引导社会消费理念回归理性，坚持适度消费。

---

① 《马克思恩格斯文集》第 1 卷，人民出版社 2009 年版，第 226 页。
② 《马克思恩格斯全集》第 46 卷，人民出版社 1979 年版，第 391 页。
③ 《马克思恩格斯文集》第 1 卷，人民出版社 2009 年版，第 119 页。
④ 《马克思恩格斯文集》第 8 卷，人民出版社 2009 年版，第 203 页。

## 二、历代中国共产党领导人的消费伦理思想

### （一）生产与消费具有辩证统一性

中国共产党历代领导人对生产与消费的关系有着深刻的认识。毛泽东对马克思在这个问题的论述上保持了继承和发展。毛泽东认为，生产是消费的前提，"生产转化为消费，消费转化为生产。生产就是为了消费，生产不仅是为其他劳动者，生产者自己也是消费者。""马克思认为，生产就包含着消费，新产品的生产就是原材料的消费，机器的消耗，劳动力的消耗。——播种转化为收获，收获转化为播种。播种是消费种子，种子播下后，就向反面转化，由种子变为秧苗，以后收获，又得到新的种子。"① 因此，生产是为消费服务的，在社会财富总量较低的阶段，需要更加强调生产，多积累多生产，为未来拥有更加丰富的物质财富做准备。在改革开放初期，邓小平就提出，"我们的生产力发展水平很低，远远不能满足人民和国家的需要，这就是我们目前时期的主要矛盾，解决这个主要矛盾就是我们的中心任务。"② 但是这不意味着不重视消费，对此，我们党的领导人有着清醒的认识。邓小平强调，"发展生产，而不改善生活，是不对的；同样，不发展生产，而要改善生活，也是不对的，而且是不可能的"③。江泽民用"吃饭"和"建设"两个词来比喻"生产"和"消费"的关系，要求干部要坚持实事求是，处理好二者的关系。而随着经济的发展，物质财富和精神财富的不断积累，社会主要矛盾随之也发生变化，党的十九大报告明确提出，"我们要在继续推动发展的基础上，着力解决好发展不平衡不充分问题，大力提升发展质量和效益，更好满足人民在经济、政治、文化、社会、生态等方面日益增长的需要。"④

---

① 《毛泽东文集》第 7 卷，人民出版社 1999 年版，第 373 页。
② 《邓小平文选》第 2 卷，人民出版社 1994 年版，第 182 页。
③ 《邓小平文选》第 2 卷，人民出版社 1994 年版，第 258 页。
④ 习近平：《决胜全面建成小康社会 夺取新时代中国特色社会主义伟大胜利——在中国共产党第十九次全国代表大会上的报告》，人民出版社 2017 年版，第 11 页。

生产是消费的前提，消费是生产的目的。生产的扩大可以为消费提供更加丰富的资源。毛泽东提到"基本建设多搞了，生产也发展了，结果利润会更大。基本建设发展了，工人也增加了，消费性的、服务性的市场也扩大了"①。既然生产是以消费为目的，那么当财富被创造出来以后，被用于消费就是理所当然的。

财富只有用之于人才有意义，习近平总书记始终把"让老百姓过上好日子"作为社会主义社会财富发展的根本目的。发展社会主义财富的根本目的在于"谋民生之利、解民生之忧"②。与资本主义更加强调全过程的积累以谋求使资本家私人占有更多的社会财富相比，社会主义则强调，创造更多的社会财富只是一种"为人性"的手段。让社会财富被人民所拥有、享有和使用，让财富为人服务才是目的。财富的生产要具有合目的性，而财富的消费也需要具备合理性。

### （二）提倡适度财富消费

资本主义社会，资本家占有庞大的社会财富，并用于诸多不必要的、奢侈和浪费型的消费。社会主义制度体系之下，强调的是对财富的适度使用。1957年，毛泽东在《关于正确处理人民内部矛盾的问题》中专门讲道，"我们要进行大规模的建设，但是我国还是一个很穷的国家，这是一个矛盾。全面地持久地厉行节约，就是解决这个矛盾的一个方法。""力求节省，用较少的钱办较多的事。""我们六亿人口都要实行增产节约，反对铺张浪费。这不但在经济上有重大意义，在政治上也有重大意义。"③虽然是在经济发展相对困难时期提出来的观点，但这不意味着在物资丰沛的情况下就不讲节约，"这里把厉行节约，积累大量的物力和财力，当成只是在极为困难的情况下

---

① 《毛泽东年谱》第2卷，中央文献出版社2013年版，第529页。
② 习近平：《全面贯彻落实党的十八大精神要突出抓好六个方面工作》，《求是》2013年第1期。
③ 《毛泽东文集》第7卷，人民出版社1999年版，第239—240页。

要做的事情，这是不对的。难道困难少了，就不需要厉行节约了吗?"① 毛泽东指出在任何时期，对任何具体的人而言，能够使用的资源总量总是有限的，不厉行节约，最终一定是入不敷出，重新回到贫困境地。反之，也不能因为这个理由就反对劳动者合理地使用其正当收入用于改善生活条件。

邓小平指出，"不重视物质利益，对少数先进分子可以，对广大群众不行，一段时间可以，长期不行。""如果只讲牺牲精神，不讲物质利益，那就是唯心论。"② 物质性的激励能够让劳动者更加积极努力地参与社会财富的创造。在现阶段还存在着收入分配差异的情况下，必然存在高收入群体和低收入群体之间的消费差异，不能因此就武断的认定为不合理，更不能因此以过去的标准为尺度，盲目地把现阶段的某些消费行为粗暴地认定为浪费。经济发展了"收入就可以高一点，消费就可以增加一点"。但"要注意消费不要高了，要适度"③。为此，邓小平还提出了贫穷不是社会主义的主张，蕴含着无论是收入的贫困还是消费的贫困都不是社会主义的深刻道理。"共产党人奋斗的目的就是要使人民过上更加美好的生活。我们反对的是脱离当前经济发展水平的过高的消费。"④

总之，中国共产党的历代领导人都具有这样一个共识，即主张消费水平和经济社会发展的水平同步、和个体的收入状况相适应、和自然资源与环境的承载能力相匹配。在生活和消费方面，均倡导简约适度、绿色低碳的生活方式。

## 三、中西方财富理性消费论述

### (一) 崇尚"中道""适度"

行为处事的"中道""适度"论在中国传统伦理思想中具有较早渊源。《尚

---

① 《毛泽东文集》第8卷，人民出版社1999年版，第128页。
② 《邓小平文选》第2卷，人民出版社1994年版，第146页。
③ 《邓小平文选》第3卷，人民出版社1993年版，第52页。
④ 江泽民:《大力发扬艰苦奋斗的精神》，人民出版社1997年版，第1页。

书·洪范》中"皇极"就意味着"大中"之道。《正义》亦推崇"中道"，称
"凡行不迂僻则谓之中"。《洪范》更有"无偏无陂，遵王之义"的名言。《尚
书·大禹谟》"允执厥中"即"中道"之义。儒家思想的核心"中庸"即"中道"，
譬如，《论语》言"过犹不及""允执其中""中庸之为德也"等（《论语·雍
也》）。荀子称："道之所善，中则可从。"①

　　西方自古希腊时期起，先哲们已提出"适中""适度"的伦理德性。毕
达哥拉斯认为"中"是事物的最佳境界；德谟克利特提出两个极端和过度，
都不是有益的选择，"节制使快乐增加并且享受更加强"②"恰当的限度对一切
事物都是好的。"③亚里士多德强调："事物有过度、不及和中间。德性的本性
就是恰得中间。德性就是中道，是最高的善和极端的正确。"④凡事不过度、
合乎"分寸"，就是"适度"，就会使人身心愉悦，合乎中道就是道德最美好
的状态。中西方传统的以"中道"为核心的"适度"思想，主要是为适应社
会生活而阐发的，但同时它也是财富伦理的重要规范和原则，是适用于社会
经济活动的普遍准则。将适度、中道的财富伦理思想运用于扶贫的资源使用
及个人消费的理性方式构建，将有益于加快贫困治理的步伐。

### （二）对炫耀式消费的批判

　　消费行为的兴起自然是与私有制、与商品经济同时出现的。西方学者凡
勃伦和西美尔就对消费行为的攀比之风进行过批判。托斯丹·邦德·凡勃
伦在《有闲阶级》一书中提出："不论在什么地方，只要建立了私有财产制，
哪怕是在低级的发展形态下，在经济体系中就有了人与人之间对商品占有进

---

　　① 梁启雄：《荀子简释》，中华书局 1983 年版，第 230 页。

　　② 北京大学哲学系外国哲学史教研室编译：《古希腊罗马哲学》，生活·读书·新知三
联书店 1957 年版，第 116 页。

　　③ 北京大学哲学系外国哲学史教研室编译：《古希腊罗马哲学》，生活·读书·新知三
联书店 1957 年版，第 111 页。

　　④ ［古希腊］亚里士多德：《尼各马可伦理学》，苗力田译，中国人民大学出版社 2003
年版，第 32 页。

行竞争的特性。"①消费的动机就成了一种对自己占有的财富量的竞赛，而这种财富占有最好的炫耀方式就是消费。以使用财富来满足自身基本需求为目的的消费，变成以展示自己消费能力为目的的炫耀式消费，以彰显自己的身份地位与阶层特色。"任何现代社会中的大部分人所以要在消费上超过物质享受所需要的程度"，不过是"想在所消费的数量与等级方面达到习惯的礼仪标准"②"每一个阶层所羡慕并争取达到的总是比它高一层次的阶层的炫耀性消费标准。"③西美尔则在《货币哲学》中指出，一定的社会阶层会创造出一种消费模式，这种模式构成了这个阶层的身份特征。"一旦地位较低的阶层试图跟从较高阶层的时尚模仿他们时，后者就会扔掉旧时尚，创造一种新时尚"。④比如，在中国传统习俗中，结婚必备的"三大件"，在20世纪70年代是手表、自行车、缝纫机，到了80年代，则变成冰箱、彩电、洗衣机，进入90年代"三大件"变为空调、电脑、录像机，到21世纪则是房子、汽车和存款。为了维护统治者所在阶层的阶级特权，当下层阶级的消费模式赶上了本阶层的消费模式，他们会立刻对现有的消费模式进行升级换代。

马克斯·韦伯通过分析资本主义追逐财富增殖的动机和资本家贪婪的本性，认为资本主义存在"资本蓄积"与"奢侈消费"行动的冲突。一方面想要"谋利、获取、赚钱、尽可能地赚钱"，另一方面获取的财富又"诱使他们游手好闲、贪图享受"，他们享乐主义式的消费，实质上是"肉体的罪孽"⑤，被制造出来的消费品不再是为了满足人的需要，由消费品以人为中心

---

① ［美］托斯丹·邦德·凡勃伦：《有闲阶级论：关于制度的经济研究》，蔡受百译，商务印书馆1964年版，第21页。

② ［美］托斯丹·邦德·凡勃伦：《有闲阶级论：关于制度的经济研究》，蔡受百译，商务印书馆1964年版，第82页。

③ ［美］托斯丹·邦德·凡勃伦：《有闲阶级论：关于制度的经济研究》，蔡受百译，商务印书馆1964年版，第77页。

④ ［德］格奥尔格·西美尔：《货币哲学》，陈戎文等译，华夏出版社2002年版，第374页。

⑤ ［德］马克斯·韦伯：《新教伦理与资本主义精神》，苏国勋等译，社会科学文献出版社2010年版，第15页。

转变成为人以消费品为中心，"人们似乎是为商品而生活。小轿车、高清晰度的传真装置、错层式家庭住宅以及厨房设备成了人们生活的灵魂。"因此，韦伯提出节制欲望能够促进资本的积累，使财富增加，而这才是资本主义精神所在。马尔库塞则认为资本主义社会通过投射出更多的消费品，使人们被不断追求消费的行为所紧紧束缚，"统治者能够投出的消费品越多，下层人民在各种官僚统治机构下就被束缚得越紧"①。由此，弗洛姆提出，"消费活动应该是一种有意义的、富于人性的和具有创造性的体验"②。强调对消费行为的异化要保持警惕，要始终关注人的需求。

## 第四节　构建财富良性消费模式

以财富理性消费的理论来源为根本，目的在于探索实现财富良性消费模式的正确做法和科学路径，使财富伦理在推进贫困治理中充分发挥其运用功效。构建财富良性的消费模式，需要在培养科学消费观、优化消费结构、建立资金合理使用机制、形成良好消费市场环境上下功夫。

### 一、树立理性消费理念

#### （一）塑造贫困治理的财富适度使用观

进入现代工业社会以来，攀附于世俗化之下出现的"消费文化"盛行，"消费文化"追逐无限消费，如果任其继续扩张，特别是在贫困地区，有限的自然资源和能源将不断被过度开发使用，最终将消耗殆尽。同时，立足于

---

① ［美］赫伯特·马尔库塞：《单向度的人》，刘继译，上海译文出版社2008年版，第36页。

② ［美］埃利希·弗洛姆：《健全的社会》，欧阳谦译，中国文联出版公司1988年版，第134页。

自我中心主义之上的主体至上行为，导致社会资源枯竭、生态失衡和环境破坏等严重危机，将使扶贫工作陷入困境且无法根除脱贫后的返贫。这就要求我们建立合理健康的自然资源消费认知，摆脱"残酷竞争""掠夺有理"的落后思维，使人类与自然"和谐合一""共生共存"，以"适度"标准合理规划、开发、使用资源，化解人类与自然的冲突，维持生态资源的良性循环使用。

同时，要树立帮扶对象财富节俭自律消费观。因为"强调适度节制消费需求的理性生活态度，总是值得人类尊重和坚持：它所蕴含的节俭精神，具有永恒的道德意义"①，节制消费思想批驳消费至上论、解构消费主义对人的异化、批判追求奢侈炫耀性支出的消费符号化。一方面，要"求富""扶德"并举，加强宣传教育、扩大文化普及、提升思想认识，不断强化帮扶对象的自我道德约束意识，促进理性消费方式形成。同时，要破除帮扶对象中仍存在的消费陋习，根除尚存在的热衷于对红白喜事大肆操办、节日往来吃喝不断等盲目花销不良习气，理性地对待消费，塑造创富回报社会的积极人生观和正确价值观。另一方面，则是要加强创业指导，比如推进产业融合指导、科技帮扶等，引领帮扶对象将有限的资金投入到脱贫致富各项生产中。

引导帮扶对象个人的适度消费。适度消费是人们对物质资源、财富和生活资料使用的理性方式，主张通过节俭、节用等手段做到合理消费。在财富消费上，先贤儒家孔子就主张："礼，与其奢也，宁俭；丧，与其易也，宁戚。"(《论语·八佾》)提出礼仪与其奢侈，宁可节俭；丧礼与其铺张浪费，宁可悲哀过度。荀子也主张"节用"："强本而节用，则天不能贫""本荒而用奢，则天不能使之富。"(《荀子》)"节用"是一种手段，旨在防止和控制人们的任意消费、过度消费。因此，崇尚"中度"的适当消费，及时制止非

---

① ［美］丹尼尔·贝尔：《资本主义文化矛盾》，赵一凡等译，生活·读书·新知三联书店1989年版，第67页。

理性欲望消费是正确消费观形成的必然选择。

　　财富伦理主张以消费中度德性指引和规范帮扶对象的消费行为，防止超前消费及滞后消费，摒弃财富消费符号化。超前消费带来的是"过度"，易陷入享乐主义、拜金主义；滞后消费带来是消费"不足"，不利于生产发展，二者均不符合消费理性要求。适度消费，关键在于"度"，只要在"度"允许的范围内，就是合理的。但这种适度消费的行为并不意味着无限制的超前消费，更不意味着铺张浪费。适度消费不是要一味地降低生活质量，它要求追求中道，在自己经济承受能力之内，提倡合理的消费而不是超前消费也不是抑制消费。财富消费符号化则将物质财富消费进行物态化、格式化，消解了财富应有的适度伦理性，超出基本所需而形成盲目消费。要加强指导，引导帮扶对象积极从事致富生产。锻造财富消费节制模式，在资金使用上量入为出、科学规划、合理使用，摒弃财富超前消费，真正实现从重物质享受转向"内生循环"重劳动创造的绿色生活方式，杜绝无度消耗、盲目浪费自然资源的"消费陷阱"，形成环保健康的生活方式，做到绿色消费、生态致富，为巩固拓展脱贫成果、防止返贫、实现永久脱贫提供有效支持。

## （二）锻造节制消费的生态生活方式

　　锻造节制消费的生态生活方式是巩固拓展脱贫成果、防止返贫中财富绿色发展的德性诉求。勤俭、简朴、理性的节制消费是"健康、生态、环保"财富绿色理念的重要道德遵循和实现手段。促进理性消费方式形成。贫困地区相对发达地区而言资源更为短缺、经济更为落后，本应更注重节制消费，但却仍然存在着逢年过节吃喝盛行、红白喜事大操大办的消费不良习俗，导致越来越贫困。对此，思想家道格拉斯·拉米斯说过，世界的"贫穷问题"其实是世界的"财富问题"，不平等所在不是贫穷问题，而是过度消费习惯破坏了"和谐"而带来"可耻"和"庸俗"的恶果。

　　因此，我们应着力于贫困治理中绿色生活方式的养成。绿色生活方式以"健康、生态、环保"的理念为生活基调，倡导俭朴、适度、合理的消费。自古以来，中华民族就是一个崇尚勤俭节约的民族，在中国传统文化书籍《管子》中说："人惰而侈则贫，力而俭则富"，中国谚语中也有："克勤克俭粮满仓，大手大脚仓底光"等等。在贫困治理工作中，要大力发扬和传承民族优良生活传统，建立科学生活方式。

首先，树立节用节俭理念。一方面，破除各民族中仍普遍存在的消费陋习和风俗。在少数民族集聚区，红白喜事大操大办、节日往来大吃大喝的现象依然存在，严重影响脱贫的永久性和彻底性，要根除这些不良风气，就要通过宣传教育、文化普及等途径，引导人们形成合理科学的消费观念。另一方面，改变物质帮扶形成的帮扶对象依赖心理，以科技帮扶、产业指导等方式为主，引导人们将有限的资金、精力投入生产中而不是盲目消费中。其次，树立财富节制消费模式。传统生活方式主要是"竭泽而渔"的物质型生活模式，不仅消耗自然资源而且浪费扶贫资源，导致贫困顽固化和返贫危机出现。以绿色生活方式逐渐取代传统物质型生活方式，帮助帮扶对象认识到不良消费、盲目消费带来的不良后果，养成合理消费的自觉习惯，真正树立起绿色消费理念，以适度节制消费，避免或减少对环境的破坏，崇尚自然和保护生态等为特征的新型消费观和消费行为，使消费行为不仅立足于满足当代人的消费和安全健康需要，还着眼于满足子孙后代的消费和安全健康需要，并以各种方式发动、鼓励帮扶对象将有限的资金投入再生产，形成合理适中的消费习惯，这是财富理性消费模式形成的关键。

## 二、建立扶贫资金合理使用机制

扶贫资金的健康合理使用也是绿色生活方式在贫困治理中的推进。一方面，制定扶贫资金精准到户、到人的精细使用的管理制度，严格把控和审核扶贫资金使用，追踪并明确各项资金的使用去向。另一方面，建立好扶贫资金的使用评估平台，完善监督体系、奖惩体系，使资金使用达到最大限度的公平公正。同时，可采取成立资金使用专职部门、配套专职人员等措施，对资金使用进行专门规划、部署、分配，实现资金使用的合理化以及效用最大化。

不断完善扶贫资金管理机制，进一步提高资金的使用效益。一是建立更加合理的资金分配协调机制，在继续发挥分管部门管理优势的基础上，重点加强各部门之间的协调。二是将资金进行合理规划使用，使有限的资金用在"刀刃"上，首先用于急需之处、急办之事，并遵循补偿原则、缩小差距原则，将扶贫资金适当向相对弱势群体倾斜。

## 三、协同优化消费结构

### （一）加大对贫困地区的公共产品供给

习近平总书记指出，"做好保障和改善民生工作，可以增进社会消费预期，有利于扩大内需，抓民生也是抓发展"[1]。当前我国已经实现了整体脱贫，消除了绝对贫困，正在全面实施和推进乡村振兴战略。公共产品供给的相对不足，势必加大贫困地区的消费成本，特别是低收入群体的消费需求和消费能力。从贫困治理后续发力到乡村振兴的实现，基础设施是关键。这些基础设施既包括硬件的交通通信、互联网覆盖、生产生活的用水用电等，也包括教育服务的均等化构建、基层的优质医疗资源、养老及其他社会保障体系建设。解决好农村居民的后顾之忧，他们才愿意消费、有能力消费、敢于消费。因此，公共产品的供给不能简单考虑经济效益，而应当更加关注农村地区的发展需求，以及从更好地实现与维护社会公平的需要出发来布局。同时要加强规则制定者和监督者的监管职责，切实维护好农村居民的合法诉求，保障好农村居民的合理权益，同时健全在农村地区实施居民消费型和经营性的信贷体系建设的合理机制。

---

① 《习近平谈治国理政》第二卷，外文出版社 2017 年版，第 361—362 页。

## （二）构筑规范化的商品销售网络

贫困地区的发展，往往受制于基础社会建设不够完善、地理位置不够优越等因素影响，导致商品销售的成本价格较高、日常销售总量有限但商家数量多而杂的客观状况。同时贫困地区的群众大多自身学历水平不高、对商品质量和功能等的辨识能力不足，各类商品的使用、维护等均需要寻求商家售后支持，对商品的价格、售后保障等缺乏议价能力，所以在乡村销售网络中存在商家居于强势地位的情况。因此，地方政府要引导各类线上线下的正规商业体走向基层市场，加大推动成熟大型线上线下销售体系覆盖县乡并延伸至农村。在县乡一级建设综合性商超体系，提高专业化运营能力，优化售后服务体系。以系统化、专业化、集成化降低成本，提升销售服务品质；以优良的商品覆盖乡村，驱逐各类滥竽充数、导致农村居民开支不必要增加的商品。地方政府要为正规商业体系的进驻贫困地区提供政策上、硬件设施上的便利。此外，也要多措并举，加强引导大型销售平台更愿意进入广阔的农村市场。

## （三）优化个人支出结构

强化对居民的合理规划个人和家庭消费的教育，同时引导居民切实降低非理性开支，优化各类合理开支比例。农村居民的生产生活是一体化的，不少消费需求可以通过自给自足的方式来满足。因此，要推动贫困地区恢复和发展庭院经济，以自主生产的方式为家庭需求提供消费品；选派技术人员，指导农民充分利用土地资源、家庭资源，适当种植能够产生一定经济效益的产品；积极推动实现农户产品上市和消费行为同步进行。实现小产品解决小需求，大生产实现大增收的目的。

同时要加强劳动教育，引导农村居民的家庭成员积极参与劳动，通过劳动换取消费品，甚至进一步换取一定的物质利益回报。构建合理的家庭消费体系，可适当向金融机构申请信贷，稳妥规划超前消费需求，缓解应急性支出对家庭财务带来的压力。习近平总书记强调指出："中国要富，农民必须富"①，我们要始终朝着实现全体人民共同富裕的目标，合理构建生产、分配和消费体系，实现从消灭收入贫困到消灭"消费贫困"的转变。

## 四、改善农村消费市场环境

近年来，国家扶贫力度持续加大，贫困地区收入随之不断增加，公共服务供给不断实现均衡，使帮扶对象有了更高消费的能力和欲望，而要满足他们的这种欲望，即要使他们能够买到称心如意的商品，就必须建设良好的农村消费市场环境作为基本保障。这不仅需要财政的适度支持，也需要营造一个良性的市场竞争环境，从而保证商品的有效供给。比如，"家电下乡"活动，必须保证国家招标的公平、公正、透明，同时做到价格定位合理，可以通过适当放宽招标范围，例如，可以适当引进一些地方性家电企业，这样不仅有利于增加农村消费品的有效供给，而且可以带动地方企业的联动发展。

---

① 中共中央文献研究室编：《习近平关于协调推进"四个全面"战略布局论述摘编》，中央文献出版社 2015 年版，第 36 页。

# 第七章　财富伦理嵌入贫困治理的
# 前瞻与展望

从财富伦理的财富认知、财富生产、财富分配、财富消费四个主要研究内容方面，探讨财富伦理视角下贫困治理的现状、存在问题、原因分析及理论依据，探讨财富伦理嵌入贫困治理的举措和路径，是加快推进贫困治理的有效举措。财富伦理学科内蕴丰富的马克思主义基本原理、重要原则、思想观点和方法论等，在推进思想扶贫、推动财富生产创造、创建财富分配模式、形成健康消费方式等方面，赋予了贫困治理科学思想指导和理论支撑。在推进中国特色社会主义道路上，将财富伦理嵌入贫困治理中，既具有良好的机遇也要面对新时代带来的新挑战。

## 第一节　贫困治理面临的现实挑战

消除贫困是世界人民的共同美好心愿，也是世界各国面临的亟待解决的难题。减贫作为实现世界可持续发展目标的前提和路径，是国际社会、世界各个国家和地区关注的长远目标和重要任务。我国全面建成小康社会的"第一个百年奋斗目标"已经实现，成效斐然，但在大规模减贫脱贫的背后，贫困治理依然面临着个别地区脱贫人口可能再返贫以及如何有效巩固脱贫攻坚成果、如何实现脱贫成效可持续性与实现相对贫困人口可持续发展等一系列严峻的现实问题。

## 一、贫困治理的内生动力有待增强

就内生动力而言，帮扶对象自身及其所掌握的生计资本是造成贫困的根本原因。他们所掌握的自然、物质、金融、社会和人力等资本之间存在一种互相影响的关系，但相互之间还未实现合理转化。

一方面，有的贫困户跟不上时代的发展，没有自主脱贫的欲望，也没有努力向上的精神意识，依赖思想依然严重，惰性思想导致生产和劳动的效率都较低，与市场经济的高质量高效率发展要求格格不入。与此同时，人力资本不足导致知识贫困、观念贫困、健康贫困、技能贫困以及迁移能力贫困。人力资本通常指的就是依靠教育、劳动力迁移、培训、就业信息等获得体现在劳动者身上的素质、技能、知识、健康状况以及水平的总和。因而，个人的人力资本衡量主要是通过教育程度或知识存量、健康状况、观念、劳动技能和迁移能力等指标进行衡量。美国经济学家西奥多·舒尔茨曾指出"贫困国家经济水平落后的根本原因并非由于物质资本短缺，而是由于人力资本匮乏及自身对人力资本的过分轻视"[1]。贫困的主要原因还在于人力资本的缺失，贫困地区人口素质偏低，受教育资源相对匮乏，教育水平不高，拥有的知识量较少，吸收、运用及获取知识的能力不足，易于造成"知识贫困"。并且他们部分人还有着根深蒂固的传统观念，思想观念较为落后，接受和适应新事物较慢，易于丧失就业机会。

另一方面，贫困地区经济规模总量小、人均占有量少，产业发展层次低、产业体系尚不健全、产业结构不合理。根据所处的地理位置和自然气候条件，大多数地区以农林牧业等为本地支柱产业，北方相对贫困地区主要是以林业和畜牧业为支柱产业，中南和西南相对贫困地区主要是以农业、种植业为支柱产业，西北相对贫困地区以种植业和畜牧业为支柱产业，这些以农牧业为

---

① [美] 西奥多·W.舒尔茨:《改造传统农业》，梁小民译，商务印书馆1998年版，第33页。

本地支柱产业的贫困地区产值比重较低、效益不足。另外，由于农业产业化水平较低、产业化发展进程缓慢，农产品加工业以初级产品加工为主、农业生产规模小、产品附加值较低、市场占有率低。由于受到地理和资源禀赋条件限制，贫困地区经济发展基础受到限制，因此大部分地区仍然延续着靠天吃饭的传统生产方式，种养殖业都只能以满足日常生活为主。而只有满足日常生活所需以后才能用于市场交易，因此，产业化和市场化程度较低。

另外，贫困地区现代工业发展相对滞后、工业基础薄弱、技术和设备陈旧，大多数贫困地区缺乏龙头企业或龙头企业规模小，管理技术水平不高，产品市场竞争力弱。由于经济总量小，财政收入少，有些甚至仍处于农业弱县、工业小县和财政穷县的状态，没有多余的实力参与区域内外竞争，需要政府财政救济才能维持温饱，这些都给贫困地区的经济发展带来阻碍。

## 二、贫困治理的常规机制有待完善

自党的十八大以来，脱贫攻坚成为我国重要的战略决策。实际上，从1986年我国开始大规模有组织的扶贫开发以来，在多年的扶贫脱贫演进过程中，已经形成了一套特有的脱贫攻坚体系。在纵向方面，既有政府特定的组织机构（扶贫办），也有行业部门的行业扶贫机制；在横向方面，有社会扶贫、企业帮扶、对口帮扶等扶贫开发机制。这些机构和机制，形成了长期以来特定的脱贫攻坚体系。精准扶贫政策执行以来，全国各地开展的"五个一批"工作也取得了一系列成功的经验。

然而，在贫困治理推进中，也仍然存在一些有待解决的问题，比如资金使用闲置和违规、产业扶贫项目推动缓慢、部分扶贫项目未产生应有效益、利益联结机制未有效落实，等等。

进入后扶贫时代，我国面临一系列结构性新矛盾。一方面，低质量脱贫与短期化问题仍时有出现。脱贫帮扶偏误率较高的主要原因是帮扶资源流向了非贫困户，因此，应注意村内人际关系等因素对脱贫帮扶实施层面的影响①。另一方面，有些贫困地区在贫困治理政策落实中，也出现了忽视应受益者正当利益获得的现象。

由于经济发展的政策和制度性障碍较多，还会造成人与生态环境争夺资源的现象时有发生。在社会分工不断专业化的市场经济条件下，不同地区都把资源集中在自身具有绝对或相对比较优势的领域，使自己在市场竞争中处于优胜地位。但是，目前贫困地区的优势资源主要是林地、荒山以及农林产品、劳动力等传统资源和淡水、气候以及生物资源等新开发的绿色资源。由于缺乏开发利用绿色资源的技术和资金，因而只能延续粮食种植、畜禽养殖等传统产业，而附加值较高的特色农副产业、经济林产业发展则处于滞后状态。

另外，受交通条件、技术条件限制，加上目前在农业产品和价格产生"剪刀差"的影响，部分山区开发出特色的农副产品绿色资源的经济效益产出不足，无法形成拉动地方经济发展的产业。同时贫困地区劳动力资源优势还未能全面转化为经济优势，导致经济实力不足。贫困地区由于交通、通信、电力、水利等基础设施的短缺，也直接制约了市场发展，从而阻碍了当地经济的发展。比如，有些森林植被丰富的地区，可用资源多，可依赖的原生态林业丰富，但产业链较短使高效益的产品产出不足，林业在科技创新和宣传推广方面投入不够，交易平台建设科技注入不够，林业牵头规模大部分仍停留在小企业状态。如此种种，导致林业资源综合利用率不高、产业滞后的现象。

## 三、贫困治理成果巩固缺乏有效保障

《2020 中国农村贫困监测报告》显示，2016—2020 年连续五年来，每

---

① 杨浩、汪三贵：《"大众俘获"视角下贫困地区脱贫帮扶精准度研究》，《农村经济》2016 年第 7 期。

年新增中央财政专项扶贫资金 200 亿元，2020 年达到 1461 亿元，贫困地区整合各级财政涉农资金总规模超过 1.5 万亿元。在具体工作方面，实施产业扶贫、就业扶贫、易地扶贫搬迁、医疗扶贫和生态扶贫等，并取得全面胜利，脱贫成效突出。但是，在取得一系列成果的同时，我们也应看到，贫困治理效果巩固方面仍存在问题。有一些边缘人口脱贫存在着脆弱性的返贫风险与隐患，已经脱贫的地区有的产业基础薄弱、脱贫人口就业不稳定，有的政策性收入占比过高、自我发展能力不足，使得巩固拓展脱贫成果面临各种压力。因此，实现整体脱贫后，我国如何巩固贫困治理成果，还缺乏相关具体措施，防止返贫的体制机制尚待完善，脱贫成果的稳定保障还有待加强。

一是绝对贫困人口有新增加的风险。消除绝对贫困是联合国《2030 年可持续发展议程》中 17 项目标的首要目标。绝对贫困是生存性贫困，它呈现的是在一定的生产生活方式下，人们仅依靠劳动所得无法满足基本生存的最低需要，主要是指处于一个人的收入维持在保持其生存和最低生活水平的状况，即最根本的生命权、生存权和最基本温饱问题的解决。衡量绝对贫困的标准会根据不同时间、外部环境、各项条件、个人需求满足状况的变化而产生变化；绝对贫困标准是通过购买力平价进行测算的，它将能够满足基本生存的需求换算为货币。实际上，不同国家都有不同的贫困门槛，不同时段、环境和时空背景下对于贫困会有不同的诠释。

近年来，随着物价和劳动力价格上涨，加之洪涝灾害、新冠疫情等突发事件的影响，从事农业生产和维持日常生活的成本逐渐上升。同时，贫困和低收入家庭的劳动力获得专业技术培训机会的比例较低，导致帮扶对象的自我发展和保障能力偏低，一旦受到疾病、灾害、家庭变故等影响，返回贫困的可能性就会增大。此外，未来的贫困治理将受到城镇化、产业模式转换、全球经济环境波动等因素的影响，这些波动因素成为脱贫后易于返贫到绝对贫困群体的风险和隐患。原本收入水平在贫困边缘徘徊的非贫困户，可能也会因为主观原因，如病、残或者其他客观因素，如失业、灾害等，被迫再次滑入贫困行列。此外，城市中的低收入人群，也可能因为住房、教育、医疗等金额较大的支出而再次陷入绝对贫困。

二是各种因素带来的返贫风险。2020年在现行标准下，贫困人口实现区域性整体脱贫后，贫困治理就由主要聚焦于消除次生新增型相对贫困代替了对原发积累型绝对贫困的解决。回顾精准扶贫战略实施过程，主要通过两种渠道来影响农民的可支配收入：一是救济式扶贫，政府直接通过财政转移支付等方式将资金给农村贫困地区的人民，进而直接增加农民的可支配收入；二是开发式扶贫，政府利用资金帮助贫困地区改善经济环境，开发当地产业，增加就业机会。从产业扶贫来看，作为"五个一批"中实现如期脱贫的主导路径，国家在顶层设计上进行了细致全面的规划，提出了形式多样的扶贫举措，社会各界的投资力度也逐年加大，但在实施过程中存在一些短板。比如，在项目落地的最后阶段，真正可选择、可落实的举措并不多，各地选择的特色产业同质化现象较为严重①，产品销路和产业收入均受到影响。

因此，为了按时完成脱贫任务，地方政府往往选择当地普遍通用的多重扶贫措施开展帮扶，因此帮扶对象虽在短期内的收入水平有所上升，但对提升他们的生产发展可持续能力帮助不大。部分地区的基层行政治理能力还较为薄弱，在产业扶贫实际运作中无力挖掘开发长效增收项目，只能采用利率分红的形式将扶贫资金统一投入当地原有企业。然而，这种收入分红的收益一般以3年或5年为期，在项目节点结束后农户仍可能回到原先的贫困状态。②

与此同时，贫困治理中还面临着一定的市场风险和自然风险，这些不是人力所能控制的，也不是各种产业规划所能预测的。同时，近年来扶贫

---

① 参见左停、金菁、赵梦媛：《扶贫措施供给的多样化与精准性——基于国家扶贫改革试验区精准扶贫措施创新的比较与分析》，《贵州社会科学》2017年第9期。

② 参见张琦、张涛：《我国扶贫脱贫供给侧结构性矛盾与创新治理》，《甘肃社会科学》2018年第3期。

的"悬崖效应"也带来一些处于临界点上的非贫困户（村）在享受产业扶贫、基础设施、公共服务、帮扶救助等方面远不如帮扶对象，引起新的不平衡、产生新的矛盾。另外，当前已脱贫人口，有些为特殊困难群体，失去或半丧失了劳动能力，如果没有社会保障、救助、扶持等，则极易再次返贫。另一部分依靠易地搬迁等非依靠内生能力实现脱贫的群体，其本身返贫脆弱性相对较高，也易于伴随着扶贫产业同质化、低端化、市场波动等原因，成为返贫高风险群体。

三是相对贫困问题凸显。尽管精准扶贫的政策解决了绝对贫困的问题，但相对贫困的问题依然严峻，相对贫困只能减轻却无法完全消除。相对贫困主要体现在贫富差距产生的不平等方面，二元城乡结构也易于导致资源分配不均，引起收入差距扩大，一部分人口还未能享受均等的发展红利。随着经济社会的不断进步，贫困也从传统意义上的物质、收入、食物等因素造成的原因，逐渐向教育、卫生、健康、生活条件等多因素综合带来的多维贫困变迁。此外，人们对物质和精神的双重需求也逐步提高，对贫困的认知也从单维的收入转变为综合收入、教育、健康、生活条件和社会保障等多维度的综合贫困。

一般来说，劳动者的收入高低与受教育程度成正比。尽管"知识改变命运"的追求在帮扶对象中更为强烈，但由于受自身条件和教育条件的局限，相对贫困地区受教育程度尤其是接受到高等教育和职业教育的机会较少，劳动和专业技能不高，缺乏让自己和后代接受良好教育的条件。尽管随着市场经济的开放和外出务工机会增加，收入有所增加，但是贫困地区农民在城市务工过程中也处于弱势地位，从事的职业层次低，获取的收入来源最少，往往只能通过出卖劳动力来寻求更多收入、带动致富，代价相对较大。因此，后脱贫时代的贫困治理存在这样一个悖谬：越是贫困的地区，改变相对贫困的条件和契机越少，通过自我发展来改变自己贫困状况的能力相应地越有限，通过知识来实现脱贫致富的机会也就越少。

# 第二节　中国减贫策略的新选择

打赢脱贫攻坚战，使我国的贫困面貌实现了全面改善，举国上下如期完成了整体性脱贫的贫困治理目标和任务。但是，贫困作为一项人类长期面临的难题，不会在短期内全部消失，在绝对贫困消除后，我们还需要继续做好贫困的进一步治理，以巩固拓展脱贫攻坚成果，迈向实现全体人民共同富裕。因此，今后我国贫困治理、扶贫脱贫工作的重心也将会同时发生重大转变，如相对贫困还未全面消除，就会面临着如何建立相对贫困治理的长效机制问题；多维贫困仍然悬而未决，就要解决好推动减贫工作体系和扶贫战略时代转型的问题；整体脱贫后的贫困治理，如何更好地走上与实现乡村全面振兴衔接的问题；等等。这意味着我国贫困治理的整体部署和全面推进，要定位好新的方向和做出新的时代选择。

## 一、贫困现象产生新转向

### （一）绝对贫困转向相对贫困

我们如期完成了新时代脱贫攻坚的目标和任务，现行标准下贫困人口已实现全部脱贫，一方面彰显了我国扶贫工作的卓有成效，但另一方面也与我国所设定的贫困线相对不高有一定关系。从物质条件看，贫困地区生产和生活条件得以全面提高，生活质量得以持续上升，不愁吃、不愁穿以及义务教育、基本医疗、住房安全都有保障的"两不愁、三保障"也已全面落实；从贫困扶持的重点来看，目前社会救助必须倾斜的群体，包括弱势群体、特殊贫困群体、脱贫不稳定群体和易再致贫边缘群体，通过社保兜底、医疗补助、教育扶持等各种措施，他们基本生活困难问题也都得到了全面改善和妥善解决。习近平总书记在 2021 年决战决胜脱贫攻坚座谈会上指出："脱贫摘帽不是终点，而是新生活、新奋斗的起点。"相对贫困还将长期存在已成为后续减贫扶贫的核心，并存在着多元化发展的趋向。

第一，是地域形成的相对贫困。虽然绝对贫困得以消除，但是在市场经济发展过程中，一方面，由于社会分配还不能完全避免的正义失序，使得相对贫困出现群体聚集的"流沙效应"，贫困者主要集中在一些特定区域，呈现出胶着性、黏和性的样态，导致社会各阶层、各区域人们在经济收入来源、收入高低、能享受的福利待遇以及能享有的公共服务等方面出现明显差距。另一方面，由于不同区域之间在经济条件、物质来源条件、传统经济积淀等方面存在的差异，就会导致不同地域上的相对贫困。区域相对贫困集中于特定区域，当前我国相对贫困主要是城乡差异贫困和东西部区域差异贫困，比如，在脱贫比对上，西部地区相对于东部地区而言，收入能力更差、就业机会更少；再比如，城市中人们的收入来源更多更便利，集中的优质优势资源更多，而农村地区特别是贫困地区的人们主要收入来源依靠的是传统农业、养殖业，加上缺乏良好的技术支撑，因此，他们的财富增长难度更大。生活在此区域的人们由于缺乏资源以及获取资源能力的不平等，虽然生活水平标准已跨越绝对贫困线，但是生活质量的改善进度与其他人相比起来并无优势，出现相对贫困现象则更快。

第二，是性别差异不平等导致的相对贫困。相对贫困以性别维度表现。社会中对女性内在的歧视与排斥造成性别之间的不对等待遇，既有历史的也有现实的因素。我国贫困治理获得的进步有目共睹，但公平效应还无法完全通过涓滴效应惠及所有群体，如财富分配、就业机会平等状况，都还无法做到完全平衡男女之间的受益度。性别之间的不公造成的相对贫困也是贫困治理要破解的重点难题之一。

第三，是人文因素带来的相对贫困。相对贫困以人文维度表现，人文贫困是衡量一个群体内部的人文匮乏状况的重要因素。联合国开发计划署曾提出，以教育的剥夺和生活质量的剥夺作为人文贫困指数的三个指标。绝对贫困消除后，相对贫困从传统的经济获得评判转移到对相应权利（如基本政治权、人权、公民权等）、文化（如人们接受教育与创造知识的机会与能力）、生活（如人们高质量生活状况等）等要素的发展状况、应然享有程度的衡量上来。相对贫困产生了新的范式。

总之，相对贫困在现实中的情况并不是分割及独立存在，而是呈现多维度交互状态。相对贫困不同维度存在直接影响着贫困治理，在一定情况下还会交织成为贫困程度的诱发基因。比如，人文相对贫困中的教育权利缺乏将会带来能力与财富的贫困，并通过代际传递，引发持久相对贫困。而区域贫困造成资源的不平衡，则容易造成教育培育、文化提升中的不对等。因此，相对贫困多元化的存在，是贫困治理工作的下一步重心。

## （二）农村和城镇相对贫困并行

区域性整体贫困消除后，我国进入后脱贫时代，但是，扶贫对象仍然集中在以农村为主的贫困人口。贫困治理的目标，在于巩固现有的减贫成果，特别是要消除因灾、因病、因学、因疫情等导致的返贫。另外，农村劳动力不断向城镇中心转移，农村"空壳化"易于造成留守老人、儿童、妇女等弱势群体的相对贫困。

再有，城镇贫困问题开始日益凸显。一是城镇贫困是过去贫困研究和反贫困易于被忽略的方面，农村绝对贫困消除后，城镇贫困则从隐性贫困展现为显性贫困，特别是在相对发展滞后的城镇，相对贫困问题一直存在并仍然在短期内难以消除。二是在社会转型升级过程中，以城镇为主的下岗失业及待业等群体收入低、就业难，这些城镇人口相对贫困也还存在。三是从农村迁移到城镇工作的农民工群体，他们的户籍还在农村，因此在平等享受城市的公共服务、医疗、养老、子女受教育等社会保障权益方面也还存在较大困难，因此，他们面临着收入贫困和消费贫困的双重裹挟，成为城镇贫困人口的新构成。

## 二、贫困治理形成新视角

基于当前我国贫困治理工作的重要转向，我们就要顺应这些变化趋势，聚焦贫困治理现状，制定新标准、采取新举措，建立贫困治理新体系，主要涵盖以下方面：建立解决相对贫困的长效机制，建立统筹城乡贫困一体化的治理体系，加强防止脱贫后返贫的措施，加快脱贫扶贫与乡村振兴衔接等。

### （一）实现脱贫扶贫与乡村振兴的有效衔接

我国如期完成脱贫攻坚任务，现在已经进入巩固脱贫成果与乡村振兴战略实施交汇的特殊关键时期，实现巩固脱贫成果同乡村振兴有效衔接成为当下阶段贫困治理最重要的任务之一。在此背景下，贫困治理的重点工作，应是通过强化脱贫攻坚政策与有效举措、巩固拓展脱贫攻坚已有成果来持续改善和提高扶贫重点地区的各方面条件，实现从摆脱贫困到乡村振兴的平稳过渡，同时继续深化脱贫攻坚与乡村振兴领域的融合研究。

脱贫攻坚和乡村振兴均为国家层面的乡村建设重大战略，二者从乡村治理、乡村环境、乡村产业、乡村长效发展等方面对农村全面建设做出了重大部署。"相对贫困如何解决"是未来乡村振兴的重要核心内容以及长期性战略任务。

新时代实现脱贫攻坚成果与乡村振兴的有效衔接，将在推动乡村经济可持续、高质量发展方面发挥巨大作用，因此，未来贫困治理的策略，就在于主动探索二者之间的有效衔接路径。一方面，可从建立防止返贫监测机制、加大优惠政策、激发扶贫对象内生动力等方面着手，对二者的有机衔接做法、耦合路径、融合效果等方面深入探讨。另一方面，我国脱贫攻坚与乡村振兴领域的衔接还应与时代发展同行同进，要积极探索运用现代科学技术赋予乡村新发展，加强科技运用与乡村经济发展、生活发展、文化教育等方面相结合，建立新型智能化农村。

## （二）统筹城乡贫困一体化的贫困治理

随着城镇化的推进，城镇出现新的相对贫困，城镇与乡村减贫齐头并进成为当务之急。因此，贫困治理应注意两方面：一是加强对乡村减贫治理；二是合理规划、统筹构建城乡一体化的扶贫开发新格局，形成城乡贫困综合治理一体化的模式。

强化对现阶段扶贫政策、贫困治理举措进行厘清和评估，根据评估和反馈结果，筛选、调整、制定与实际情况相符合、效果显著的举措，形成包括责任机制、动员机制、考核机制等的有效工作机制，并将这些措施转变为日常性帮扶政策，纳入当前城乡总体贫困治理规划模式下进行全面统筹安排。另外，要建立一套科学有效的一体化扶贫治理模式：一是制定好能全面适用的、全国统一的城乡贫困划分标准，瞄准城乡的所有帮扶群体，根据各地居民的消费能力、生活习惯、生活水准等差异及时进行调整。二是建立城乡一体化的减贫机构，避免城镇与乡村贫困治理"两张皮"。建立包括由扶贫办等牵头统筹城乡扶贫、各相关部门协同参与、各主体分工明确的组织。三是将扶贫中的城乡共同发展措施纳入与贫困治理相衔接的乡村振兴战略总体布局来进行统筹安排。

## （三）防止已脱贫人口返贫

区域性整体贫困、绝对贫困问题得到解决之后，如何使脱贫人口实现彻底不再返贫，是巩固拓展脱贫成效的重要评价指标，也是减贫的重中之重。一是建立脱贫致富的内生动力机制。树立帮扶对象本身既是贫困治理的对象同时也是创富致富的主体意识，要坚持以全方位、多元化手段和方式，来激发他们的致富积极主动性，增强他们脱贫致富的自我内生动力。在引导他们树立自我脱贫致富主体意识的过程中，要加强精神激励，比如加强教育引导、加快宣讲宣传、树立脱贫致富典型、推崇多途径致富等方式，同时也要通过物质奖励的形式，如采取生产奖励、劳务补助、按劳取酬等方式，激发他们的致富斗志。另外，还要组织动员帮扶对象投入力所能及的生产劳动、积极参与帮扶项目，树立他们通过劳动改变贫穷面貌的决心和毅力，形成贫困治理从外在帮扶向培育激发内生动力转变以及内外双管齐下的良好局面。二是要把政策支持、教育推进、文化普及、因地制宜生产等作为阻断贫困代际传递的重要途径。注重以生态发展为导向，在创造财富、生产财富方面，注重实现产业深度融合，夯实防止返贫的产业基础，积极开展技能和创业培训，切实提升帮扶对象的自我发展能力。三是侧重关注特殊贫困地区和特殊帮扶人群。当前我国贫困人口数量和地域已由"多而分散"转为"少而集中"，因此，要着重针对现存相对贫困重点地区和重点人群出台减贫政策。要重点破解深度贫困地区的返贫问题，提升深度贫困地区的现行帮扶政策与后续发展力相结合；对特殊人群要继续推进"兜底性"帮扶，比如，对丧失劳动能力者、老少病残以及残障群体等未脱贫者，要全部纳入保障体系中。采取"干预性"政策及时阻断贫困的"代际传递"，采用"扫描式"清除减贫盲区，采取长效跟踪动态监测与及时跟进等措施，防止脱贫家庭再次落入"贫困陷阱"。

### （四）建立解决相对贫困的长效机制

在实现脱贫攻坚目标任务后有效巩固脱贫成果，就要建立解决相对贫困的长效机制。

一是建立多维度贫困包容性增长福利机制。如果局限于仅解决单个维度的相对贫困，仍无法缓解相对贫困存在的多维贫困状态，更不能实现对弱势群体真正的伦理关怀。因此，今后的贫困治理应加强消除区域、性别、人文的相对贫困，采取补偿、补差等措施，加强福利改善向广度、深度及多维度转变。对仍处于相对贫困状态的群体采取福利补偿、缩小福利差距、缩短收入不公的措施。比如，浙江省在边缘群体发展、增收上下真功夫，先后实施了"低收入农户收入倍增计划""重点欠发达县特别扶持计划"等措施；山东省创立"邻里互助"模式，贫困户之间结成互帮互助对子，实现互惠互利、互助共进。

推进金融普惠性扩大政策，进一步加大金融供给包容性增长的财税金融体制，也是完善多维度贫困包容性增长福利机制的有效举措。对于欠发达地区、城乡弱势群体和重点扶持的小企业，继续打通金融服务的"最后一公里"，给予欠发达地区和低收入群体适当的政策倾斜，为低收入群体发展产业项目创造良好的外部环境，实现多维度的福利改善。

二是不断健全对帮扶对象的动态化精准识别辨析，创新贫困治理保障性的体系。一方面，加大对帮扶群众的全面精准识别，经过评估、反馈、甄别，实现对相对贫困程度不同人群的差别化扶持。加强动态监测和扶贫对象的调整。多维度、多层次、全方位构建相对贫困对象识别监测系统，健全各地区各部门的减贫扶贫信息的互联共享。另一方面，建立城乡特困人员救助监测和执行机制。要以数据统计、分析为依据，确定脱贫后还需继续持续跟进帮扶的群体以及特殊帮扶人群的分布和数量，明确类型、建立相对贫困评估多维机制，科学划定城乡低保标准、建立帮扶对象的调整机制，以此来减少贫困发生率以及减轻返贫量，保障贫困治理的优惠政策能公平惠及应帮扶的所有人群。

三是创新保障体系，为贫困治理战略实施奠定基础。设计科学保障体系，一方面要建立激励竞争机制，以优带差、以勤克懒、奖罚明确，通过种种途径从根源上根除帮扶群众脱贫致富惰性思想、依赖心理；另一方面要形成正向激励机制。创新对帮扶对象的救助方式及方法，从以福利帮扶、物质救助为主转向以提升精神思想、提高生活能力、加快自我进步为目标的综合援助。此外，要形成全社会参与救助的良好局面，转变政府相关职能、鼓励专门机构和人士参与社会救助服务、提高社会救助服务的质量和效率。

四是构建多层面全方位的贫困治理机制体系。建立产业扶贫长效机制，培育新兴产业、发展特色产业、壮大优势产业；完善贫困户持续增收机制，通过创设各种公益性、合理性岗位，加强扶贫"点对点"连接协作等方式，优先支持和拓宽贫困群众就业渠道，确保其实现持续增收；巩固脱贫成果、防止返贫的底线制度，健全社会保障制度；提高标准、扩大范围，建立健全分层分类的救助制度体系，织密筑牢民生兜底保障网。建立和完善防止返贫的监测预警机制，对脱贫后尚不稳定者、边缘易返贫户以及其他原因出现收入重大波动的帮扶对象，要加强监控监测并及时给予帮扶。推进低保制度与扶贫政策的无缝衔接，完善社会协同扶贫机制。

总之，相对贫困治理是一项长期的、系统化的工程，要充分发挥政府和社会各方面的力量和积极性，推动专项扶贫、行业扶贫、社会扶贫等的协同联动，全面发力、全员参与，形成全社会广泛参与、全面投入贫困治理的大扶贫格局。

## 第三节　财富伦理嵌入贫困治理的审思

贫困具有动态变化性和复杂性，当前，我国贫困的性质已从物质匮乏的绝对贫困转变为多维相对贫困，贫困经历了从"绝对贫困"到"相对贫困"的转变。因此，贫困治理也要打破传统的局限于提高物质满足、增加收入，转向消除相对贫困的多种因素，实现人们高质量生活需要，消费模式、生命质量、生存环境和发展能力的全面进步。此外，贫困治理还与工业化、城市化、市场化和全球化等社会外在要素紧密关联起来。因此，贫困治理作为长期任务并非短时期内就可以大功告成，还需要持续不断地加以发力。

纵观当下，虽然中国的贫困治理成效显著，但是距离全面解决脱贫脆弱性问题、彻底斩断贫困之根、消除代际贫困传递等仍任重道远、有待突破，这也将是未来我国巩固脱贫攻坚成果、加快贫困治理成效的聚焦点。因此，将财富伦理学科的重要内容，特别是与贫困治理衔接紧密的财富动力、财富共享、财富主客体、财富绿色发展等学科基本原理等，继续作为贫困治理的动力体系、内生发展依据、价值引领指向，具有更为迫切的需要和重大的意义。

财富伦理学科体系中财富动力、财富共享、财富主客体、财富绿色发展，主要聚焦研究并致力于规范人们对财富应有的本体内涵效用、共享分配方式、主客体本质属性、绿色生态创造与使用的正确意识和理性行为，其价值目的指向与贫困治理目标相契合：第一，肯定合法财富的正当性获得，有利于继续推动帮扶对象对财富的理性认知、激发财富内生动力功效。第二，坚持财富配置的公平正义性，有助于加快实现帮扶对象对财富分配的共享共有。第三，明确财富"以人为目的"的价值指向，有益于不断推进贫困治理中科学把握财富主客体双重属性以及二者的"表""本"关系。第四，强调财富生产与使用的适度性，有助于巩固帮扶对象树立生态生产方式及绿色生活方式。

因此，在巩固脱贫成果、防止返贫中运用财富伦理学科上述理论来加快推进贫困治理，将财富伦理上述四方面理论嵌入后续贫困治理中进行融合运用，能为我国贫困治理、反贫困事业提供科学伦理思想来源和道德实现路径。

## 一、以财富动力思维作为贫困治理的思想引领

财富动力思维是财富伦理学科的元伦理核心问题，它侧重于审视财富正当性获得的应有方式以及对财富本体内涵道德合理性的研判。有史以来，财富无论以实物、货币金银、虚拟资产等显性物质形态或隐性非物质形态存在，都关联着人类的生存繁衍，人的物质生产、精神意识等活动均要在一定的财富基础上进行，马克思很早就揭示此真理："思想一旦离开利益，就会使自己出丑。"[1] 恩格斯也指出："每一既定社会的经济关系首先表现为利益。"[2] 从唯物史观出发，马克思恩格斯还进一步论证了财富是人类进步和发展的驱动力，因为"人们奋斗所争取的一切，都同他们的利益有关"[3]。在人

---

① 《马克思恩格斯文集》第 1 卷，人民出版社 2009 年版，第 286 页。
② 《马克思恩格斯选集》第 3 卷，人民出版社 2012 年版，第 258 页。
③ 《马克思恩格斯全集》第 1 卷，人民出版社 1956 年版，第 82 页。

类思想史上，对财富内具社会动力特殊作用的认可也由来已久，先贤孔子"执鞭说"就提出，合"道义"的求富行为即使如赶马车这样的下等差事也不应排斥，"富而可求也，虽执鞭之士，吾亦为之"（《论语·述而》）；推崇"以自苦为极"清寒生活的墨家，也主张尚义贵利、义利合一。在西方学界，多以"冲动力"范畴来诠释财富内生本原动力，美国当代批判社会学和文化保守主义思潮代表人物丹尼尔·贝尔所著的《资本主义文化矛盾》一书，从后工业理论的视角指出了资本主义社会的形成与经济快速的发展，不仅在于其"宗教冲动力"，还因"经济冲动力"鼓动了资产阶级奋进不屈、勇于开拓的雄心；德国当代哲学经济学家彼德·科斯洛夫斯基认为"经济冲动力"是推动人类发展的最强动力，追求物质的时代潮流以及奢侈品欲求等产生的"贪婪攫取性"（丹尼尔·贝尔将之也称为"经济冲动力"），对资本主义成长壮大具有不可替代性。

加强引领帮扶对象正确认知财富内涵、激发财富正当获取原动力，纠正对财富认知偏见是脱贫攻坚取得全面胜利的前提，习近平总书记在《摆脱贫困》一书的跋中言："只有首先'摆脱'了我们头脑中的'贫困'，才能使我们所主管的区域'摆脱贫困'，才能使我们整个国家和民族'摆脱贫困'，走上繁荣富裕之路。"① 巩固拓展脱贫成果、防止返贫，不仅仍要不断加强外部治理和政策支持，更要针对帮扶对象思想仍顾虑的问题对症下药、清瘴除疾。当前，受制于个人认知水平和周围环境的影响，部分帮扶对象求富的动力主要还是依靠外力推动，自身致富意愿仍然不强。将财富动力论融入贫困治理中，继续保持对财富应有动力作用的认可和肯定，不放松、不停步、不懈怠，使其成为激励帮扶对象彻底走出福利式、救助式脱贫"温床"的重要推动力，解蔽其致富思想疑虑，持续强化激发他们对合法性合理性财富获得的渴望，不断激发帮扶对象的致富斗志、增强其求富内生动力、提升其"要我富"转化为"我要富"的主体自觉致富内在诉求。

---

① 习近平：《摆脱贫困》，福建人民出版社 2014 年版，第 216 页。

加快摒弃财富为"恶"的错误认知。中华传统文化"义高于利",甚至高扬"弃利求义"的义利观,虽然为人们对不当财富的克制提供了一定价值的伦理准则,但也易于被道德绑架及歪曲财富内蕴的应有价值与效用,以伪善之名强扣正当求富的"恶之帽",导致人们对应得利益逃避放弃,阻碍了人们对财富的正当欲求,使社会财富发展因缺乏推动力而停滞不前。因此,在后续贫困治理中,有必要以财富动力的教育贯穿于整个进程,积极引导帮扶对象树立科学财富动力观,强调财富发展对实现共同富裕的重要意义,矫正其对财富本质认识存在的偏差,摒弃思想上仍然存在的"安贫乐道、耻于求富"的消极主义,不断引领他们继续增强思想上"求富"、精神上"爱富",巩固他们已有的致富内生动力、理性自觉和决心意志。

继续引导帮扶对象树立劳动致富意识。强化他们通过劳动来创造物质财富的吃苦精神,全面破解惰性依赖思想桎梏,加强普及学习勤俭富家、劳动自强等道德伦理规范和科学人生态度的内容,大力宣传帮扶对象中的致富典范和榜样事迹。及时解决帮扶对象主观脱贫愿望和自我谋生能力不足的矛盾,促进其勤劳致富的主观能动性。

及时驳斥和抵制"财富至上论"谬误。"财富至上论"以财富工具理性凌驾于价值技术理性的范式侵蚀着现代人的生活,切割并消解了现代社会应有的财富道德标准,导致财富拜物教盛行,人自身异化成为"经济冲动力"的附属产物,财富物性张扬并掌控、统治、扭曲人们的财富思维和财富意识,衍生无度"逐富",并蜕变为脱贫致富中的"拦路石"。因此,需要以"科学财富动力论"来纠偏纯粹追求财富数量增长为唯一目的的非理性行径,批判"唯物质决定论",修复碎片化与回归理性的财富本体认知。通过科学甄别、合理筛择、正确辨识财富正当获得的动力作用,不断规范帮扶对象对财富的意义认知、目标追求和行动选择。

凝练道德抑制力与财富动力合一的逻辑体系。在财富伦理视野中,道德抑制力的起点和方向力是"趋义",财富动力的起点和方向力是"求利",道德抑制力与财富动力的联结是义与利辩证统一的力之整合,对人们的经济行为、理念引领能产生良好的联合动力作用。对此观点，马克思"抛掉狭隘的资产阶级形式"，强调了向占有更多货品全面膜拜将会产生道德偏差问题，因为"财富从物质上来看只是需要的多样性"[①]，缺少伦理掣肘而仅以"形式因"物化凝固财富意义认知，必定造成财富人本"目的因"实质的丧失。纵览中外历史文化，赞同财富获得应受伦理规则制约早已具有共识，譬如，儒家的道义高于利益论，道家富而守仁、惠恤济贫之说。亚当·斯密诠释人的道德情操与经济"利己心"不可分离、并行不悖，马克斯·韦伯强调新教伦理是资本主义经济产生发展的精神动力、道德屏障和价值依托，因其合理限制消费才推进了社会资本的不断积累等，都是重要的学派代表观点。

消除绝对贫困，我国贫困治理取得了举世瞩目的成绩，对人类反贫困事业进步具有重大意义。但是这并不是脱贫攻坚的全面结束，因为贫困问题一直以来都是一个世界性的难题，而当前我国发展不平衡不充分的问题仍然突出，巩固拓展脱贫攻坚成果的任务仍然艰巨，后续的扶贫还会有较长的路要走，此时倘若伦理道德未能及时跟进社会财富发展而导致财富成为人们最热衷追求目标时，则必然会产生人被财富控制甚至反噬的病象。因此，巩固脱贫成果、防止返贫"回潮"现象，有必要构建道德抑制力与财富动力合力体系，以道德抑制力来规范约束财富冲动力，瓦解财富冲动力和道德抑制力之间的冲突与悖离，寻求二者互动结合的平衡支点与有效举措，完善财富道德合力机制。

## 二、以财富共享理念作为贫困治理的公平正义分配尺度

共享的伦理词性与分享、共有近似，表述将物品使用权、享有权与所有人共同拥有之义。基于共享理念的财富伦理主要探讨在财富增长积累进程中，如何实现社会财富对所有成员的公平分配及共同享用，以建立财富共同

---

① 《马克思恩格斯全集》第 30 卷，人民出版社 1995 年版，第 524 页。

体来推进公正社会的实现。财富共享的内在实质在于通过财富共建共有，提升人们美好生活的满意度，追求幸福指数的最高阈值。公平与正义是财富共享实现的两个伦理尺度，以财富共享学理意蕴嵌入贫困治理，有利于推动人们正确理解财富分配内涵、寻求社会财富及利益共享的伦理合理路径，实现财富共享共有道德目的，实现财富分配与收益惠及所有帮扶对象。基于财富共享的学理旨归，我们应从公平、正义范畴视角来寻求财富共享与巩固拓展脱贫成果、防止返贫的契合之径。

公平是一个蕴含价值判断的实践性概念，是财富共享的核心范畴。对财富如何实现真正公平的关注由来已久，并已成为实现财富共享的首要目标之一。"有国有家者，不患寡而患不均"（《论语·季氏》）、"天之道，损有余而补不足"（《道德经》）、"君子以裒多益寡，称物平施"（《易传·象传上·谦》）等折射出中华传统财富观的公平理念；"每个人得到他应得的东西为公道"（约翰·穆勒）、"给每个人——包括给予者本人——应得的本分"（麦金太尔）、"公正是一种社会契约，是尊重个人财产权的人为美德"（休谟）等体现的是西方财富公正论的伦理要义，而罗尔斯、诺齐克、沃尔泽、桑德尔、斯宾塞等西方思想家也分别从权利论、自由主义、自律意志等角度，论证了社会财富公正的重要意义。在巩固拓展脱贫成果、防止返贫中，财富共享公平性的衡量尺度仍在于财富分配的公正度，涵括三个层次问题：第一层次，财富分配面向初始起点是否均等？即是否赋予帮扶对象同等的机会、条件和权利并保障规则平等。第二层次，社会资源分配形式、过程是否公正？在机会均等前提下，是否真正能做到劳动与报酬、投入与产出的公平。第三层次，结果是否公平？即是否保证帮扶对象获得与其劳动量相等的收益，达到最终平等。

以上三个层次公平难题的突破，是巩固拓展脱贫攻坚成果、防止返贫中实现财富共享的路径探索。首先，对于机会和规则平等问题的解决，要及时进行持续跟踪帮扶对象的收入变化并定时核查、及时发现、及时帮扶，以实现动态清零，既要避免"浑水摸鱼"，又要确保"一个不漏""一个不少"，实现扶贫资源配置的公平、共有、共享。其次，对于财富分配形式及过程公正问题的解决，制定科学分配制度是重要保证。正如诺贝尔经济学家阿马蒂亚·森反对"贫困是一种价值判断"的观点，认为消灭贫困不应仅视为道德上的善举和主观臆想，而应通过建立公共机制来确保贫困人口的权利，他从权利方法的视角辨析贫困内涵得出结论："我们要做的事情不是保证'食物供给'，而是保护'食物权利'。"① 制定科学分配制度：一是要建立各级各部门协同管理机制，继续强化责任落实到位，加强资金资产项目管理，建立健全资金管理和使用收支制度，工作作风专项整治等实行全过程监管，做到信息透明化、公开化。二是采取从上至下全员式全网式联动监督，确保财富分配的比例公正、程序公正和实质公正。三是对财富结果公平问题的解决，构建完善的巩固拓展脱贫攻坚成果、防止返贫各项措施，健全监测帮扶机制、工作评价机制和反馈机制。进行实时动态检测，依托反馈体系对各种不良行径、制度漏洞及时进行纠偏纠错、矫正补充。同时，要避免"资源闲置"和"资金挪用"，积极探索财富公平分配与后续阶段的脱贫攻坚效率提升双赢的方案。

在财富共享价值中，正义相对公平是更具有强制性的伦理内涵，正义蕴含着遵循社会普适是非标准、爱护弱势群体、以义取利的道德特质和行为导向。马克思恩格斯从实践观出发，"从现实本身推导出现实"，在《哥达纲领批判》中提出："劳动所得应当不折不扣和按照平等的权利属于社会一切成员。"② 他们借助政治经济学的批判实证主义理论，使正义得到唯物史观最科学的诠释。当代西方伦理学者约翰·罗尔斯是正义论集大成者，他所著的《正义论》称："正义否认为一些人分享更大利益而剥夺另一些人自由的正当性。"③ 罗尔斯通过批判功利主义将社会福利总量置于优先地位、忽视社会公

---

① [印] 阿马蒂亚·森：《贫困与饥荒——论权利与剥夺》，王宇等译，商务印书馆 2016 年版，第 161 页。

② 《马克思恩格斯文集》第 3 卷，人民出版社 2009 年版，第 428 页。

③ [美国] 约翰·罗尔斯：《正义论》，何怀宏等译，中国社会科学出版社 2006 年版，第 3—4 页。

平从而导致了财富分配不公，提出"正义"是一个优良社会制度的首要价值。

罗尔斯设想在一个无知之幕的原初状态下的社会，运用契约论及反思平衡原理，试图通过具有伦理可行性和现实执行性的"差别原则"来规范和重组社会结构，以期实现最理想化的社会分配。巩固拓展脱贫攻坚成果，防止返贫，我们可以借鉴"差别原则"的合理内核来促进达到"缩减差别"：在保证社会机会公平基础原则之上，将不均衡机会条件对帮扶对象整体开放，来保证每个人利益获得最大化。继续采取因地制宜、产业扶持、就业促进等措施，尽量缩减因天然地缘地貌优劣不同、帮扶对象文化水平高低不一以及村屯人口密度大小、帮扶对象的智力体力年龄差异等带来的不平等现象。同时，依据个体劳动付出量作为财富分配的标准，"生产者的权利是同他们提供的劳动成比例的；平等就在于以同一的尺度——劳动——来计量"①。另外，还要适当参照其他因素，如个人社会贡献值、品德才能等作为分配权益获得的依据。

20世纪70年代，米勒和罗比就有贫困实质上就是"不平等"的论断："从社会等级阶层的角度来考察贫困问题，可以使我们认识到，贫困问题的本质就是一个不平等问题……我们所关心的是处于各等级最底层的人与其他人之间差别的缩小。"② 而"适度补偿"能通过适当、可控范围内的差别抹平，实现财富的共享正义，达到固脱贫、防返贫的实效。首先，增强信息透明度，实现政府信息公开，保证机会的公平；科学评估是否应持续帮扶，量化指标确保财富分配的公正合理；公平对待帮扶对象，在分配、审核、落实等方面一视同仁。其次，资源配置、政策落实等要依据帮扶对象脱贫程度的不同而做适当倾斜。适度补偿共享，可以通过"谁投入谁受益"的比值性共享、调整劳动所得分配不当的纠正性共享、缩短分配"空白地带"以减少财富分配差距的补偿性共享来实现。

---

① 《马克思恩格斯选集》第3卷，人民出版社2012年版，第364页。

② Miller, S., M., Roby, P.. *Poverty:Changing Social Stratification*, Townsend, 1971, p.143.

## 三、以财富主客体属性作为贫困治理的理性价值指向依据

财富本质具有主客体性的双重维度是财富伦理学科一以贯之的理论观点。马克思立足于实践论，批判建立在资本逻辑和形而上学财富观之上的资本主义私有制，并重构财富本质学说，阐明了财富自身具有主体和客体双重维度——财富的主体维度是具有"为人性"的本质，"真正的财富是所有个人的发达的生产力"①。财富的客体维度是财富本身具有使用、交换等价值的物质属性，"不论财富的社会形式如何，使用价值总是构成财富的物质内容"②。马克思揭示并肯定了财富实质是人的主体性与人的本质力量对象化存在（客体性）的辩证统一，这也是财富伦理研究财富活动的基本点和本体场域。

人们对财富具有主体存在属性认知的萌芽和发展，有一个较为漫长的历史时期。18世纪中叶，法国古典重农学派抨击重商主义"财富是贵金属"，将拥有金银、货币多寡视为财富唯一形态及所有经济活动唯一目的的思想，驳斥财富拜物教，提出"土地是财富的物质承担者"的自然秩序论，将财富视为以土地为自然要素的农业劳动的产物，而货品等除了是流通手段外并无他用，这种财富本质认知观拉开了被人们长期漠视和忽略的财富内在主体"属人性"本质研究的序幕，被马克思称为"已经承认——虽然只是部分地、以一种特殊的方式承认——财富的本质就在于财富的主体存在"③。到了资本主义工业生产时期，资产阶级国民经济学提出在资本主义条件下财富不是劳动的特殊形式，将重农主义对财富的农业劳动本质解释为是一种一般劳动，对此观点，马克思肯定了其在揭示私有制社会形态中的财富主体本质所作出的贡献："认出财富的普遍性质，并因此把具有完全绝对性即抽象性的

---

① 《马克思恩格斯全集》第46卷，人民出版社1980年版，第222页。
② 《马克思恩格斯选集》第2卷，人民出版社2012年版，第97页。
③ 马克思：《1844年经济学哲学手稿》，人民出版社2000年版，第76页。

劳动提高为原则，是一个必要的进步。"① 然而，国民经济学与其他维护资产阶级私有财产的各种学说一样，始终回避并未能揭露资本主义制度下财富生产的异化现象，也无法在社会总体财富快速增长与劳动者主体越发贫穷的两极分化事实中寻找到有效解决路径。马克思扬弃、超越传统财富本质论，在《1844 年经济学哲学手稿》《1857—1858 年经济学手稿》中批判并揭开在资本主义制度下，财富已成为资本家私有资本积累的"量化产物"，因而无法释放其主体本质属性并与自身创造者的劳动相分离断裂的事实，他还通过阐明劳动是人的本质力量体现，指明了财富具有被遮蔽的"为人性"的主体维度价值，"宗教、财富等等不过是人的对象化的异化了的现实，是客体化了的人的本质力量的异化了的现实，因此，宗教、财富等等不过是通向真正人的现实的道路"②。在马克思看来，财富是人的劳动实践产物，印证着人的特殊实践创造性，所以财富应为人所全面占有，并作为人类从"必然王国"向"自由王国"的跃迁工具发挥手段作用，而财富创造主体（人与人的"类"）应发挥主观能动性，推进财富外在"物态"存在服务于"人本"主体内在实质，激发出财富的内蕴主体性功效。

在辩证唯物主义和历史唯物主义论域中，客体属性是财富自身固有的又一个伦理本质。其道德内涵有二：一是要承认财富自身内蕴的使用价值。财富是人类主体得以生存和发展的"物质生活条件"，无论财富是以初始的天然富源、劳动产物原初样态还是以商品、货币、资本等演化形态存在，都呈现为人类为促进自身进步而进行的各种活动所必须依赖的"客体实在"对象的价值意义。二是要承认财富内在的物质性特质。首先，财富自身对人类的有用性是其固有要素，因而实现财富增长是符合人类生存自然法则的伦理"应然"。其次，相对于财富主体属性的价值理性作用，财富客体属性则内蕴着工具理性功能。在法兰克福学派批判理论中，马克斯·韦伯称，工具理性

---

①　马克思：《1844 年经济学哲学手稿》，人民出版社 2000 年版，第 76 页。

②　马克思：《1844 年经济学哲学手稿》，人民出版社 2000 年版，第 99 页。

体现主体对客体规律性的认知和驾驭，它是价值理性的基础。在财富生产实践中，人们一方面要依赖财富内在工具理性，实现主体本质力量的对象化；另一方面，财富工具理性虽然具有追求功利效用最大化的偏狭性，但其更注重内生作用发挥及细化量化，能为主体实现价值理性的升华提供契机。因而，在贫困治理过程中，重视财富物质客观属性的工具理性作用正是人类主体价值理性得以全面实现的必由之路。

马克思说："财富不就是人对自然力既是通常所谓的'自然力'，又是人本身的自然力的统治的充分发展吗？"① 因此，强调以财富的主体本质为主，同时也认可财富的客观性存在，是贫困治理中运用财富伦理来实现财富良性发展的理性选择。我们应充分发挥财富的客观存在有用性及"为人性"主体内涵的双重内核，将财富主客体属性进行有机融合，形成财富客体能为主体所把握、二者得以共同发展的实践活动，具体运用于后续脱贫攻坚与贫困治理工作中。

首先，确立人是主体（人的全面自由发展）的价值目的，将财富主体理念融入巩固脱贫、防返贫、达致富的行动中。否定财富主体属性、单向度诠释财富客体本质，将带来两种恶果：一是人类财富创造的极端化。只追求财富物态数量增长或物品的数字堆积，引发财富无节制狂热机械生产，丧失财富应有的人之主体内在伦理，使劳动异化和财富异化出现。二是客观之"物"奴役主体之"人"的悖谬出现。财富数字至上遮蔽将会遏制财富属人性，主体的人"格式化"为财富生产泛滥主义和无度生产论的附属品，并被财富客观物性所操纵，导致享乐主义、拜金主义思想甚嚣尘上。因此，财富主客体论强调在财富活动中要秉持财富主体属性超越于客体属性的思维，以实现人的全面自由发展、人的彻底解放为终极目标。因此，巩固拓展脱贫成果、防止返贫，主要是继续树立和铸牢人本主义财富观。一方面，坚持以人文关怀贯穿于贫困治理始终，要将帮扶对象的冷暖放在首位，做到"心中有人""心

---

① 《马克思恩格斯全集》第 30 卷，人民出版社 1995 年版，第 479—480 页。

系群众"，注重关心、爱护仍需要帮扶的弱势群体，帮助他们寻求财富增长的合理路径。另一方面，不断提高帮扶对象的幸福指数。幸福的实现是人的全面发展状态的最佳现实观照，要将幸福作为人类追求财富、达到全面脱贫结果的推动力。要不断提升帮扶对象的幸福感，以其满意度、获得感作为脱贫成效的重要衡量尺度。

其次，明确财富增长是巩固拓展脱贫成果、防止返贫的客体实然性，把握和运用好财富的客观使用内在属性，是财富伦理嵌入贫困治理的应有之义。一方面，肯定财富的使用价值，要大力发展生产并严格落实"四个不摘"要求，保持帮扶力量总体稳定，多举措多方式继续改善帮扶对象的经济现状，切实加快财富总量的增加来保障其生活质量，推进实现共同富裕；另一方面，要抵制和惩戒各种脱贫虚假现象，完善各项扶持保障制度。财富的使用要做到惠及所有帮扶对象，使真脱贫、稳致富达到常态化。

## 四、以财富绿色理论作为贫困治理的生产及消费方式导向

如何实现财富增长和生态之间的平衡发展，是财富伦理研究的主要关注点之一。财富绿色理论所秉持的财富增长生态、健康、环保的伦理导向，与新发展理念主旨一致，它通过敬畏、适度、节制等道德核心条目折射于实际运用中。财富绿色理论蕴含的财富生态创造与使用内涵，是加快贫困治理的重要驱动力。

敬畏，涵括了"内心有敬、对外持畏"的双向度伦理意蕴，表达的是主体对事物理性认知后自觉产生的尊重、自持等心理倾向。自古以来，"敬畏"就是中西传统伦理思想史上的重要价值内核，儒家提倡以"君子之心"敬畏天命，德国宗教哲学家鲁道夫·奥托将敬畏称为是使人诚心归顺的神圣"魔幻力量"，康德论证了"敬畏感"是人对理性力量尊崇的道德律学说，这些思想均表达了敬畏是人们思想观念、为人处世所应负有的道德责任和义务。适度，与"适中""适当""适宜"同义，用于表达事物发展的恰当的伦理秩

序。中华传统文明注重"过犹不及"的中庸之道，西方德性伦理强调中道是过度和不及之间的合理选择，均阐述了适度的道德诉求与伦理趋向。节制，是伦理学最古老的范畴之一，它侧重于规范道德主体塑造节用、自制的行为方式。比如，古希腊哲学家柏拉图就将节制列为完善人格应具有的"四主德"之一；而节用作为墨家思想体系的重要组成部分，对抑制统治者奢靡浪费、安民裕民产生了积极作用；儒家推崇"强本而节用，则天不能贫"（《荀子》）、"节用而爱人，使民以时"（《论语》）的民本思想，也在一定程度上积极推进了当时社会经济的发展。财富发展的绿色生态化理论是贫困治理的思想来源和现实载体，它为人类彻底脱贫的实现提供了可持续发展理论引领及科学理性路径。

保持敬畏自然、敬畏生命的伦理坚守，是财富绿色发展的伦理诉求。承认自然界和其他人类命运共同体都具有特定的内在价值，是马克思主义生态思想的基点，也是财富伦理学科的主旨。人类是自然界的重要成员和产物，而人类生存所必需的物质生活资料由自然界提供，人类依赖自然界而生存发展："在实践上，人的普遍性正是表现为这样的普遍性，它把整个自然界——首先作为人的直接的生活资料，其次作为人的生命活动的对象（材料）和工具——变成人的无机的身体。"① 因此，实现巩固拓展脱贫成果和防止返贫，我们在不断运用自然资源创造财富的同时，也要谋求与自然界的和谐共生之道。首先，要尊重自然，守护生态的"红线""底线"，做到生态保护和脱贫致富并重。建立起财富生产的绿色屏障、环保壁垒，后续的贫困治理主要任务在于既要谋求发展、以发展推进扶贫效果，更要坚守生态底线、走生态开发生产和绿色创造发展之路。其次，要顺应自然，大力开发挖掘帮扶对象生活区域的特有生态优势和生态资源，因地制宜，继续维护和发展既不破坏自然又能提高产出的生态模式。最后，要爱护自然，由于受先天条件的影响，帮扶对象所居区域的生态环境条件相对更为

---

① 马克思：《1844年经济学哲学手稿》，人民出版社2000年版，第56页。

脆弱、生态资源更为匮乏。因此，巩固拓展脱贫成果、防止返贫，我们更要始终如一地遵循"天人合一""民胞物与"的伦理准则与道德准绳，保护各区域原有自然资源的可持续发展再生能力。同时，坚决杜绝一切有损和破坏自然生态的活动和行为，倡导"绿色+"的低碳、节能、环保新型发展模式。

倡导财富生产适度理性发展是财富绿色发展的伦理指向。财富伦理倡导的"适度"道德原则对激发人类主体的自律道德约束力，培育主体理性财富生产方式，将财富创造控制在合理的限度之内具有重要作用。贫困治理、加快改善民生应更侧重于保持生态可持续性和代际发展。财富绿色理论能防止人们在财富生产过程中的"不足"与"过度"，并秉持"中道""理性"的生态发展，既"讲德""有度"又"可控"地追求富裕。因此，巩固拓展脱贫成果、防止返贫，一方面要避免财富生产的"不及"，把资源和生态的边界作为适度生产的上限，然而又不能因噎废食、裹足不前。要求人们积极破解生态困境，发展绿色产业链，实现生态资源整合优化，拓展生态发展合作平台。另一方面要防止财富生产的"过度""越线"。过度开发的后果，必将是对不可复制的自然资源的损毁和可持续发展的断裂，使脱贫成果"功亏一篑"。对此，恩格斯早已发出警告："不要过分陶醉于我们人类对自然界的胜利，对于每一次这样的胜利，自然界都对我们进行报复。"① 因此，实现共同富裕就要坚持"绿水青山就是生产力"的生态旨归，坚守"绿水青山就是金山银山"的科学理念，坚持走绿色发展道路。锻造节制消费的生态生活方式是巩固拓展脱贫成果、防止返贫中财富绿色发展的德性诉求。勤俭、简朴、理性的节制消费是"健康、生态、环保"财富绿色理念的重要道德遵循和实现手段。

一是要树立帮扶对象财富节俭自律消费观。一方面，要破除帮扶对象中仍存在的积蓄短缺与消费陋习的悖反与矛盾，根除尚存在的盲目花销不良习

---

① 《马克思恩格斯选集》第 3 卷，人民出版社 2012 年版，第 383 页。

气。另一方面，要加强科技帮扶、产业融合等创业指导，引领帮扶对象将有限资金和精力投入致富生产中。

二是要树立财富节制消费模式。继续引导帮扶对象科学规划资金使用，量入为出，摒弃财富超前消费，真正实现从重物质享受转向"内生循环"重劳动创造的绿色生活方式，杜绝无限制消耗自然资源、盲目浪费资源的消费陷阱，形成环保健康的生活方式，做到绿色消费、生态致富，为巩固拓展脱贫成果、防止返贫、实现永久脱贫提供思想保障。

# 第八章　财富伦理与贫困治理耦合的
　　　　时代延展

　　界定贫困、阐释贫困并在此基础上实现贫困的减缓与消解是贫困研究的逻辑理路。换言之，与富裕相对应，贫困是阻碍美好价值实现的"顽疾"，研究贫困问题的最终目的在于消除贫困，达成人类终极理想社会的早日实现。进入新时代，基于财富伦理学科内涵属性的实际指导价值，在我国贫困治理中，要将财富伦理继续嵌入并深化运用于隶属我国贫困治理事业的巩固拓展贫困治理成果、乡村振兴战略、实现共同富裕三个层次递进、相互联系、相互衔接的环节之中。

　　巩固拓展贫困治理成果，是后脱贫时代我国贫困治理的主要任务，具有重要的过渡意义与贫困治理效用。巩固拓展脱贫攻坚成果，不仅要积累实践经验、关注政策导向，而且要分析贫困治理背后的思维学理依据，提炼财富伦理的逻辑思维、价值意蕴，并采取有效的治理措施。基于消除绝对贫困之后，相对贫困是贫困治理的重点的立足点，过渡期贫困治理的实质在于防止相对贫困或防止非贫困向绝对贫困逆向转化。因此，过渡期的贫困治理应着重探索"巩固—拓展—衔接"链接型的贫困治理路径，侧重于巩固绝对贫困治理成效，防止规模性返贫，防止贫困的逆向转化。在拓展贫困治理成果的基础上衔接乡村振兴，建立常态化、长效化、可持续的减贫防贫机制，顺利实现脱贫攻坚向乡村振兴的衔接过渡。

　　乡村振兴是推动农村发展、助力国家现代化的战略举措。自党的十九大报告提出乡村振兴战略以来，关于全面推进乡村振兴以加快农业农村现代化、关于实现巩固拓展脱贫攻坚成果同乡村振兴有效衔接等，成为我国贫困治理事业延展性重点工作。财富伦理嵌入乡村振兴，重点要探索产业振兴、人才振兴、文化振兴、生态振兴、组织振兴五大方面振兴的现实意义和实现路径，并基于财富伦理学科阈值旨趣，探索脱贫攻坚与乡村振兴的异同，实现贫困治理中的注重效率、分配公平与人本导向。

实现共同富裕，是贫困治理的终极指向。共同富裕是财富伦理学价值诉求的充分彰显，充分体现了马克思主义本体论与实践论结合的逻辑范式。在内涵和外延上，共同富裕与贫困治理具有高度耦合度。换言之，贫困治理是共同富裕的手段，而共同富裕则是贫困治理的目的。因此，解读共同富裕范畴的伦理基因、探索实现理性之径，是扎实推进贫困治理的题中应有之义。

共同富裕蕴含深厚的人本伦理，体现在对资本逻辑的反思批判、对人民至上的价值共识、与马克思主义"自由人联合体"追寻相契合三个维度。共同富裕具有公平正义伦理要义，聚焦于对平等公正的伦理追寻、矫正平均主义以及建构正义的制度伦理；共同富裕的伦理样态多层级全方位，涵括了全体富裕、物质富裕与精神富裕共进、全面富裕；实现共同富裕要遵循应有的生态伦理原则，关键在于涵养人与自然和谐共生、绿色赋能新时代生产与生活方式、寻绎经济与生态的科学耦合。

## 第一节　巩固拓展脱贫攻坚成果

脱贫攻坚目标任务完成后，党中央提出设立五年过渡期。到 2025 年，脱贫攻坚成果巩固拓展，乡村振兴全面推进，脱贫地区经济活力和发展后劲明显增强，乡村产业质量效益和竞争力进一步提高，农村基础设施和基本公共服务水平进一步提升，生态环境持续改善，美丽宜居乡村建设扎实推进，乡风文明建设取得显著进展，农村基层组织建设不断加强，农村低收入人口分类帮扶长效机制逐步完善，脱贫地区农民收入增速高于全国农民平均水平。2035 年，脱贫地区经济实力显著增强，乡村振兴取得重大进展，农村低收入人口生活水平显著提高，城乡差距进一步缩小，在促进全体人民共同富裕上取得更为明显的实质性进展。

为实现我国脱贫工作的不断完善和强化。2020 年 12 月 16 日，中共中央、国务院印发《关于实现巩固拓展脱贫攻坚成果同乡村振兴有效衔接的意见》，2021 年 3 月 22 日《中共中央国务院关于实现巩固拓展脱贫攻坚成果同乡村振兴有效衔接的意见》（以下简称《意见》）公开发布。提出决战脱贫攻坚目标任务胜利完成，我们要乘势而上、埋头苦干，巩固拓展脱贫攻坚成果，全面推进乡村振兴，朝着全面建设社会主义现代化国家、实现第二个百年奋斗目标迈进。因此，巩固拓展脱贫攻坚成果是摆在全党全国人民面前的一项重要任务。剖析巩固拓展脱贫攻坚成果的重要时代意义，厘清其主要内容，提出巩固拓展脱贫攻坚成果的科学对策与实现路径，是一项亟待解决的时代课题。

## 一、巩固拓展脱贫攻坚成果的时代价值

第一，巩固拓展脱贫攻坚成果有助于加快促进构建新发展格局。加快构建新发展格局是新时代国家重要的战略部署，巩固拓展脱贫攻坚成果有助于扩大国内投资需求，促进相关产业发展、提升国内消费需求，对我国构建以国内大循环为主体、国内国际双循环相互促进的新发展格局具有重要意义。巩固拓展脱贫攻坚成果有利于加大对贫困地区基础设施和基本公共服务的投资力度，扩大国内投资需求。巩固拓展脱贫攻坚成果有益于增加有效投资、消化过剩产能，进而培育发展新动能、拓展经济发展新空间，增强国内大循环内生动力和统一大市场形成。巩固拓展脱贫攻坚成果有利于提升脱贫人口收入水平，提升脱贫人口购买力，扩大脱贫人口有效需求，拓展脱贫地区的市场容量和范围。

第二，巩固拓展脱贫攻坚成果，做好"巩固"和"拓展"是核心。从脱

贫攻坚转向推进乡村振兴，并不等于我国扶贫工作的全面结束、也不等于贫困问题的全部彻底解决，而是要继续巩固、拓展、深化脱贫攻坚成果，并能使其成为全面推进乡村振兴战略的重要内容和助推力。新时代脱贫扶贫的工作重心在于"巩固"和"拓展"的"双管齐下"：首先，巩固脱贫攻坚成果的重心在于杜绝返贫。目前我国已取得了脱贫攻坚战的全面胜利，但脱贫人口的可持续发展能力如何，如何做到脱贫人口不返贫并且不产生新的贫困户，成为贫困治理的关键所在。巩固脱贫攻坚成果，其重心和成效就在于防止已脱贫人口的返贫，以及防止处于贫困边缘群体陷入贫困状态。其次，拓展脱贫攻坚成果，主要是对脱贫攻坚凝练总结的成功经验和做法、成熟的机制建设等进行拓展应用。精准扶贫战略实施以来，我国在脱贫攻坚实践中形成了一系列成果，如后脱贫时代下预防贫困的代际传染、贫困再生、防止脱贫成果的脆弱性等，提供了宝贵借鉴，运用好已有的经验做法，对脱贫攻坚成果的有效巩固拓展起到了不可替代的作用。

第三，巩固拓展脱贫攻坚成果有益于推动经济的高质量发展。巩固拓展脱贫攻坚成果，是稳定和促进社会发展的有效手段。它能促进脱贫地区的基础产业、战略性新兴产业和现代服务业"三位一体"格局的形成；能有力推动脱贫地区资源的有效开发和利用，促进脱贫地区的全方位发展，酝酿形成新的经济增长点，并为全面推进乡村振兴战略、实现共同富裕目标提供智慧和方案。与此同时，脱贫攻坚过程中形成的扶贫资产、基础设施和产业项目等，将会在乡村振兴阶段继续发挥重要功能并持续产生减贫脱贫价值。

## 二、巩固拓展脱贫攻坚成果的主要内容

首先，在理论指导和方法论方面，必须加强科学的反贫困学理支撑。中国的反贫困理论与政策研究，需要进一步以马克思主义方法论为指导，提升马克思主义中国化的研究水平。现有反贫困研究的理论框架大部分源自于国外学者基于西方社会经济现实为基础的分析，很难全面解释、科学回答发展

中国家的贫困治理现状及提出治理方法，对中国反贫困的指导意义有待强化，而中国特色的反贫困道路和反贫困政策体系则能为国际社会反贫困提供更具现实价值的重要借鉴，特别是精准扶贫思想科学地回答了反贫困、人类整体发展问题，譬如，提出构建"人类命运共同体"、提出解决人类共同面临的贫困问题的有效举措。虽然当前贫困治理获得良好成效，但反贫困的理论研究依然比较欠缺，关于贫困治理的研究虽然取得了一定进展，但由于各种长效理论支撑、学术文献相对不足，迫切需要以马克思主义科学方法论和马克思主义政治经济学为指导，提升马克思主义中国化的研究水平，构建与中国特色社会主义理论体系一脉相承的反贫困理论体系。同时，关于贫困治理的系统化、深入研究还非常有限，当前在反贫困研究的方法论上倾向于实证主义方法、主观因素和综合因素方面研究，多数反贫困研究仍停留在客观因素的变化对贫困状态影响的阶段，或停留于单项扶贫措施的经验分析层面，影响了对贫困问题更全面、深入的剖析，需要从多学科交叉的视角，对巩固拓展贫困治理理论体系与创新进行系统、全面的阐释与应用，进一步提高研究方法的规范化程度，提高反贫困的可执行性和实施效率。现实情况下，需要对不同反贫困政策措施的科学性和有效性进行深度检验和总结，并为新一轮反贫困政策制定提供学理来源与实践运行依据。

其次，在实际操作方面，要加强稳定及延伸脱贫攻坚成果的有益做法。在"巩固"方面，一是稳定脱贫人口、提升治理能力。巩固脱贫攻坚成果的基本任务是稳定已脱贫人口，防止并减少返贫现象，因此建立返贫预警监测机制十分必要。除了帮扶本身取得的成果，通过脱贫攻坚还构建了更加紧密的干群关系，大量干部在帮扶过程中提升了工作能力和业务素质，各级政府也在脱贫攻坚过程中塑造了良好形象。因此，巩固脱贫攻坚成果也意味着要持续改善干群关系，使人民群众更加支持和拥护地方政府，地方政府也能够在治理能力提升的过程中不断增强回应人民美好生活需求的能力，实现共建共治共享的贫困治理格局。巩固脱贫攻坚成果的最前沿最基础环节在乡村，巩固提升村级组织的治理能力也是巩固脱贫攻坚成果的应有内容。二是巩固脱贫攻坚政策机制。从政策持续角度看，要进一步巩固、完善和弘扬脱贫攻坚阶段的"政策红利"，如帮扶开发体制、帮扶产业项目及其载体、扶志扶智与激发内生动力的主要举措和经验、精准瞄准与靶向施策、社会力量广泛参与的社会大帮扶格局的政策运用等。从巩固增强薄弱环节看，脱贫攻坚阶段在产业扶贫、公益性岗位扶贫、搬迁帮扶和兜底帮扶等方面还存在短板，在今后的贫困治理新阶段即乡村振兴阶段要尽快补齐不足。实现收入稳定及优化收入结构，着力增加脱贫人口劳动的工资性和资产性收入。

在"拓展"方面，一是拓展脱贫攻坚成果的多维度受益范围。脱贫攻坚成果的既有受益范围，主要覆盖了贫困群体和贫困村庄，但处于贫困边缘的群体、非定位为贫困村的则相对受益不足，因而出现了贫困人口与非贫困人口、贫困村与非贫困村帮扶政策受益中的"悬崖效应""边缘效应"。此外，脱贫攻坚工作及其成果主要展现在乡村，而对于广大城市出现的处于贫困状态的人员则关注不足，因此，脱贫攻坚成果的拓展也在于关注城镇贫困人口对脱贫攻坚成果的分享和受益。二是拓展脱贫攻坚成果的保障水平。尽管我们已如期实现脱贫攻坚的既定目标，但是贫困人口退出的标准比较低，脱贫家庭以及贫困边缘家庭的生计不稳定现象仍较为突出。另外，拓展也意味着从现阶段以关注收入为主延伸到关注教育、医疗、社会保障、生活生态环境等综合状况。从社会兜底保障情况看，多地的社会保障兜底水平与贫困线仍处在同一个水平，不能衡量和满足人们日益增长的消费与发展需求。因此，社会兜底扶贫工作成果仍需向更高水平拓展，实现扶贫开发与社会保障的互嵌格局。三是拓展脱贫攻坚成果的治理机制。脱贫攻坚形成了一整套成体系机制和办法，实践已经证明了其有效性，在消除相对贫困治理、推进乡村振兴的新阶段，要对贫困治理现有成果进行拓展优化，形成更具实效性的减贫机制。另外，脱贫攻坚形成的大量有形及无形资产，管理好这些资产并实现高效利用也是拓展脱贫攻坚成果的重要内容，因此，要建立更常态化可持续的扶贫资产管护机制。此外，要形成社会力量参与贫困治理的常态长效机制，在贫困治理机制方面继续进行拓展升级，尤其是要弥合不同层级贫困治理主导逻辑差异所带来的治理张力及内在分歧，健全发展社会多元主体主导的贫困治理机制。

### 三、巩固拓展脱贫攻坚成果的有效对策

巩固拓展脱贫攻坚成果包括"巩固"与"拓展"两个重心，"巩固"与"拓展"虽有着不同的指向，但两者在逻辑上紧密相关、相辅相成、不可分割，一方面"巩固"是"拓展"的重要前提和必要基础，另一方面"拓展"是"巩固"的强化和延展。"巩固"与"拓展"既需要多方的统筹配合，也需要有针对性的工作路径，主要做好以下方面。

第一，政策的稳定与持续支持。保持帮扶政策与财政资金投入力度的稳定，对于巩固拓展脱贫攻坚成果意义重大。政策的稳定与持续，在当前贫困治理既有政策话语中，集中体现为"四个不摘"即摘帽不摘责任、摘帽不摘帮扶、摘帽不摘政策、摘帽不摘监管。"摘帽不摘责任"强调各级党委和政府对于脱贫帮扶具有主体责任，即使辖区内的贫困县、贫困村和贫困人口已经实现了退出，但帮扶责任仍要通过持续的帮扶工作进行巩固落实。"摘帽不摘帮扶"强调无论是行业部门帮扶、驻村工作队帮扶、中央机构定点帮扶、区域协作帮扶、企业帮扶，还是其他类型社会主体的帮扶，在绝对贫困消除后仍将继续。"摘帽不摘政策"强调的是即使已经退出贫困县、贫困村或建档立卡贫困户行列，国家的一系列帮扶政策还要持续，比如产业、就业、医疗健康、兜底保障、搬迁移民政策等，稳定政策以更加稳固脱贫攻坚成果。"摘帽不摘监管"则强调，无论是持续投入的帮扶资源，还是工作人员的状态和投入度等，都仍将被纳入监督检查的范围。通过持续的监管，不仅为脱贫人口的监测与预防提供保障，同时也为帮扶工作动力的激发提供持续的外在压力。

第二，建立城乡融合、区域融合、健全完善的多主体协作帮扶机制。继续实施协作、支援和社会帮扶等工作，不仅可以通过外力改变欠发达地区脆

弱的资源禀赋结构，同时还有助于引导并促进城乡、区域之间各要素资源的平等交换和双向流动。对城乡融合而言，要以城乡一体化作为巩固拓展脱贫攻坚成果提供城乡融合的新动力、新引擎，形成系统化的城乡融合体制机制。城乡融合发展要以产业多元新业态发展为基础，实现乡村产业与城市工业投资收益率的趋同，进而实现城乡居民收入差距的不断缩小。对区域协作而言，其重点在于帮助欠发达地区建立新的产业业态，实现对这些地区农业产业和劳动密集型产业的升级改造，引导科技创新型企业向这些地区布局。除此之外，要完善人员流动机制，比如建立欠发达地区人口在发达省份实现市民化的系统政策，实现资源跨区域调配并缩小区域发展差距。对口援助以建立更加公平的要素互换与利益共赢机制，对不平等的要素交换与流动进行抑制，坚持优势互补、共同发展。对社会力量参与帮扶而言，则应强调通过各方参与，促进人、财、物等要素持续建设乡村、推动乡村区域发展，克服当前社会力量参与脱贫攻坚的碎片化和信息不透明的问题，实现帮扶双方的共赢。

第三，建构返贫和新致贫的预警监测机制。监测预警工作的重点是要反映目标群体的收支以及生命健康等重大变动情况，结合形势创新探索新型预警监测机制，才能切实摸清帮扶对象底数、强化动态管理、阻断贫困根源、提升造血功能，全面巩固拓展脱贫成效。首先，巩固拓展脱贫攻坚成果需要聚焦并明确重点目标人群。从巩固成果的本质指向上看，低水平越过贫困线的脱贫人口、未进入建档立卡范围的边缘人口、受家庭生命周期或特定事件影响的收入显著减少以及消费显著增加的农户等，都是巩固拓展脱贫攻坚成果需要重点关注的群体对象。其次，从各地的实践看，脱贫县已经建立了针对脱贫不稳定农户、边缘农户、因病因灾等意外原因可能导致返贫或新生贫困现象的监测与预警机制，但这种监测与预警机制的难点在于如何及时将目标群体的最新情况信息进行收集。从可行的途径看，依托驻村工作队或村干部进行信息的及时收集是可行的，对返贫或新致贫的群体，可通过设置家庭特定事件制定预防性帮扶方案，也可以通过设立专项救助、制定专门的社会救助政策、以"靶向"救助来进行有效解决。

第四，延展脱贫攻坚成果的价值使命。我国已通过脱贫攻坚实现全面建成小康社会，但是新时代中国社会的主要矛盾仍然存在。拓展脱贫攻坚成果的价值使命在客观上要求我们接续开展相对贫困的治理，通过持续的贫困治理使脱贫攻坚阶段的绝对贫困治理成果发挥推动共同富裕和更高水平社会福祉目标实现的功能。相对贫困致力于解决社会不平等、分配不合理、发展不均衡不充分的问题，而脱贫攻坚阶段的成果在一定程度上已经缓解了这些方面的内容，但要做好相对贫困的治理，仍需要在已有脱贫攻坚成果的基础上持续改善公共服务、基础设施、社会保障、经济社会发展等方面的城乡差异、区域差异。从这个意义上讲，脱贫攻坚的成果不能局限于现有发展水平，而是要实现动态持续稳定稳固、推进发展。

在脱贫攻坚过程中，我国在社会动员、组织建设、产业发展、体制机制和人才培育等方面积累了大量经验，实现一系列扶贫体制机制的创新和科学完善的扶贫工作考核评估机制建立。但需注意的是，从脱贫攻坚到乡村振兴，从绝对贫困治理到相对贫困治理，脱贫攻坚阶段所采取的一些超常规的工作机制和手段并非完全适应新阶段的工作要求，一些帮扶政策可以延续，但仍有些举措需要与时俱进变革和创新。比如，脱贫攻坚经验与机制的迁移应用，要厘清政策的目标群体和治理边界差异；脱贫攻坚经验的应用还需要放置在新型城镇化战略和城乡融合发展机制中进行统筹考虑，还应持续将农村基层组织创新作为农村内部发展的核心驱动力；充分重视乡村价值再造和内生动力激发，持续提升外力帮扶与发展干预行动的实际成效，等等。

## 第二节　贫困治理与乡村振兴的衔接

脱贫攻坚成果的巩固与拓展，要为实现更全面更高质量的小康社会建设提供保障，因此，巩固与拓展脱贫攻坚成果要放置在我国社会远景发展目标中设置确定好角色与任务，放置在全面推进乡村振兴战略的框架下进行推进。脱贫摘帽不是终点，而是贫困治理奋斗的新起点。打赢脱贫攻坚战、全面建成小康社会后，我们要加快在巩固拓展脱贫攻坚成果的基础上，加快乡村振兴步伐，接续推进人民群众生活的再改善。脱贫攻坚与乡村振兴的有效衔接不仅是后脱贫攻坚时期解决中国新时代社会主要矛盾的必然要求，更是中国特色社会主义反贫困理论丰富的客观要求。巩固拓展脱贫攻坚成果同乡村振兴有效衔接，关系着全面建设社会主义现代化国家全局要求和第二个百年奋斗目标的实现。

乡村振兴具有马克思经典思想的理论来源；做好乡村振兴，重点在于分析把握好乡村振兴体系的产业振兴、人才振兴、文化振兴、生态振兴、组织振兴五大目标内容的意义价值及实践可行操作；财富伦理嵌入乡村振兴要在注重效率、公平共享、人本价值旨归等方面继续提供学术支撑。同时，要充分认识到实现巩固拓展脱贫攻坚成果同乡村振兴有效衔接的重要性、紧迫性，做好统筹安排，着力提升包括脱贫群众在内的广大人民能过上更加美好、质量更高的生活，共同朝着实现全体人民共同富裕的目标迈进。

## 一、马克思经典思想溯源

马克思恩格斯关于"三农"的理论、马克思产业思想、马克思关于城乡关系思想的科学阐述，是社会主义国家农村发展、贫困治理的思想来源和实践依据，对我国的乡村振兴战略具有深刻的指导意义。

### （一）农村发展理论

党的十九大报告指出："实施乡村振兴战略，农业、农村、农民问题是关系国计民生的根本性问题，必须始终把解决好'三农'问题作为全党工作重中之重。"早在一百多年前，马克思恩格斯就提出在农村发展中，农业具有基础地位、农民占据主体地位的思想，为解决贫困提供了重要的思想来源依据。

第一，是对农业发展基础性地位的认可。马克思把农业劳动看作是除它之外所有劳动存在和发展的基础和前提。在《资本论》中，马克思指出："农业劳动（这里包括单纯采集、狩猎、捕鱼、畜牧等劳动）的这种自然生产率，是一切剩余劳动的基础；而一切劳动首先并且最初是以占有和生产食物为目的的。"[①] 从社会角度而言，农业劳动为其他劳动提供必要的生产资料和生活资料。在机器大工业生产时期，资本家们对原材料无穷无尽的需求，从农业劳动中汲取原料与养分，从而达到原始积累的目的；从个人角度而言，衣食住行一直都是人类历史发展长河中必不可少的因素，解决好最基本的生活保障，人们才有精力进行社会生产。换句话说，农业劳动是所有劳动存在的源泉和动力。只有农业发展好，社会才会在其基础上更上一层楼。总之，农业发展是社会发展的筑本之基。

第二，是对农民利益的主体性地位的肯定。马克思最先在《关于林木盗窃法的辩论》一文中表达了对农民处境的同情。随着马克思对资本主义生产关系的不断深入研究，他越发感受到农民之于无产阶级革命的重要性。在1848年欧洲革命之后，马克思恩格斯提出了"工农联盟"的观点。恩格斯在1894年《法德农民问题》中全面系统地阐述了农民利益的重要性，他强调要"以政府的身份采取措施"让农民参与进来。牺牲经济保农业，加大对"三农"领域的补助与投入。把社会资金用在农民身上，这件事在资本主义大环境下看似是白花钱，但其更深层次的含义则是一项非常经济的投资，因为农民人口众多，遍及各个生产领域，在政治领域中也是不可或缺的重要力量。无产阶级想要夺取政权，就要与农民成为最亲密的朋友，并得到农民的支持与拥护，"只有农民群众加入无产阶级的革命斗争，无产阶级才能成为战无不胜的民主战士"。反之，得不到农民的支持，"它在一切农民国度中的独唱是不免要变成孤鸿哀鸣的。"这充分体现出农民在整个阶级革命中的

---

① 《马克思恩格斯文集》第7卷，人民出版社2009年版，第713页。

关键地位。

第三，是对农业合作化的积极倡导。马克思认为农业化合作运动是现代社会发展的重要力量之一："这个运动的重大功绩在于，它用事实证明了那种专制的、产生赤贫现象的、供劳动附属于资本的现代制度将被共和的、带来繁荣的、自由平等的生产者联合的制度所代替的可能性。"马克思和恩格斯对农业合作化的运行和发展作了深度探讨。恩格斯在《法德农民问题》中认为，因小农本质属性与无产阶级有差异，所以在面对合作社改革时，起初就将其个人生产变为合作社的生产，将其土地占有变为合作社的土地占有。马克思也指出，可以通过国家的力量改变土地私有化的状态，实现土地集中，进而通过农村合作社实现合作化经营，这种合作化有利于集中小的土地，实现了生产资料的利润最大化，有利于提高农民积极性，促进农业产量的提高，有利于提高农业合作社的规模效益，让土地耕作发挥最大价值，进而促进生产力的繁荣与发展。同时，恩格斯在《法德农民问题》中也指出，农民由于在观念上受小农私有意识的桎梏，因此在推动土地国有化的过程中会出现反复的状况。要想实现无产阶级的领导必须要在各方面改造农民。但恩格斯也指出，建立无产阶级政权要用合作社并辅以示范和帮助，用农民可以接受的改造方式，而不是直接通过暴力进行改造。在《论住宅问题》中，恩格斯认为应该通过引导示范来让农民认识大规模联合经营的优越性，尤其是大地产的模式，即只有通过规模化经营，才能让现代机器和辅助工具应用到农业生产中，从而促成农民选择合作化经营。在以小农经济为主导经济的国家，社会主义革命胜利后，不能采取激进的强征措施来集中农民的土地，而是应通过经济的道路来实现土地私有向集体所有转变。对于土地变为无产阶级联合体财产的问题，在无产阶级政权下，实现土地使用权为农业劳动者所有，就可以实现劳动阶级对社会的支配。

基于对农业基础性地位的重视，马克思恩格斯总结了英、法、德等国在社会经济转型方面的经验，一方面肯定了资本主义对于改造农业和土地制度的重要意义，另一方面也认识到私有制与现代化农业有着不可调和的矛盾，并指出社会主义现代化农业必将成为未来的趋势。资产阶级工业革命，用工业化和现代化的科学技术组织生产，很大程度上改变了原有的传统农业生产方式，提高了社会生产力。与此同时，马克思也看到工业时代的来临使得大量的小农经济破产，变为无产阶级。马克思看到资本主义社会中不合理的农业现实主义，并提出了"农业合理化"的理论。他认为，社会主义现代化农业的标志是规模化、科技化和社会化，其基础是集体所有制基础上的合作组织，其目的是消灭农工、城乡差异，最终实现人的自由。

### （二）产业思想

马克思经济理论虽未直接提出现代产业体系的理论，但却存在大量的产业发展思想，这些思想共同为现代产业体系构建奠定了科学理论基础。

第一，产业辩证认识论基础。马克思所处的时代，正是机器的发明及其广泛使用驱动产业革命的时代。这个时代，资本主义社会生产活动绝大部分集中在物质生产领域，人文精神产品和专利、标准、商标等社会关系产品的生产还没有成为社会生产的主导部分。在这种特定的历史条件下，马克思从自然物质资料的生产出发，指出产业是"包括任何按资本主义方式经营的生产部门"[①]，并按照产品的最终用途把产业分为生产资料和消费资料的生产两大部类，每个部类下面又分为若干个产业部门。同时，马克思产业思想对产业结构转型升级与非马克思理论有着不同的认识论基础。在非马克思理论之中，一项产业活动根据活动中所做的工作被划分为农业、制造业、服务业等统计分类。这种方法本质上是基于活动的外在现象划分，是基于活动的表面的、可观察的经验特征。而马克思产业思想中对产业活动的分类则认为是取决于这项活动的潜在社会形式和其表面之下的社会关系。在理解和分类产业活动时，在很大程度上最重要的是不可观察的特征，例如，这项活动与生产的关系、与剩余价值实现的关系，而不是表面上可以观察到的现象。在说明

---

① 《马克思恩格斯选集》第 2 卷，人民出版社 2012 年版，第 313 页。

现象上看似相同的劳动成效观点时，马克思在《政治经济学批判》第一卷中以作家、歌手和校长举例说明生产性劳动或非生产性劳动。① 作家、歌手和校长在不同的情况下写作，歌唱或教学都可以是生产性劳动或非生产性劳动，比如因为自己兴趣创作"失乐园"作品的作家是非生产性的，但是如果作家创作并将作品卖给出版社赚钱就是生产性的；一个教导他人的校长不是生产性的，但是为了学校的工资传播知识的校长工作就是生产性的。因此，不能通过简单地观察产业活动的外在现象或特征来确定其形式，而是应基于进行活动的社会形式来确定，与西方经济学等其他理论中分析产业部门使用的经济分类具有根本不同的认识论基础。

第二，产业科学分类视角。将产业活动分组在一起时是理解产业活动最重要的核心，马克思产业思想并未和西方经济学一样将产业部门视为对产业活动进行分类的主要组织类别，主张分析产业活动应根据它们适合资本循环的位置进行最合适的分类。无论是古典经济学和马克思产业思想，还是新古典经济学和凯恩斯主义，所有经济理论的根本不同就在于分配和社会维持活动是属于生产性领域还是非生产领域。马克思产业思想认为，将产业活动分组在一起时，有利于发现这些活动的哪个方面是最重要的共同特征，发现产业活动在资本循环中的位置，这是理解产业活动及产业结构最重要的核心。具体来说，关注一项活动是否产生剩余价值，是否生产商品以及生产劳动参与了该活动。因此，马克思对产业结构转型的分析首先将产业活动分类为两个部分，即产生剩余价值的活动与资本循环的其他部分或之外的活动。剩余价值在商品的生产中产生，在商品以资本衡量并被出售时实现，一项活动可以根据其是否生产商品进行分类。在国家统计资料中的产业部门和西方经济学活动分类中使用的产业部门分类与马克思产业思想的观点明显不同，那么其如何与马克思主义分析产业结构的分类活动进行比较和联系呢？首先需要明确非生产性劳动在所有的经济部门之中进行；其次，剩余价值只有在生

---

① Karl Marx, *Capital: A Critique of Political Economy*, London: Penguin Press, 1976, p.1044.

产性劳动中才能产生，而不是在资本的循环阶段之中产生。在马克思产业思想中，产业活动的分类不是按统计资料中产业部门划分，而是按资本循环中的位置划分，这样的产业分类活动的视角、理论基础和应用实践是独一无二的，也更加有利于分析产业结构变迁，使资源配置合理。

第三，产业生态化的必然性。马克思认为，物质产品的生产产业和人文精神产品的产业的同时发展具有同等重要性。因为，生产是以满足人类需求和实现人的全面发展为根本目的，而人的需要是多样性的，既有生存的需要、也有精神享受的需要，"一有了生产，所谓生存斗争不再单纯围绕着生存资料进行，而要围绕着享受资料和发展资料进行"①，"已经得到满足的第一个需要本身、满足需要的活动和已经获得的为满足需要而用的工具又引起新的需要"②。人的全面发展除了人自身的全面发展外，还包括人与其自身生存和发展的自然环境、社会环境的同步发展，人的全面发展就是在合理需求的不断满足和新的需求不断产生的过程中实现的。因此，整个产业体系总是围绕着满足人类不断更新的物质生活资料，人与人、人与社会在生产过程中的关系和谐的需要以及人的精神需求逐渐提升而不断演变的。根据马克思的理解，产业健康发展有两个层面：一是在物质产品的生产中走生态道路，促进经济发展方式变革；二是加快发展人文精神产品的产业，满足公众的精神文化需求，提高人的综合素质，确保人的健康安全。

### （三）城乡关系思想

19世纪中期，马克思恩格斯在揭示资本主义社会发展规律时，批判地吸收了空想社会主义关于城乡关系发展的观点，对城乡关系进行深刻的研究以及对未来社会的城乡关系进行科学的设想，形成了城乡关系从分离到融合的城乡关系理论。马克思在《资本论》中提出"城乡的矛盾运动的总结"与"社

---

① 《马克思恩格斯选集》第3卷，人民出版社2012年版，第987页。
② 《马克思恩格斯文集》第1卷，人民出版社2009年版，第531—532页。

会的全部经济史"地位等同。因此，城乡关系协调发展是社会真正大发展大繁荣的根本，城乡关系的面貌发展是社会面貌发展的展现，这为新时代我国在推进乡村振兴中正确理解城乡关系、促进城乡融合指明了前进方向。

第一，城乡分离的原因与弊端。马克思在《哲学的贫困》中正式提出"城乡关系"这一范畴，强调城乡关系在某种意义上决定着社会的发展面貌。对城乡分离的原因，马克思认为，城乡分离是资本主义制度和生产力发展的必然产物，在资本主义社会，城乡分离与对立是不可避免的，私有制以及其生产方式下的劳动异化导致了城市与农村之间出现分离与利益对立。马克思在《德意志意识形态》中提到民族分工会导致"一种对立"和"两种分离"。"一种对立"是指城乡利益的对立，因为"这种对立鲜明地反映出个人屈从于分工、屈从于他被迫从事的某种活动，这种屈从现象把一部分人变为受局限的城市动物，把另一部分人变为受局限的乡村动物，并且每天都不断地产生他们利益之间的对立"[①]。资本主义的产生和发展致使工业和人口集中于城市，并为城市的工商金融资本剥削农业生产者创造了便利；"两种分离"一是指工业劳动者和农业劳动者的分离，二是指城市和乡村的分离。由于生产力极大程度的提高，被细化的社会分工使得城市和乡村之间的密切度降低，城市劳动者和乡村劳动者受限于大工业下的高强度劳动，首先造成了劳动者之间的分离，随着生产力水平的不断提高，社会分工也逐渐细化，商品经济快速发展，城市和乡村的劳动者隶属于不同的经济利益体，导致城乡关系最终走向分离。

马克思进一步指出，城乡分离造成"资产阶级使农村屈服于城市的统治"，城市剥削农村的现象极为突出，城乡差距不断扩大，而资本主义大工业的发展将农村人口会集到了城市，庞大的城市人口所消费土地的组成成分，形成对土地的大量消耗和巨大掠夺，对乡村发展和农业生产造成灾难性的后果。

---

① 《马克思恩格斯全集》第 3 卷，人民出版社 1960 年版，第 57 页。

第二，城乡融合具有必然性。马克思在《资本论》中提出了城乡发展差距大是造成农业发展缓慢的原因之一，提出要通过城乡融合逐步消灭城乡对立，解开束缚农业发展的栓结。"工农联盟"理论的出现和运用，将城市和乡村之间的关系变得更加密切。马克思、恩格斯提出资本主义发展时期，机器工厂在全国范围内大规模地建立，可以消灭城市和乡村之间的差别和对立，"资本主义生产方式同时为一种新的更高级的综合，即农业和工业在它们对立发展的形式的基础上的联合，创造了物质前提"[1]。在《政治经济学批判》中他们把现代和古代对城市和乡村的理解进行了深刻的阐述与分析，强调乡村城市化是社会发展的必然表现，城市在中心辐射方面的作用毋庸置疑，有利于以点带面，辐射周围乡村，促进乡村在各个领域快速发展。

城乡社会对立的根源在于私有制的存在，共产主义社会城乡对立会消失。城乡对立不是永久的，而是相对的。城乡发展的必然趋势是走向城乡融合，随着城乡经济社会的发展，城乡之间将由对立状态，逐渐转向融合状态。并指出实现城乡融合要具备两个条件：一方面，推动生产力发展，通过大工业带动城市化和农业现代化，进而促进城乡融合；另一方面，消灭资本主义制度，建立无产阶级专政的社会主义制度，进而把城市与农村、工业与农业、工人与农民结合起来，最大限度地促进生产力发展和城乡融合。

总而言之，马克思关于农业、产业、城乡问题的深刻分析及实践引领，为我国推进贫困治理提供了起点论、方法论、实践观。乡村振兴战略就是对马克思、恩格斯理论的创新发展，体现了新时代中国特色社会主义贫困治理新战略的与时俱进。

## 二、乡村振兴的内容要义

乡村振兴五大目标内容是产业振兴、人才振兴、文化振兴、生态振兴、

---

[1]　《马克思恩格斯全集》第 23 卷，人民出版社 1972 年版，第 552 页。

组织振兴。其中，产业振兴是实现乡村振兴的首要和关键，只有把乡村的产业发展事业做好才可以真正实现乡村振兴战略的科学、持续、健康发展。乡村组织振兴，深化村民自治实践，必须健全以党组织为核心的基层组织体系，更好地按照党的意志和精神领导基层治理，动员组织广大农民，推动乡村全面振兴。

第一，乡村产业振兴是乡村振兴的第一要务。习近平总书记指出："产业兴旺，是解决农村一切问题的前提。"① 乡村产业是乡村振兴的基础，是推进农业农村现代化的根本保证，大力发展现代乡村产业具有重要现实意义。

产业振兴是乡村振兴的重要支撑。产业振兴是乡村振兴战略的首要任务，是解决发展不平衡不充分问题的关键。要实现乡村振兴的宏伟目标，就必须优化农村产业结构，建立现代农业产业体系，巩固农业基础地位，维护国家粮食安全，进而实现农村产业可持续发展。农业是国民经济的基础产业，纵观世界强国发展史，一个国家要真正强大，必须拥有强大农业作支撑，必须把产业振兴作为乡村振兴的重中之重，不断延伸和拓展农业产业链，积极培育农村新产业新业态，为乡村振兴提供强有力的支撑与保障。

乡村产业振兴是实现共同富裕的物质基础。当前我国居住在农村人口比例大，农村居民收入水平相对较低，城乡发展差距较大，实现共同富裕最艰巨最繁重的任务在农村。推动乡村产业振兴，是巩固脱贫攻坚成果，拓宽农民收入来源，保障农民充分就业，扎实推动全体人民共同富裕的必然要求。实施乡村振兴，必须大力发展乡村产业，推动实现农业农村现代化，为推进共同富裕奠定坚实的物质基础。

乡村产业振兴是增强农村内生发展动力的必由之路。农民是乡村振兴的主体，农村要发展，根本要依靠亿万农民，充分发挥农民的主体作用和首创精神，重视农村内生发展动力的培育。当前农村人口空心化现象十分

① 习近平：《把乡村振兴战略作为新时代"三农"工作总抓手》，《求是》2019年第11期。

严重，培育乡村产业有助于凝聚乡村振兴"人气"，留住乡村人口，激活农村要素市场，促进农村产业升级，拓展农民增收渠道，增加农民就业空间。

乡村产业振兴是保障我国粮食安全之基。我国人口众多，解决好吃饭问题，实现粮食自给自足，确保粮食有效供给，是实施乡村振兴战略的首要任务。粮食安全是国家安全的基础，在全面建设中国式现代化的大背景下，必须筑牢国家粮食安全的"压舱石"，紧紧依靠科技创新，确保粮食和重要农产品有效供给。

第二，乡村人才振兴是乡村振兴的关键环节。人才资源是乡村振兴中不可或缺的推动力量，乡村振兴需要大量人才作为支撑。一方面，农村经济正在向现代化、多样化和服务化转型，需要大量技术、管理和服务人才；另一方面，农村基础设施建设、环境治理、生态保护等任务也需要大量人才支持。所以，乡村振兴需要很多高素质的人才，这些人才不仅需要有专业技能，还需要有创新精神、管理能力和社会责任感。人才可以为乡村振兴注入新的动力，带来新的发展机遇。

人才是第一资源，是强国之本、兴业之基。乡村要振兴，关键在于人。乡村振兴，核心在"能人兴村"，激励更多的人才积极投身到乡村振兴大业中去。在乡村振兴中，人才的作用主要体现在以下方面。首先，人才是推动农村经济发展和转型的关键力量，人才可以为乡村振兴带来创新思维和技术支持。乡村经济正在向现代化、多样化和服务化转型，需要大量的技术、管理和服务人才。在现代化的生产和生活中，科技所产生的作用是不可忽视的。乡村振兴需要引进现代化的技术和管理方法，提高农村生产效率和质量，这些人才可以帮助农村企业实现技术升级、产品升级和市场化，提高经济效益和竞争力。其次，人才是农村社会发展的重要支撑，人才可以为乡村振兴提供管理和运营的支持。乡村社会需要大量的教育、文化、医疗、养老等服务，这些服务离不开人才的支持。同时，人才还可以帮助乡村社会推进环境治理、生态保护、文化传承等方面的工作，提高农村社会的整体素质和生活水平。人才还可以通过对乡村资源的整合和管理，提高资源利用效率，推动乡村发展。最后，人才可以为乡村振兴提供市场开拓和推广的支持。乡村振兴需要推广自己的品牌和产品，扩大市场占有率，而这需要具备市场营销能力的人才来提供支持。他们可以通过研究市场需求和消费者行为，提供更多符合市场需求的产品和服务，从而推动乡村振兴。

人才是乡村振兴的重要推动力量，他们能够为振兴乡村注入新的动力，从而推动乡村经济的发展。但是，当前中国农村存在人才储蓄量低下、人口文化程度不高、深耕难度大等问题，导致人才"招不来""留不住""上不去"。需要采取切实有效举措，为推进贫困治理事业奠定好乡村人才振兴的根基。

第三，乡村文化振兴是乡村振兴的重要保证。乡村文化振兴是乡村全面振兴的重要环节，能够为实现其他四个方面的振兴提供精神动力和良好的人文环境，而实现乡村文化振兴关键是要在坚持社会主义核心价值观的引领基础上，深入挖掘当地优秀传统文化。乡村优秀传统文化中不仅包含着独具特色的民间习俗、孝悌忠信的传统价值观，也寄托着对故土的乡愁，这些都是中华民族一脉相承的灵魂，是乡村的"魂"。习近平总书记提出，"乡村振兴，既要塑形，也要铸魂，要形成文明乡风、良好家风、淳朴民风，焕发文明新气象。"[1] 只有抓住乡村文化这个"魂"，在发展产业、经济塑形的同时，加强乡村精神文明建设、丰富居民的精神世界，凝聚起乡村向上向善的力量，才能保持农村风清气正的良好风貌，实现乡村振兴的战略目标。"富口袋"与"富脑袋"要同时进行、同步推进、齐头并进，共同富裕不仅是物质条件的脱困，更是精神文化上的富足。

随着乡村经济社会的发展和城镇一体化的推进，人们在物质层面的需求得到满足的同时，对精神层面的需求也有了新要求，如果没有先进文化的熏

---

① 中共中央党史和文献研究院：《习近平关于"三农"工作论述摘编》，中央文献出版社2019年版，第123页。

陶，会出现乡民乡愁记忆不断模糊、乡村文化荒芜、乡村民众在精神上无所依归的现象。因此，加强乡村文化建设，在推动乡村文化振兴中厚植文化软实力，对提高乡民整体的道德文化素质，促进乡村人民精神层面的富裕具有重要作用。通过先进文化的引领，广大村民会逐渐养成优秀的意志品质与高尚的道德情感，树立正确的价值导向，进而形成讲道德、有道德、守道德的乡风文明。这不仅能够增强乡村社会思想凝聚力，而且还能维护乡村的和谐稳定，为全面推进乡村振兴、实现乡村的高质量发展、推动中国式现代化的发展提供精神保障。

第四，乡村生态振兴是乡村振兴的根本所在。以绿色发展推进人与自然和谐共生的现代化，是中国式现代化的题中应有之义。作为中国式现代化任务最艰巨、短板最大的农村，实现乡村生态振兴任重道远。

实施乡村振兴战略，是新时代"三农"工作的总抓手。深刻认识实施乡村振兴战略的重大现实意义，是推进贫困治理的突破点。

一方面，农业农村农民问题是关系国计民生的根本性问题，必须始终把解决好"三农"问题作为全党工作重中之重。只有实施乡村振兴战略，把"三农"问题彻底解决好，才能为全面建成小康社会补齐短板。全面建成小康社会，广大农村地区尤其是经济社会发展比较滞后的中西部地区农村是重中之重、难中之难。正如习近平总书记所言："全面建成小康社会，最艰巨最繁重的任务在农村、特别是在贫困地区。没有农村的小康，特别是没有贫困地区的小康，就没有全面建成小康社会。"[①] 只有让包括广大农村地区特别是贫困落后地区农村的所有人共享经济社会发展的繁荣成果，实现城乡协同发展，才是真正意义上的实现小康。

另一方面，乡村振兴战略适应我国发展的阶段性特征和中国特色社会主义进入新时代的历史方位要求，推动建立以城带乡、整体推进、城乡一体、均衡发展的义务教育发展机制，健全覆盖城乡的公共就业服务体系，推动城

---

① 《习近平谈治国理政》，外文出版社 2014 年版，第 189 页。

乡基础设施互联互通，完善统一的城乡居民基本医疗保险制度和大病保险制度等，不断提高城乡基本公共服务均等化水平，不断增强乡村居民的幸福感和获得感。

但是，当前乡村振兴面临"瓶颈"问题，比如，部分农民仍存在绿色发展意识不强、农村绿色基础设施薄弱、农业绿色产业支撑不够、绿色发展制度供给不足等，这些构成了中国式现代化视域下乡村生态振兴的现实困境。乡村生态振兴，重点表现为乡村的高质量发展、绿色发展与可持续发展，因此，在全面推进乡村振兴中，我们必须坚持生态优先、绿色发展的原则，贯彻落实好绿水青山就是金山银山的发展理念，在推动乡村经济高质量发展的同时注重生态治理保护。

第五，乡村组织振兴是乡村振兴的重要基石。党的基层组织是党的肌体的"神经末梢"，是最基本的"战斗堡垒"，因而也是我国贫困治理下一步成功的关键。农村基层党组织与基层群众距离最近、联系最广、接触最多，是党在农村全部工作和战斗力的基础。要推进乡村振兴，必须紧紧依靠农村党组织和广大党员，使党组织的战斗堡垒作用和党员的先锋模范作用得到充分发挥，带领群众同频共振，推进"五大振兴"。组织振兴也是乡村全面振兴的重要内容。"五个振兴"相互耦合，形成一个互为关联、联系紧密、逻辑清晰的有机整体，是实施乡村振兴战略的行动指南。组织振兴作为"五个振兴"之一，必须切实抓好以基层党组织为核心的乡村各类组织建设，充分发挥各类组织的影响力、战斗力、凝聚力。唯有如此，才能最大限度地凝聚起推进乡村振兴战略的工作合力，这也是乡村振兴的应有之义。组织振兴还是乡村全面振兴的现实需要。基层党组织是实施乡村振兴战略的"主心骨"，发挥着"一线指挥部"和"前线先锋队"作用。如果党的基层组织作用发挥不充分，就无法将党的路线、方针、政策贯彻落实到基层群众中去，乡村振兴就无从谈起。要推动乡村组织振兴，就要打造好坚强的农村基层党组织，培养好农村优秀基层党组织干部。

### 三、乡村振兴的现实举措

#### （一）乡村振兴的总体思路

第一，做好巩固拓展脱贫攻坚成果与全面推进乡村振兴战略的衔接。深入巩固扩展脱贫攻坚成效同乡村振兴有效衔接，对于消除相对贫困、整体促进乡村发展具有重要价值。党的十八大以来，党中央将脱贫攻坚摆在治国理政的突出位置，聚焦深度贫困地区和特殊经济困难人群，我国脱贫攻坚战在 2020 年底取得全面胜利。但是，脱贫摘帽并非终点而是新发展、新奋斗、新开端，特别是如何走好贫困治理的"下一步棋"，更是至关重要。在党的十九届五中全会的重要表述中，巩固拓展脱贫攻坚成果与全面推进乡村振兴战略一并提出，为脱贫攻坚成果的巩固与拓展做出了重要部署和规划，脱贫攻坚与乡村振兴的有效衔接与顺利转型是当前摆在我们面前的最重要任务之一，因此，厘清巩固拓展脱贫攻坚成果和乡村振兴的机理联系及其融合伦理机制，是更好推进乡村振兴的抓手。

巩固拓展脱贫攻坚成果需要找准其与乡村振兴战略的契合点，脱贫攻坚与乡村振兴的衔接，不仅要实现政策与目标层面的衔接，还要实现理论方法与治理体系方面的衔接。乡村振兴能为巩固拓展脱贫攻坚成果提供手段和载体并构成了其目标所指和推进场域。同时，巩固脱贫攻坚成果在客观上对乡村振兴战略的阶段性工作提出了明确要求，拓展脱贫攻坚成果则为乡村振兴战略的全面推进打下了重要基础、积累了工作经验，两者的结合也构成了脱贫攻坚与乡村振兴有效衔接的重要内容。依托乡村振兴实现脱贫攻坚成果的巩固，需要重点关注贫困的新形态以及新生贫困，使国家贫困治理战略实现平稳转型与顺利衔接。

就巩固拓展脱贫攻坚成果而言，有两项重点工作，其一是巩固成果，其二是建立解决相对贫困的政策体系与长效机制。其中，相对贫困的治理需要脱贫攻坚成果的巩固与拓展，因为一旦出现显著的返贫或新生贫困，那么我国全面打赢脱贫攻坚战的成绩就会受到影响，相对贫困的治理工作就会产生现实阻碍。因此，乡村振兴可以分阶段有序推进。

从政策指向看，深化"两不愁三保障"工作的基础，做好返贫与边缘人口致贫的预警监测机制设计，分类做好政策延续与调整是重点。在全面推进乡村振兴战略的新阶段，针对低水平脱贫人口和贫困边缘人口，乡村振兴的重点工作仍是确保其收益的稳定增长，将工作的重心放在产业和就业两方面，可持续地提供教育、医疗和住房的保障工作。

从村庄发展规律看，乡村振兴不一定是各村庄同等化推进，可优先选择地理空间、产业、教育等方面有发展先机优势的中心村，以中心村带动周边的村庄，避免乡村振兴无序投资与建设所造成的资源浪费和生态损伤。在产业发展领域，以马克思主义科学理论为指导，发挥政府与市场的统合作用，建立农村生态产业发展的新图景，进而构建以产业为基础、全面覆盖、整体发展的脱贫攻坚与乡村振兴"无缝对接"农村发展综合体系。

从机制体制健全看，乡村振兴与巩固拓展脱贫攻坚成果的对接，重点在于通过农业农村优先发展夯实脱贫攻坚的成果和质量，以及以乡村振兴战略统筹脱贫攻坚成果巩固拓展与相对贫困治理，建立长短结合、标本兼治的体制，有重点地开展乡村振兴试点县的工作，尤其是针对深度贫困地区的脱贫县，以乡村振兴接续脱贫攻坚。

从承接的有序性看，脱贫攻坚阶段形成的经验成果要在乡村振兴阶段继续充分使用，如乡村振兴需强化精准战略、需各级政府和部门高度重视、需针对难点重点进行合力攻坚、需建构全民参与的格局、需强化各项投入并加大监督指导作用。乡村振兴战略着眼长远目标，而脱贫攻坚则注重短期内既定任务的完成，乡村振兴的主要着力点是提高农业质量效益与竞争力、乡村建设行动与农村深化改革，而这些内容都可以服务于巩固拓展脱贫攻坚成果。

第二，乡村振兴的一体化推进。乡村振兴是一体化的有机整体推进工程。新阶段贫困治理，要紧紧围绕乡村振兴，立足于"产业兴旺、生态宜居、乡风文明、治理有效、生活富裕"的指导思想，贯彻新发展理念、构建新发展格局、弘扬脱贫攻坚精神，确保脱贫人口脱贫不返贫、脱贫地区振兴不掉队。杜绝规模性返贫，落实兜底保障措施，着力推动脱贫攻坚同乡村振兴政策体系、工作体系、制度体系等的有效衔接，推进各类帮扶政策统筹、资源统筹、力量统筹、机制统筹，优化整合机构职能。

乡村振兴，产业兴旺是重点。坚持质量兴农、绿色兴农，以农业供给侧结构性改革为主线，加快构建现代农业产业体系、生产体系、经营体系，提高农业创新力、竞争力和全要素生产率。通过整合土地资源、盘活集体资产、企业协作带动、扶贫政策扶持、发展壮大优势产业，增强农村自身"造血"功能，构建集体经济发展、企业壮大、农民增收的共赢格局。

乡村振兴，生态宜居是关键。良好的生态环境是贫困治理中农村发展最大的优势和宝贵财富。坚持人与自然和谐共生，走乡村绿色发展之路，守住生态保护"红线"。尊重自然、顺应自然、保护自然，推动农村自然资源资本加快增值，实现百姓富、生态美、环境佳，着力打造天蓝地绿、山清水秀、村美人和的新时代生态宜居美丽乡村田园风光，让良好生态成为乡村振兴的支撑点。

乡村振兴，乡风文明是保障。坚持物质文明和精神文明一起抓，提升农民精神风貌，培育文明乡风、良好家风、淳朴民风。乡村文化振兴，乡风文明是根本，要以公共文化服务建设为保障，一方面要不断优化乡村公共文化服务，另一方面要加快建设乡村公共文化设施。

乡村振兴，治理有效是基础。加快推进乡村治理体系和治理能力现代化是实现乡村振兴的重要环节。乡村治理有效，首先要坚持中国共产党的领导，并整合乡村各群体力量及资源，建立健全党委领导、政府负责、社会协同、公众参与、法治保障的现代乡村社会治理新体制，推动乡村社会的和谐有序；其次要注重加强农村基层党组织建设推进乡村治理，提升其组织力，把农村基层党组织建成坚强的战斗堡垒，赋能乡村振兴；再有要全面调动农村群众参与乡村治理的主体能动性，激发乡村治理活力，提升乡村治理成效。

乡村振兴，生活富裕是根本。按照抓重点、补短板、强弱项的要求，围绕农民群众最关心、最直接、最现实的利益问题，推进农村经济朝着良性发展轨道持续稳定地发展；做实做细扶贫政策的落实工作，巩固好脱贫成果，建设生活质量高的新家园。

### （二）乡村振兴的具体策略

#### 1.产业振兴的基本路径

纵观当前我国产业现状，农村的农业经营相对城市而言，规模仍然偏小、竞争优势不足、产业基础依然薄弱、产业融合不深，农村产业仍是国家发展建设的短板。因此，要在构建现代农业产业体系、统筹城乡融合发展、增强农村发展内生力、加快农业科技创新等方面发力。

第一，加强农村产业融合，构建现代农业产业体系。以市场需求为导向，优化农业内部产业结构，加大农业供给侧结构性改革力度，完善区域产业布局，通过融入现代高科技、现代网络物流手段来推动农业种植养殖、农产品加工、农村旅游观光等中心产业的现代化步伐，实现农业产业全领域、全环节、全过程的技术迭代更新，促进农业与第二、三产业的深度融合。建立健全农村产业利益联结体，改革产业分工与协作模式，强化产业链各主体的紧密合作。推动市场互动，提升产业原动力，促进产业衔接式开发，推动扶贫产业整合，加强对扶贫产业建设项目的接续监管。积极探索农村产业发展收益共享机制，推动单一的"合作社＋贫困户"利益联结模式向"公司＋合作社＋基地＋农户"多元模式转型，推动贫困户与贫困户之间的产业联结，形成乡村产业共同体，将地域性扶贫小企业进行整合与规模合作。强调粮食生产的同时推进农产品深加工，推动农业生产、加工、销售一体化，扩展农村产业链，提升农产品性价比。深入挖掘农村的多功能性，深度开发利用农业原生态资源价值、传统优秀文化习俗价值，打造具有更强创新性、更具竞争力的农业新业态。

第二，加强农村要素市场建设，统筹城乡融合发展。马克思关于城乡融合必然性理论，是乡村振兴推进城乡融合发展的重要思想依据。新阶段要积极打造城乡共建共享的融合发展新格局，完善激励机制，加快城乡公共服务均等化，促进教育资源、医疗卫生服务向农村全面铺开，推动劳动力、资本、土地等要素向农村渗透。加快农村基础设施建设，推动农业与互联网深度融合，加快智慧农业、数字化产业链的发展。鼓励乡村投资兴业的利益联结机制形成，促进各类要素在城乡之间有序流动。推动农村土地改革，守住耕地红线，探索更具有灵活性的土地流转制度。强化资金保障机制、加大专项资金补贴力度，在财政、税收、金融等方面给予农村产业发展更多的普惠支持。

第三，加快培育新型经营主体，增强农村发展内生力。高素质、创新型经营主体是实现乡村产业振兴的根本要素。必须把坚持农民主体地位作为中国式农业农村现代化的价值指向，以新型农民群体建构来加快推进乡村产业振兴步伐，实现共同富裕。要进一步强化农民实用技能培训，不断提高农民综合素质，增强农民市场参与能力。鼓励农民以家庭农场、合作社等方式，实现现代规模化生产，以农业升级、农村进步、农民发展为目标，不断壮大农村人才队伍建设。通过各项优惠政策，吸引人才到农村发展创业，打通城乡人才流动渠道，吸引乡村人口回流。

第四，加快农业科技创新，支撑农村产业发展。立足于我国粮食安全、农村产业发展等重大需求，为农村产业发展提供强有力的科技创新力支撑，推动农村产业可持续发展。强化科技创新全面赋能农业生产要素，提高劳动生产率、土地产出率及生产智能化水平，提升农业产业的国际竞争力及核心技术掌控力。强化农业科技装备支撑，以数字技术提升农业装备的自动化和生产力水平。加快农业科技成果转化，构建以农民专业合作组织、农业科研机构、相关企业等多方力量广泛参与的新型农技推广体系，提升贫困户的现代农业掌控力、运用率。

2.人才振兴的实践措施

实现乡村振兴，人才是关键。要引导人才向农村和农业领域流动，大力吸引人才参与推动乡村振兴，以人才振兴支撑乡村振兴。

第一，加大引进力度。一是完善人才引入制度，强化人才引进战略。各级政府要做好乡村振兴人才流动和落地的规划者、推动者，引入经营型、管理型、科技型、创业型等各类人才，并推进人才的"智慧"产出。对于经营型人才，可围绕农村本地产业，推动他们在构建特色产品产销价值链、扩大和延伸农产品市场方面做贡献；对于管理型人才，注重发挥其示范带头作用，进行产业等农村各项事务的规划与应用；对于科技型人才，要加强其带动高科技向农村流动的功效，鼓励其进行技术革新，推动中国传统农业向现代农业的转变；对于创业型人才，要引导他们到乡村创业办事，创办农家乐、电商平台、快递物流、网络直播、从事导游等业务，扩大农村就业渠道。同时要努力营造吸引人才的良好社会氛围，营造尊重乡村振兴人才的文化环境，健全完善乡村振兴人才制度体系，全方位做好乡村振兴人才生活服务保障。结合实际制定详细的乡村人才管理办法，明确引入人才的类型，重点引入乡村急缺的经营型、技术型、"乡贤"型人才。同时要加强宣传，让原有人才回流，让乡村人才不断流出的局面得到有效控制，使有意愿留在乡村工作的人才安心。二是完善人才选拔机制。在提拔干部上要打破狭隘的"地方主义""小圈子主义"等，既要控制"空降"人才的比例，也要引入民主制度，根据职位不同，制定的选拔标准也不同。改变传统既定的权重比例，打破唯论资排辈论、唯亲缘关系论的现象，公平、公正、公开地选拔有才能、有远见的人才，人尽其才、物尽其用。招编中要尽量向农村人才倾斜。三是完善人才配套服务。完善的配套服务是乡村吸引优秀人才的重要前提，相关部门可以通过制定具体措施来营造适宜的营商环境。基层可以对人才给予相应补贴、补助等。四是要加快农业产业转型吸引人才，可依托本地优质农业生态资源禀赋，形成因地制宜的主导产业，打造有特色的全域生态农业产业格局，人民群众的收益得到提高后，自然会吸引各类人才的汇集。同时，鼓励人才到乡村寻找投资创业的机会及创造就业岗位，使农村人才流动形成"活水"态势。

第二，善于留住人才。要留住乡村人才，需要在人情上下功夫。要以家乡发展为纽带，通过乡情感召，让人才形成故土情怀。可通过搭建人才议事、人才结对等交流平台强化人才与乡村的情感联系，形成情感认同。拓宽人才晋升渠道。拓宽人才晋升渠道，破除人才流动的"瓶颈"，打破基层人才晋升的"天花板"。每年要将一定比例岗位用于乡村选调，畅通晋升通道；要注重甄别筛选乡村人才，保障人才选拔的空间；提高人才福利待遇，在经济支持、资金保障上合理提高乡村人才待遇；设立乡村人才开发专项资金及建立乡村人才专项资金预算，用于高层次人才的引进、培养和奖励。

第三，注重培育人才。创造人才成长各种机会。政府要提供政策、资金支持、技术支持，积极开展培训等活动加强乡村人才素养、知识、技能的不断提升。打造一批懂农业、爱农民、爱农村、会经营的多层次人才队伍。完善人才职业规划。制定乡村人才培养规划。要根据各村庄实际情况，制订人才引入及培养方案并对人才职业做出具体规划和要求，如职称、科研项目、技术贡献等。要把社会影响力、致富本领作为人才职业规划的首要要求，将乡村人才培养工作纳入干部晋升考核机制。打造人才成长平台。着眼于乡村的长远发展，采取分批次、分方向培养人才等举措，建立多元化尤其是高精尖高端人才的乡村人才成长平台。加强人才的管理和选拔，建设乡村人才资源库，完善评价机制、奖惩机制。

### 3. 乡村文化振兴的策略选择

实现乡村振兴，要在准确把握乡村文化状况的基础上，找准乡村文化振兴的着力点，以繁荣发展乡村文化助力乡村振兴。

强化思想引导，重塑乡村文化主体的价值观念。乡村文化建设的主体是乡民，但部分乡民对乡村优秀传统文化的价值尚缺乏认同感，面对乡村优秀传统文化振兴中出现的问题，要注重加强思想引导，重塑文化主体的价值观念，使乡民重新审视乡村优秀文化对个人的发展、社会进步的意义，才能发挥出文化凝心聚力的作用。

一是要引导乡民树立正确的文化价值观。推进乡村文化振兴，形成科学的认知和正确的价值判断、树立正确的文化价值取向是根本。要强化主流意识形态对乡村文化振兴的引导，以社会主义核心价值观引领乡村文化价值的重塑。在农村建立文化广场、文化长廊等公共宣传区域，突出乡村地区的文化哺育功能。同时引领广大乡民开展各种健康向上的文化活动，将文化号召力变成可感受的真实存在内容。

二是引导乡民发挥乡村文化主体的作用，培育其文化自觉和文化自信。乡村文化振兴的主体是农民，必须充分发挥他们的主人翁作用，培育其对乡村优秀文化的自信心，使其参与乡村的文化建设成为自觉意识和自觉行动。首先要以满足乡民新的精神文化需求，实现其对美好生活的需要为导向。结合时代发展的需要深入挖掘乡村文化的时代价值，树立乡民正确思想观念，遵循文明行为准则，锻造形成文化自觉自信。其次要强化实践体验，营造良好的文化氛围。参与实践是激发乡民的主体意识、提升文化认同感的主要手段，要通过整合城乡文化惠民活动资源，开展丰富多样的群众文化活动，使乡民在活动中感受到乡村文化的魅力，坚守文化立场，坚定投身于乡村文化振兴的信心。

三是坚持创新发展，探索乡村文化的多元发展路径。在乡村社会现有的公共文化服务基础上，构建和谐的乡村文化生活，结合乡村文化的特质，拓展乡村文化发展道路。

拓宽公共文化服务，构建健康的乡村文化空间。乡村文化空间是村民之间保持高频率集聚、活动、交流的空间。构建乡村文化空间要从村民的生产生活方式出发，从结构和功能两方面着手，实现村民文化空间的均衡发展和功能发挥。一方面，注重结构优化，实现均衡发展。要加强乡村文化空间的规划和管理，在尊重乡村风俗的基础上，观察研究乡民的日常生活方式，以乡村传统生活格局为基准，通过结构优化，合理划分功能区，提高资源的服务效率，实现乡村文化生活空间布局的有序化、合理化、均衡化。另一方面，坚持价值优先，实现功能发挥。要积极回应乡民对乡村文化环境的重要关切，结合乡村发展实际，增强乡村文化生活空间功能的实用性。另外，乡村文化生活空间的功能运用要坚持价值优先，切实便利村民生产生活。

拓展乡村现代文化产业发展的途径。首先，准确挖掘乡村独特的文化符号，构建乡村特色文化产业体系。依靠当地乡村文化地域特征，找准当地文化资源优势，挖掘乡村文化特色和亮点，将当地的文化资源转化为特色的文化产品，创设出具有地域特色的文化品牌。其次，提升文化产业的附加值。利用文化产业关联性强的优势，用新理念、新模式、新业态推动"文化＋"产业、旅游、教育、生态等模式发展，延伸文化产业的附加值。最后，要加强智慧乡村建设，更好地传播与展现当地乡村优秀传统文化。促进乡村优秀文化资源的数字化转化和开发，积极利用现代化的数字技术，对具有地方特色的文化进行弘扬传播，拓展文化的受众面和关注度，使现代信息技术赋能创新乡村文化建设。

### 4.乡村生态振兴的实现路径

第一，以科学生态观为引领。马克思基于人与自然的关系，提出生态哲学的辩证自然观，指出了资本主义生产的方法导致严重的自然环境恶化问题，揭示生态环境破坏的根源所在，并指出解决环境的有效方法，即遵循自然界客观规律的绿色生态发展。马克思在《1844年经济学哲学手稿》中，提出"人是有生命的自然存在物""人是自然界的一部分""人靠自然界生活"[①]的论断，认为人与自然无法分离，因此人类要通过理性方式来谋求绿色发展。

在马克思生态哲学的指导下，中国共产党根据不同时期中国国情，发展出了适合国情和时代的生态文明建设理念。党的十八大报告中提出建设生态文明关系着人民福祉，关乎人类未来。新时代我国的生态文明建设不断持续开展，"两山发展""生态兴则文明兴"等科学理论不断推出。党的二十大报告总结了以往的生态文明建设经验，进一步提出了绿色发展、促进人与自然和谐共生的要求，指出"大自然是人类赖以生存发展的基本条件。尊重自然、

---

① 《马克思恩格斯文集》第1卷，人民出版社2009年版，第161页。

顺应自然、保护自然，是全面建设社会主义现代化国家的内在要求"①。要求持续推动绿色发展，促进人与自然和谐共生，是马克思生态哲学思想中人与自然关系的辩证自然观和绿色发展观理念的中国化有益成果。

第二，发展生态产业。农业绿色生产是乡村生态振兴的重要内容，主要包括创新生产方式、产业体系和产业技术，促进乡村经济与自然生态协调发展，形成绿色循环生产方式，实现生态环境和农业生产平衡发展等内容。

带动农业绿色发展：一是发展壮大农业绿色产业。要推进农业供给侧结构性改革，因地制宜发展现代设施农业，促进农业绿色转型。二是要推进农业科技创新，倡导农业绿色生产流程，转变农业生态生产方式，在乡村引入现代化科学技术，打造乡村生态工程，形成多元化、绿色化农业产业体系，为农民创造更多经济利益；强化农业机械研发应用，创新农技推广服务模式，全面提升农业质量效益和竞争力。三是引导并鼓励农民借助科技力量，提升科学技术使用率，防止生态环境破坏，创新运用电子商务平台，完善农业销售模式。四是要完善绿色农业产业体系，做到纵向延伸生态产业链条、横向拓展生态产业功能，多向提升绿色价值，推进绿色农业高质量发展。

第三，保护生态环境。一是在"软文化"建设方面，首先要大力宣传环境保护知识，成立环保专业宣传小组，制作宣传资料，通过发布视频、开办宣传栏、举办知识讲座等方式对村民进行环保知识的宣传普及，引导村民爱护公共环境，掌握运用环保知识。其次要提升村民参与意识，激发其环境保护的主观能动性，开展农村生态环境治理，村民是参与主体，要发动村民积极主动地参与到环境治理中。不断创新村民参与环境治理的形式，帮助村民正确理解环保政策，主动为环境治理工作贡献力量。二是在"硬手段"建设方面，首先是充分利用现有资源条件，不断创新环境治理方法。借鉴先进地区的成功经验，以先进管理方法推进乡村环境治理。在实际工作中，根据本地现有的人才、资金条件，按照人员居住和自然地理环

---

① 《习近平著作选读》第一卷，人民出版社 2023 年版，第 41 页。

境分布特点，划分环境保护片区，落实人员、制定目标、明确职责。在此基础上，运用现代通信技术，加快环境治理信息流通，针对问题及时反馈、及时处置。同时，将环境治理和综合服务相结合，不断提高乡村环境治理效率。其次是健全乡村环保制度，要按照乡村生态振兴总体目标要求，结合乡村实际情况，进一步优化完善乡村环保制度体系。再次是针对乡村经济发展带来的生态破坏和环境污染等问题，发挥运用好乡村环境治理的法律法规效力，规范乡村环保执法，正确处理乡村经济发展与资源利用、生态保护等关系，并明确环境治理工作职责，构建起县、乡、村三级联动的治理模式。最后是建立完善的考评机制。要加大监督力度，制定并实施明确的奖惩制度，对破坏生态环境开发项目及妨碍生态保护治理的行为要坚决加以取缔、惩处，对于投身乡村生态振兴事业作出突出贡献者要及时给予表彰奖励。同时，在乡村干部考核任用中，将乡村生态振兴及乡村环境治理工作作为重要考核指标。

第四，加强生态环境保护的监督，开展舆论监督，充分发挥群众监督力量。引进环境督察技术，对环境问题的产生追根溯源，实行"谁破坏、谁治理"的原则。完善生态保护补偿机制，加强环境保护和生态权益保护的执行，鼓励村民主动投入生态保护中来。通过实质性奖励和生态补偿，使村民更愿意主动、自觉参与到生态保护活动中，汇集个体力量形成乡村生态文明建设合力。

5.组织振兴的时代要求

第一，提升农村基层党组织的领导力。实现组织振兴，关键是让基层党组织成为乡村振兴的"主心骨"。党的基层组织是党在社会基层组织中的战斗堡垒，是党的领导延伸到基层的重要载体，是农村各种组织和各项工作的领导核心。提升农村基层党组织的领导力，应当坚持"三个抓好"。

一是抓好政治功能。以提升组织力为重点，突出政治功能，把农村基层党组织建设成为领导基层治理、推动改革发展的坚强战斗堡垒。农村基层党组织要筑牢引领坚定贯彻落实党的方针政策的良好政治生态，确保乡村振兴所需的政治执行力；在政治纪律上严格，率先垂范遵守规矩，引领形成依法用权、秉公用权、廉洁用权的政治生态，确保乡村振兴所需的政治公信力；在政治形象上良好，树立榜样作用，引领形成积极向上、干事创业、风清气正的政治生态，确保乡村振兴所需的政治凝聚力。

二是抓好"领头羊"带动作用。农村富不富，关键看支部；支部强不强，关键在带领者。建立健全基层书记抓乡村振兴工作机制和领导小组，层层压实主体责任。构建忠诚、干净、担当的干部队伍，选优配强村级带头人，真正把思想观念新、综合素质好、群众威望高的"新乡贤"选拔到村党组织队伍中。着力培养和壮大一支懂农业、爱农村、爱农民的"三农"工作队伍，形成良好示范带动效应。

三是抓好阵地建设。党建阵地是农村基层党组织发挥作用的大本营，承担着传播党的声音、贯彻党的意志、落实党的政策等重要任务。在乡村振兴中，要完善基层党组织设置，注重创新组建联村党委，实现实体联建、产业联动；要全面提升农村基层党建信息化水平，创新基层组织活动方式；要积极利用融媒体、大数据等新兴技术，建立综合服务于一体的多层级平台；要整合各级资源，打造贯彻落实党和国家政策的新渠道，增强基层组织工作信息化水平，建立服务群众的新纽带。

第二，提升村民自治组织的治理能力。首先是健全村民自治制度。要建立健全以法律法规、政策制度、自治章程等为主要内容的自治制度体系，保障村民自治制度有序推进。推行以民主选举、民主决策、民主管理及党务公开等为主要内容的民主公开制度；建立健全村务质询、民主评议村干部，保障村民的知情权、参与权、表达权和监督权。其次是丰富村民议事协商形式。创新协商议事形式和活动载体，民事民议、民事民办、民事民管，让农民自己"说事、议事、主事"；畅通农民群众诉求表达渠道，及时化解各种矛盾纠纷。最后是发挥村规民约的自律规范作用。推进村规民约的细化实化具体化，形成务实管用的村规民约，发挥好村规民约在乡村基层治理、乡村振兴中的重要作用。

第三，鼓励社会组织的参与。社会组织是实现乡村振兴不可或缺的建设性力量，它能在组织引领、资源配置、能力建设等方面发挥显著作用。首先要从制度层面为社会组织发展提供保障，引导社会力量多形式、多渠道组建涉农社会组织，并鼓励农村群众自发组建乡村本土社会组织，为涉农社会组织的发展提供良好的土壤环境。其次要加大对社会组织参与乡村振兴力度支持。形成完备的人才组建体制，为高素质人才的工作、生活方面提供应有的政策支持、资金支持，吸引优秀乡村振兴人才加入社会组织；鼓励营利性组织参加乡村振兴，在税收、审批、招标方面给予政策优惠，为乡村振兴添砖加瓦。最后要建立健全社会组织参与乡村振兴的监管与评估体系，制定考核标准、定期开展检查评级并公示检查结果，督促社会组织真正为基层服务，为乡村振兴助力。

## 四、贫困治理与乡村振兴的财富伦理诠释

### （一）乡村振兴与脱贫攻坚的差异与统一

当前中国正处在脱贫攻坚与乡村振兴的交汇期，做好巩固拓展脱贫攻坚成果和乡村振兴的衔接，要理解和把握好脱贫攻坚和乡村振兴在政策目标和实施手段上的异同。

脱贫攻坚战略着眼于国内境域，以消除绝对贫困为主要任务，对标解决绝对贫困问题，强调激发贫困户的内生动力，以促进贫困人员通过劳动脱贫致富、创新脱贫致富，具有"兜底""保障"等特征。乡村振兴战略更侧重着眼于发展视角，以实现农业农村现代化为主要目标，对标解决乡村相对贫困问题。以脱贫攻坚工作成果为基础，以丰富和深化"三农"工作为重点，以确保坚持农业农村优先发展为总方针，以实现"产业兴旺、生态宜居、乡风文明、治理有效、生活富裕"为总要求，在消除绝对贫困现象的前提下，重在化解我国农村现阶段发展不平衡不充分的主要矛盾，以巩固乡村脱贫攻坚工作成果，缓解和消除乡村发展过程中存在的相对贫困现象。乡村振兴既

要加强弥补基础设施落后和基本公共服务短板，又要着力缩减城市与农村的差距、缩短中国农业与全球发达农业的差距，为实现共同富裕目标做好铺垫，承上启下、承前启后。

脱贫攻坚与乡村振兴在内涵及外延上既有联系又有区别。从财富伦理的视角看，脱贫攻坚更强调财富的公平性及生活质量的保证，巩固拓展脱贫攻坚成果，防止返贫现象的发生是最重要任务之一。乡村振兴战略则更强调乡村在产业、生态、乡风文明、乡村治理和生活境遇等方面整体向前迈进，聚焦解决相对贫困问题。

### （二）财富伦理的有益介入

整体性推进乡村振兴和脱贫攻坚衔接的实践诉求与基于整体性治理解决中国式衔接问题的理论动向相契合。乡村振兴战略涉及经济、政治、社会、文化、生态等乡村发展各领域，并且根植于乡村文明"底座"，具有深层次的道德伦理诉求。财富伦理蕴含着推进贫困治理的重要伦理精神力量，它在乡村振兴的背景下给出当代中国农村脱贫减贫的时代"伦理方案"，探讨减贫长效机制，提出科学而卓有成效的内生式对策。它不仅针对当前我国乡村减贫治理"治标式"的方法与对策，而且更加注重贫困问题的伦理根源及其对减贫管理的推动作用，对培育贫困治理正确的财富伦理观并对防止脱贫人口返贫、彻底消除贫穷具有重要价值。此外，财富伦理内蕴的公平正义、共有共享、人本遵循等德性因素，可成为巩固拓展脱贫攻坚成果和乡村振兴的衔接的道德规范和伦理衡量尺度。

### （三）乡村振兴的财富伦理思想借鉴

第一，注重效率是乡村振兴的必然之举。乡村振兴关键是要坚持效率优先。乡村振兴背景下的产业发展与以往的扶贫产业不同，扶贫产业更加关注的是产业本身是否能够解决贫困人口的就业、增收问题，主要目标在于"脱贫"。乡村振兴则通过产业兴旺，目的在于实现"致富"。以"脱贫"为目标的产业布局会更加侧重公平，乡村振兴则要通过产业振兴实现"致富"的目标，因此，统筹配置资源，提高资源利用效率和效益，提高产业本身的竞争力是关键。同时，要"协调政策聚力聚焦，推动要素在城乡间双向合理流动，激活乡村振兴内生动力"①，在这样的背景之下，坚持效率优先就是乡村产业发展的首要原则。

首先要做好扶贫产业与乡村产业振兴的衔接，实现资金衔接，激发产业扶贫资产最大效率。建立健全帮扶资产管理与监督长效机制，制定全方位、多形态、多样化的帮扶资产管理和运作方法，实现扶贫产业和乡村振兴的合理衔接，使更多产业保持可持续发展力。

其次是厘清经营管理的最优模式。要创新乡村经营管理方式，发挥当地特色农产品资源的优势，推动农业经济发展向更为多元化的目标发展，协调解决好农村经营管理方面的问题，实现农业经济的平稳发展。要强化农村经营管理人员队伍工作，定期组织经营管理者参加各类培训活动，培育契合时代发展的先进理念，走可持续发展的经营道路，增强农村经营管理的科学性。要健全农业经营管理体系，多措并举推动农业经营稳健增长，提高创富致富概率。

第二，公平共享是乡村振兴的基本遵循。从财富伦理视角看，实现乡村振兴，重在发挥企业作用、激发广大农民、社会各界共同参与，政府提供保障性作用的系统工程。这个系统工程的正常运行和目标实现，要保障好以下三方面：一是维护投资人的合法利益，二是保障农民的劳动收入，三是保障非劳动人员的基本生活。

投资者的合理权益要得到保障。乡村产业振兴，不能再依赖于"输血"式的产业发展，也不能仅仅依靠政策红利提供扶持。而是需要更多的乡村产业投资者来"做大蛋糕"，并吸引更多的投资者来"做蛋糕"、参与乡村振兴的建设工作，这就需要保障好投资者的合理权益，要尊重企业的合理收益，

---

① 韩俊：《实施乡村振兴战略五十题》，人民出版社 2018 年版，第 310 页。

为企业获取合理收益创造便利条件，"无论是劳动、资本、土地，还是知识、技术、管理，都应该按各自贡献获得相应回报"①。对于企业在生产经营当中遇到的困难、产生的矛盾，政府要当好裁判员，站在公平公正的立场，妥善处理各方利益诉求，合理化解纠纷，保障乡村企业经营管理的顺利运营。要主动带领投资者考察了解地方特色、文化习俗，帮助投资者因地制宜发展生产。对投资者依据市场变化作出生产经营的调整，只要是在合法、合规、合理的范围内，要保持尊重的态度，不人为设置障碍。既要防止资本的无序扩张，也要推动各类型资本公平参与竞争。

农民的合理合法劳动收入要得到保障。乡村振兴战略的首要任务就是实现产业兴旺，目前我国有近 6 亿人口依然居住在乡村，农村就业岗位的供给紧缺。如果简单按照市场的供给需求原则来决定劳动力的价格，不符合农村劳动者的利益诉求，马克思就曾说过，"和其他商品不同，劳动力的价值规定包含着一个历史的和道德的要素"②。马克思恩格斯主要从劳动者的生存、发展和享受的需要的角度论述了劳动力的价格，包括劳动者本人所需的生活资料的价值、劳动者子女所需的生活资料的价值以及劳动者接受再教育所需的生活资料的价值。因此，农民的劳动收入，要在社会主义市场经济的基本框架之下，综合考虑劳动者的实际劳动量来确定。政府要做好劳动者劳动收入监测人、监督者角色。低于劳动者需求标准的工资报酬，不仅会损害劳动者的利益诉求，也不符合我国乡村振兴战略实现生活富裕的目标，同时还会打击劳动者加入乡村企业从事劳动的积极性，影响乡村产业的健康发展。

弱势群体的基本收入要得到保障。广大农村地区还有相当一部分常住人口处于劳动能力匮乏的状态，他们是脱贫人口中最易于返贫的群体之一。这部分人员的基本收入主要是依靠多种要素参与的分配保障或者是政策性

---

① 中共中央文献研究室：《习近平关于社会主义社会建设论述摘编》，中央文献出版社 2017 年版，第 42 页。

② 《马克思恩格斯选集》第 2 卷，人民出版社 2012 年版，第 165 页。

保障。我国是公有制为主体的国家，各种要素包括土地、森林、矿产、水资源等自然资源都是属于集体所有或者全民所有，在进行乡村产业成果分配时应更多对这部分人员予以倾斜。从财富共享发展视角看，"共享发展是人人享有、各得其所，不是少数人共享、一部分人共享。"要让广大人民群众"共享国家经济、政治、文化、社会、生态各方面建设成果"①，乡村地区非劳动人员也有权利共享社会发展的红利。但同时我们也要注意警惕落入民粹主义、平均主义陷阱，"促进共同富裕，不能搞'福利主义'那一套"②。过度福利化，将带来效率低下、增长停滞、通货膨胀的反作用，导致收入分配恶化。因此要尽力而为同时量力而行，在教育、医疗、养老、住房等人民群众最关心的领域精准提供基本公共服务，兜住困难群众基本生活底线，不开"空头支票"。我们要清醒认识到，我国发展水平离发达国家还有差距，要把保障和改善民生建立在贫困兜底、经济可持续发展方面，不能好高骛远，做兑现不了的福利分配承诺。因此，保障非劳动力人口的收入，要结合各地区人均收入水平和消费水平的实际状况，平衡劳动者、投资者和非劳动者三方的收益水平。"坚持从实际出发，收入提高必须建立在劳动生产率提高的基础上，福利水平提高必须建立在经济和财力可持续增长的基础上。"③

三是人本价值旨归是乡村振兴的关键所在。在财富伦理视域中，乡村振兴不是地方政府的政绩工程，而是要紧紧围绕人民的现实需求，通过创造更好的营商环境、创业条件、就业岗位，促进资本、人才等的自由流动，通过均衡医疗、教育、基础设施等社会保障资源，激发生产的动力、发展的活力。社会主义生产的优势方面，也在于"通过社会化生产，不仅可能保证一切社会成员有富足的和一天比一天充裕的物质生活，而且还可能保证他们

① 《习近平谈治国理政》第二卷，外文出版社 2017 年版，第 215 页。
② 《习近平谈治国理政》第四卷，外文出版社 2022 年版，第 210 页。
③ 中共中央文献研究室：《习近平关于社会主义社会建设论述摘编》，中央文献出版社 2017 年版，第 38 页。

的体力和智力获得充分的自由的发展和运用"①。因此，我们要坚持"人民至上"，把人民群众的合理诉求、合理愿望落实到乡村振兴的具体行动中。

围绕广大农民的现实需求，提供更加优质的就业岗位、创业环境，增强农民的致富能力，推动中低收入群体生活境遇的持续改善，"通过发展社会生产力，不断提高人民物质文化生活水平，促进人的全面发展。检验我们一切工作的成效，最终都要看人民是否真正得到了实惠，人民生活是否真正得到了改善"②。做好乡村振兴"伟大工程"，在其价值旨归上，要依靠人民、尊重人民、为了人民，以实现共同富裕价值追求为引领、以促进农村健康生态发展为根本、以强盛农村地区经济社会发展为要务，不断推动广大农村地区、广大农民群众生活更加富裕，推进贫困治理事业的良性发展。

## 第三节　贫困治理的共同富裕目标指向

实现共同富裕的目标要贯穿于贫困治理的实践中、展现于贫困治理的本质要求中、彰显于贫困治理的价值追求中，实现共同富裕是贫困治理的终极目标和美好愿景。共同富裕是消除两极分化和贫穷基础上的全体人民的富裕，是中国式现代化的重要保障，它不是虚幻缥缈的"普世愿景"，而是科学社会主义的终极价值指向，是经过长期历史沉淀和缜密论证的理性范畴、深邃思想与科学体系。

党的十八大以来，以习近平同志为核心的党中央把逐步实现全体人民共同富裕摆在更加重要的位置，党的二十大报告明确了中国式现代化的本质要求，其中一个重要方面是"实现全体人民共同富裕"，并提出到2035年"人的全面发展、全体人民共同富裕取得更为明显的实质性进展"。"我们坚持把

① 《马克思恩格斯选集》第3卷，人民出版社2012年版，第814页。
② 中共中央党史和文献研究院：《习近平关于"不忘初心、牢记使命"论述摘编》，中央文献出版社2019年版，第127页。

实现人民对美好生活的向往作为现代化建设的出发点和落脚点，着力维护和促进社会公平正义，着力促进全体人民共同富裕，坚决防止两极分化"①。因此，新时代贫困治理要深刻把握好我国扶贫工作演进的时代特征，探究共同富裕深厚的财富伦理内涵，探寻实现全体人民共同富裕的有效路径。

## 一、共同富裕的伦理意蕴

基于马克思主义伦理学语境辨析与审视，梳理共同富裕的伦理意蕴，主要体现在其人本性、公平性、全面性、生态性四方面。共同富裕具有丰富的人本伦理底蕴；其内涵充盈着公平、公正、正义的伦理哲理；此外，共同富裕所强调的共有性和统一性，是对资本主义财富私有性和狭隘性的针砭和批驳，彰显了全民共富、全体富裕、全面富裕的伦理范式；实现共同富裕须寻绎遵循应有的绿色生态道德准则。

### （一）人本内在性

共同富裕是马克思主义伦理人本思想的重要组成，蕴涵着对人的本质、人的全面发展的伦理深切关怀，其人本性内在体现于对私有制资本逻辑的省察、对人民至上价值共识的认同，并与马克思"自由人联合体"指向深度契合。

#### 1. 对资本逻辑的批驳

共同富裕的人本思维，建立于对资本逻辑的反思、批判、调整之上。资本逻辑实质是资本逾越幻化为颠覆人及其现实实践、社会关系等应然主体的一种自为存在、自行倍增、自我中心的"主体颠倒性"逻辑。在资本逻辑场域里，个体、社会（均为真实主体）与资本增殖（虚假主体）双方，是一种

---

① 习近平：《高举中国特色社会主义伟大旗帜　为全面建设社会主义现代化国家而团结奋斗——在中国共产党第二十次全国代表大会上的报告》，《人民日报》2022 年 10 月 26 日。

社会劳动者和应被其自身支配的资本失序颠倒并异化的工具理性与价值本真本末倒置悖论关系。

马克思在《资本论》中对资本概念及其生成属性、逻辑体系等进行深入探索，在批判、扬弃黑格尔绝对精神的内容与原则基础之上，揭示了资本逻辑本质就是：在信奉金钱至上的资本主义社会，资本是作为财产私有制所催发衍生并不断变异和自我扩张的产物，进而演化为社会生产过程中生产关系的所谓"绝对主体"，"资本是社会劳动的存在，是劳动既作为主体又作为客体的结合，但这一存在是同劳动的现实要素相对立的独立存在，因而它本身作为特殊的存在而与这些要素并存。因此，资本从自己方面看来，表现为扩张着的主体和他人劳动的所有者"①。马克思精辟揭示了资本逻辑"僭越""凌驾"、扭曲了生产关系的实在主体，异化为一种"彻底颠覆式"的存在：一方面，在社会生产中，劳动者已被"人为物化"，而资本却幻化为"物的人格化"，活劳动与资本"主客体颠倒"。换言之，资本掠夺湮没了人的现实主体性本原，使资本具有了独立性和自我性，而个体人以及人的"类"则被归因为资本实现自身增殖、自我演化的工具并剥夺了应有本质。在此情形下，人的主体性内涵全面丧失而仅作为符号式空虚化的存在。另一方面，在劳动处于资本控制的分离状态下，劳动者被迫只能服从于资本逻辑，导致资本逻辑主体化愈演愈烈，结果就是资本主义大工业创造的财富绝大部分都被资本家无偿占有。对此，马克思曾在《1844年经济学哲学手稿》中指出："在社会的衰落状态中，工人的贫困日益加剧；在增长的状态中，贫困具有错综复杂的形式；在达到完满的状态中，贫困持续不变。"②资本逻辑存在，使劳动者沦落为与贫困、饥饿相伴的边缘群体，被视为仅有最必要肉体需要的"牲畜"和机器的"奴隶"。

由此可见，基于马克思主义辩证唯物论与唯物史观，生产力资本化是导

---

① 《马克思恩格斯全集》第30卷，人民出版社1995年版，第464页。
② 《马克思恩格斯文集》第1卷，人民出版社2009年版，第122页。

致财富两极分化的源头，"在一极是财富的积累，同时在另一极，即在把自己的产品作为资本来生产的阶级方面，是贫困、劳动折磨、受奴役、无知、粗野和道德堕落的积累"①。纵观人类发展史，事实也已印证——资本积累不能实现摆脱贫困，只有破解和消融资本逻辑，才有可能真正走向共同富裕。

2. 人民至上的理性指向

"人民至上"蕴含着深厚的以人民为中心、人民为本的马克思主义本体论思想内涵，是实现共同富裕的重要伦理价值指向。保障好维护好人民群众最根本的利益、以富民强国之道，既是马克思主义理论的践行依据，也是实现社会财富为人民所共享共有共同富裕的根本立足点。

中华民族民本思想源远流长、泽被古今，从商汤时期的"以民为鉴""重民保民"到先秦儒家的"爱民贵民""民水君舟"、齐国晏子的"宽民乐民"、法家管仲的"顺民心"，再到汉唐以来丰富多元的恤民论、惠民说，民本思想得以不断阐发和创新，发展成为中华传统政治文明的重要内容之一。在中国共产党领导中华民族走向辉煌的百年征程中，民本思想更是凝练升华为"人民至上""以人民为中心"系列核心理念，构成马克思主义严密逻辑体系的重要部分。回顾百年党史，始终都是围绕着"人民"二字展开波澜壮阔的宏大叙事，呈现出贯穿其中的突出人民主体、维护人民权益的鲜明脉络——中国革命、建设、改革及新时代缔造的伟大成就，贯穿了以"人民解放"为中心的奋斗逻辑、以"为人民服务"为核心的执政逻辑、以"人民本位"为脉络的管理逻辑、"以人民为中心"为要义的发展逻辑。而"人民至上"主线，也是中国共产党坚定捍卫人民利益、致力于推进共同富裕所承续秉持的坚定初心使命——从"全心全意为人民服务"（毛泽东）、"提高人民的生活水平"（邓小平）、"中国共产党要始终代表最广大人民的根本利益"（江泽民）、"以人为本"（胡锦涛）到"以人民为中心"（习近平）。人民至上与共同富裕的耦合，彰显了价值本原和目标指向、伦理诉求与时

---

① 马克思：《资本论》第1卷，人民出版社2004年版，第743—744页。

代愿景的统一性。

共同富裕与人民至上互融互进：一是在起点共识上具有不可分割性。"人民至上"生成于中国共产党与生俱来的对人民的朴素真实情感，而共同富裕自古以来就是中华民族各族人民的共同美好理想和共同期盼，因此，在马克思主义政党带领人民孜孜以求实现从"必然王国"向"自由王国"跃迁的前行之路上，两者并行推进不可分割；二是在实践品格上具有相辅相成性。共同富裕，展现为关注人民群体的现实生存境遇、同心协力摆脱贫困实现富足的伦理情怀，二者互为主客体；三是在价值目标上具有共同趋向性。习近平总书记指出："让人民群众过上更加幸福的好日子是我们党始终不渝的奋斗目标，实现共同富裕是中国共产党领导和我国社会主义制度的本质要求。"① 因此，幸福日子、美好生活是共同富裕的精准化描述，而其体现的恰恰就是全体人民追求理想生存样态的高阶位伦理期盼，二者的承载体和目标指向相同。

3. 自由人联合体的伦理追寻

共同富裕的伦理终极指向，体现为实现人的全面自由发展的"自由人联合体"。1845 年马克思恩格斯合著的《德意志意识形态》基于对唯物主义科学历史观的诠释，构建了关于人类解放和人的自由全面发展的系统学说，终结了"旧哲学"将人置于抽象层面来界定的谬误，把社会生产力的发展、提高生存满足与实现人的发展、个性自由、彻底解放等紧密连结起来。以人的全面自由发展的"自由人联合体"为标识，马克思恩格斯也辩证阐述了共同富裕与人的发展作为现实基础与价值基础的辩证统一关系。中国特色社会主义进入新时代，习近平总书记高度凝练、全面拓展了马克思主义共同富裕的伦理范域及理论体系，深刻指出："促进共同富裕与促进人的全面发展是高度统一的"，更明确了推进共同富裕与实现人的全面发展的伦理一致性。

在自由人的联合体社会形态中，社会所有成员均可充分展示自我优势，

---

① 习近平：《在全国劳动模范和先进工作者表彰大会上的讲话》，《人民日报》2020 年11 月 25 日。

而高度文明的社会化生产也矫正了"产品对生产者的统治"所产生的人格畸形物化，消除了社会生产内部涣散的"无政府状态"①，"生产资料由社会占有"②，关于这一点，恩格斯在《共产主义原理》中，也早就预判了必须废除财产私有制才能"把生产发展到能够满足所有人的需要的规模"③。如此，"自由人联合体"才具备有计划地利用生产力来实现共同富裕的可能性。同时，在"自由人联合体"中，"生产力的增长再也不能被占有他人的剩余劳动所束缚了，工人群众自己应当占有自己的剩余劳动"④"生产将以所有的人富裕为目的"⑤而不断迅猛发展。这种生产方式代表的是最广大人民的利益，社会生产力完全由"自由人联合体"所掌握和拥有，并按照公有制经济规则有计划、有组织、有目的地调控社会生产。

自由人的联合体消除了人为的等级、财富等沟壑，"任何人都没有特殊的活动范围"⑥所有人得以无差序地自由全面发展，因此，社会成员皆可尽情施展自身长处、充分释放内在潜能，为促进社会生产而人尽其力地积极劳作。自由人的联合体中所有成员的生产能力、生活品质呈现为良性发展壮观图景，这是共同富裕的最理想状态，也是共同富裕人本内涵的外在展现。

## （二）公平正义性

公平正义隶属于马克思主义价值论范畴。共同富裕作为社会主义的本质特征，其伦理要义之一就在于实现社会公平正义：在政治语境中映射为社会成员应有权利的无差别获得，在经济领域则体现为根据劳动量尺度有差别地合理分配。具体而言，体现为公平正义的正当伦理诉求、矫正平均主义以及建构正义的制度伦理。

---

① 《马克思恩格斯文集》第 9 卷，人民出版社 2009 年版，第 300 页。

② 《马克思恩格斯文集》第 9 卷，人民出版社 2009 年版，第 299 页。

③ 《马克思恩格斯文集》第 1 卷，人民出版社 2009 年版，第 689 页。

④ 《马克思恩格斯全集》第 31 卷，人民出版社 1998 年版，第 104 页。

⑤ 《马克思恩格斯文集》第 8 卷，人民出版社 2009 年版，第 200 页。

⑥ 《马克思恩格斯文集》第 1 卷，人民出版社 2009 年版，第 537 页。

### 1. 共同富裕的公平正义伦理诉求

对财富两极分化的"清障"。一方面是推崇财富分配程序正义与实质正义的统一，即过程和结果的共赢。共同富裕的公平正义伦理研判，基于坚持资本与劳动的形式、所有权的辩证统一，体现为机会公正、分配合理、规则普适，摒斥"巨富"与"赤贫"的两极分化，使社会每个成员都能成为富裕的共同参与方、贡献者和受益人。另一方面是消灭贫富悬殊。客观而言，当前社会仍存在某些分配不平衡弊端，使人们产生了一定程度的相对剥夺感，对社会和谐与共同富裕实现是严重桎梏。习近平总书记曾多次强调："决不能允许贫富差距越来越大、穷者愈穷富者愈富，决不能在富的人和穷的人之间出现一道不可逾越的鸿沟。"①新中国成立以来特别是党的二十大以来，中国特色社会主义市场经济基于公正、平等、正义的伦理主旨，奋力沿着中国式现代化道路全面推进共同富裕，这就是对资本家编造欺骗性意识形态话语、企图将独吞财富声称为社会所有成员受益的拷问和矫正。

对公平与效率共进的诉求。公平与效率是实现共同富裕的"一体两翼"，二者均为实现共同富裕不可或缺的伦理品质。一方面要打破唯公平论或效率优先论，批判二者是割裂背离关系的谬论，承认公平与效率的动态统一、相辅相成，即公平是提高效率的前提所在，而效率则是达至公平的必要条件。实现共同富裕，既不能一味强调公平，忽视应有效率而滞缓经济发展，也不能一味强调效率而遮蔽公平德性导致道德滑坡。另一方面要遵循坚持公平及兼顾效率共赢原则，找到二者并行最恰当方案，彰显共同富裕在机会、规则、分配、社会保障等方面的全民共享特质与制度优势。

批判个人利己富裕观。个人富裕观倡扬个体"人"比群体"类"更具有权利和道德的优先性，是拘囿于原子式个人狭隘圈层的利己、排他、独享财富思维，本质上是一种虚幻、非理性的畸形财富观以及对集体福祉、全民

---

① 《习近平谈治国理政》第四卷，外文出版社2022年版，第171页。

共富追求的排斥抹杀，正如马克思一针见血指出的："人作为私人进行活动，把他人看做工具，把自己也降为工具，并成为异己力量的玩物。"①这种富裕观在西方资本主义社会尤为盛行，由于其奉个人独享为圭臬，秉持为了保有个人利益可以牺牲他人、集体利益的观点，因而与共同富裕追求整体利益的价值导向相对立。追逐个人私利和物质享受的富裕观，最终必然落入极端功利主义、精致利己主义的"泥淖"，因此，实现财富公平，还须深入批判和摒弃唯我至上的个人富裕观。

2. 对平均主义的省察批驳

能否允许一部分人先富起来？以先富来带动后富是否合理？是长期以来在推进共同富裕过程中面临的伦理诘问。平均主义是一种以封建社会小生产为主体而衍生的社会财富"平均享有"思想，其诞生之初，就呼吁生产者推翻地主阶级的剥削压迫、平均分配土地财产而言，具有一定的进步性。但一味宣扬推崇平均主义，就会抹杀多劳多得，否认马克思主义倡导的根据劳动量大小获得报酬的差异，与社会主义按劳分配科学原则背道而驰。因此，对平均主义的审视省察，是实现共同富裕的应有之义。

首先，要承认共同富裕具有阶段性、相对性及共向差序。马克思在《哥达纲领批判》等著作中提出共同富裕是动态的历史实现过程的观点，指出在"共产主义社会第一阶段"和"共产主义社会高级阶段"中，共同富裕呈现不同的状况，受劳动能力、职业选择、家庭负担等因素综合影响，在共产主义社会第一阶段即社会主义社会初级阶段，社会成员在财富占有方面会有合理的差异，因此共同富裕实质是差别富裕而不是同步富裕。"平均富裕"违背了社会主义发展规律，同时也违背了马克思主义唯物史观，"共同富裕是社会主义终极性价值和过程性价值的有机统一"②，我们既要坚定追求共富的终成性伦理关注，也要甄别认可致富过程的伦理差异。

---

① 《马克思恩格斯全集》第 3 卷，人民出版社 2002 年版，第 172—173 页。

② 吴春华等：《劳动与社会保障》，天津教育出版社 2015 年版，第 102 页。

其次，要明确共同富裕不是"同步富裕"。共同不等于同步，要允许有适当差距、有适度先后的富裕，而不是"均贫富"甚至"扼富济贫"的"虚假富裕"，要凝聚形成共同富裕不是同等富裕的社会共识，允许一部分人先富起来、先富带动后富，以避免产生劳动懈怠、求富动力丧失的"陷阱"。此外，倡扬平均主义非但不能实现共同富裕，还会引发共同贫穷。"大锅饭"式绝对平均主义对社会造成的恶劣后果，是历史已经给予我们的沉痛教训。只有承认实现富裕过程中必然会出现正常的先后次序，才能有效激发全民劳动创造的主动性、摆脱贫困从而走向高阶位的共同富裕。

最后，要防止走进财富"速成论"误区。共同富裕是高标准、长期化的历史进程，不可能一蹴而就、一步到位，也不是超能力范围的"福利主义"，正如共产主义社会的实现也不会是"爆发式"的——"共产主义绝不是'土豆烧牛肉'那么简单，不可能唾手可得、一蹴而就，但我们不能因为实现共产主义理想是一个漫长的过程，就认为那是虚无缥缈的海市蜃楼"①。因此，要清醒认识到共同富裕不是整齐划一的平均主义，而是要让社会收入差距"可控"并"有度"，鼓励勤劳致富、智慧创富。

3. 建构"公平正义"价值内核的制度伦理

制度伦理主要是指"存在于社会基本结构和基本制度中的伦理要求与实现伦理道德的一系列制度化安排的辩证统一，是指制度、政策以及法规的合道德性，也是评判社会体制是否正当、合理的价值标准"②。以公平正义为价值内核的制度安排是实现共同富裕的伦理基石，体现了中国特色社会主义共同富裕的优越性。

制度建设伦理上，要构建"体现效率、促进公平"③的收入分配体系。执行效率优先的创富策略并落实好公平正义的伦理准则，统筹规划、科学建

---

① 《习近平谈治国理政》第二卷，外文出版社 2007 年版，第 142 页。

② 王泽应：《马克思主义伦理思想中国化最新成果研究》，中国人民大学出版社 2018 年版，第 158 页。

③ 《习近平谈治国理政》第三卷，外文出版社 2020 年版，第 241 页。

构收入分配制度总框架，在持续"做大蛋糕"的同时精心安排"分好蛋糕"，构建社会财富初次分配、再分配、三次分配协调推进的基础性制度安排，最大化关照社会弱势群体的生活境况和心理期盼，打造公平共享的全体性分配格局和中等收入占主导的橄榄型分配结构。

制度核心伦理上，坚持以公有制为主体的所有制。所有制的结构决定分配体例，邓小平同志曾反复强调："社会主义有两个非常重要的方面，一个是以公有制为主体，一个是不搞两极分化。"[①]公有制为主体、多种所有制经济共同发展的经济模式，是中国特色社会主义制度的重要支柱，也是社会主义市场经济体制的根基，它决定了社会主义的性质与共同富裕的命脉，保证了民生福祉，保障了社会公平正义。因此，我们必须毫不动摇地巩固和发展生产资料劳动者共同占有的经济形式，以公有制为制度"护航"，加快共同富裕的实现。

制度管理伦理上，坚持对资本的有序管控。共同富裕蕴含的公平正义伦理元素，其中一个重要展现就是能对资本进行合理调配。在实际运用中，既能充分发挥资本推进经济的应有功能，同时还有效设置了资本管理的"红绿灯"。对资本进行管控及监管，能有效防止资本无序扩张"野蛮生长"而损害公平分配的消极作用。

制度强化伦理上，秉持按劳分配的主基调。按劳分配对推进共同富裕意义重大而深远，马克思曾立足于辩证唯物论进行现实考察，深刻剖析资本主义私有制对劳动的损害，肯定了按劳分配是一种社会的进步，精辟指出："每一个生产者，在作了各项扣除以后，从社会领回的，正好是他给予社会的。他给予社会的，就是他个人的劳动量。"[②]根据劳动付出，在收入上多劳、少劳与不劳者相应为多得、少得与不得。因此，按劳分配的本质是否定"无形剥夺"，是体现公平正义的颠覆性思想变革；并充分调动社会成员的积

---

① 《邓小平文选》第 3 卷，人民出版社 1993 年版，第 138 页。
② 《马克思恩格斯文集》第 3 卷，人民出版社 2009 年版，第 434 页。

极性，促使每个人都能凭自身劳动拥有更富庶的生活。

### （三）涵括整体的伦理范式

共同富裕的伦理构成不是单一机械的而是多元丰富的。在范围上，是覆盖全体人、所有人的富裕；在内容上，其阈值涵括物质富裕与精神富裕；在组成上，涵盖了政治、经济、社会、文化、生态多维度全方位的富裕。

#### 1. 全民富裕

全体社会成员的全民富裕是共同富裕必然伦理主旨。梳理中华民族文明发展史，共同富裕有着深厚的"全体""全民"历史根基和民心基础。儒家《礼记》孜孜以求的"大同社会"、管仲呼吁"治国之道，必先富民"、老子倡导"损有余而补不足"、孔子主张"不患寡而患不均"，近代康有为《大同书》"至公"的核心要旨、孙中山号召"天下为公"等，无不体现着朴素的、原初的全民共富思想。19世纪，马克思恩格斯立足于群众唯物史观，在论述共同富裕的主体时，所使用的主语也均为"一切社会成员""每个人""所有人"等，并提出"以所有的人富裕为目的""人人也都将同等地、愈益丰富地得到生活资料、享受资料、发展和表现一切体力和智力所需的资料"①等；在标志着马克思主义诞生的经典文献《共产党宣言》中就已庄严宣告："无产阶级的运动是绝大多数人的、为绝大多数人谋利益的独立的运动。"②列宁也多次声称要彻底推翻资本主义财富异化，追求"使所有劳动者过最美好的、最幸福的生活"③，"共同劳动所创造的财富为全体劳动者而不是为一小撮富人造福"④。由此可见，马克思主义科学富裕观主体从来都不是局部的、个别性的，而是覆盖全体人的共富理念。

共同富裕更是中国共产党人坚如磐石的初心和使命。自中国共产党创建

---

① 《马克思恩格斯文集》第1卷，人民出版社2009年版，第709—710页。

② 马克思、恩格斯：《共产党宣言》，人民出版社2018年版，第39页。

③ 《列宁选集》第3卷，人民出版社2012年版，第546页。

④ 《列宁全集》第8卷，人民出版社2017年版，第193页。

伊始，就坚定地与劳苦大众站在一起，领导中国各族人民不懈奋斗谋利益求幸福，新中国一经成立，毛泽东就郑重提出我国要实现富强的目标，并特意指出，"这个富，是共同的富，这个强，是共同的强，大家都有份"[①]。而后邓小平也多次重申共同富裕是社会主义最鲜明的标志："社会主义不是少数人富起来、大多数人穷，不是那个样子。社会主义最大的优越性就是共同富裕，这是体现社会主义本质的一个东西。"[②]强调我们所追求的共同富裕，其主语不是指称某个利益或权势集团、某些团体或少数阶层的"特权"，而是中国特色社会主义发展进程中的社会全体成员。

因此，基于共同富裕的全民富裕伦理主题及其主体对象考察，我们要将"人人享有、各得其所"的共享发展理念和"共同富裕路上，一个都不能掉队"[③]的全民共富责任向纵深推进，整体增进发展"红利"，使社会成果惠及所有人、覆盖全体人民。

2. 物质富裕与精神富裕并重

物质富裕和精神富裕是共同富裕不可或缺的"一体两翼"的两个伦理组成体。习近平总书记强调："我们说的共同富裕是全体人民共同富裕，是人民群众物质生活和精神生活都富裕。"[④]马克思关于人的本质论诠释了人具有物质、精神双重属性，人是物质性与精神性的辩证统一体，所以人具有物质层面与精神层面的双重需求，只有同时拥有满足人的双重属性的物质与精神生活并进，人才能成为真正的、完整意义上的人。由此可见，共同富裕作为以满足人特有属性为目标的伦理追求，既是一个以解决经济如何达到充裕为核心的物质文明建设命题，更是一个涵育人的道德内在实质的精神文明建设命题。对此，恩格斯在1880年发表的著作《社会主义从空想到科学的发展》中，就为我们描述了包含物质富裕和精神富裕的共同富裕构成，其中对物

---

① 《毛泽东文集》第6卷，人民出版社1995年版，第495页。

② 《邓小平文选》第3卷，人民出版社1993年版，第364页。

③ 《习近平谈治国理政》第二卷，外文出版社2017年版，第215页。

④ 习近平：《扎实推动共同富裕》，《求是》2021年第20期。

质财富的辨析是——在人类社会发展最高阶段的共产主义社会，生产力高度发展，社会财富实行按需分配，社会成员能拥有丰富无忧的物质享受；对精神富裕的解读为——每个人都能专注于促进自我发展，人的潜能得以充分释放，精神内在得以全面提升，人的自身价值得以生成。

因此，共同富裕不仅要保证物质的充裕，还要有效解决精神富足问题。在以资本逻辑为主导的"人格物化"的社会形态，片面强调对人的物质需要的满足，导致人陷入商品拜物教、精神品性被极度压抑而成为"单向度"僵化之体。换言之，在"物役人"的"虚假富裕"社会，人处于被控制宰割状态，丧失了精神层面的能动性，社会进步和发展也因此遭到严重阻滞。马克思主义本体论揭示了人的全面发展首先离不开必要的物质底线保障，但在基础物质需要，譬如衣、食、住、行等达到一定程度后，人的需求就会上升到更高层次的精神属性满足，这种延展性的需要是由人的本质是一切社会关系总和及其具体性所规定的。因此，要实现社会从"必然王国"跃迁到人能实现自我充分发展的"自由王国"，社会层面不仅要达到物质极大丰富，更需要实现精神生活的充分满足。

中国特色社会主义步入新时代，凸显了物质富裕和精神富裕的同等重要性及其相互联系、相互促进、相互补充的内在关系，物质富裕为精神富足创设必要前提，精神富裕为物质充沛产生能动作用。因此，新时代共同富裕更蕴含了这样的哲理意义：物质生活富裕是使全体人在多元化、个性化、品质化的物质需求方面满意度高；精神生活富裕是使所有人在多层次、多方面、丰盈化的精神需求方面的认可度强。

3.全面富裕

如上述所言，共同富裕的终极目标不局囿于纯粹的物质丰裕且涵盖了精神领域的丰盈，共同富裕还意指社会文化、生态治理、公共领域等人们所涉及的各领域文明的高度提升，是全面化、多层级、全方位的综合富裕范式。这个体系包括了政治、经济、社会、文化、生态等人类文明诸多要素，各要素之间的相互联结、互为支撑、动态演进决定了社会的富裕程度。"人以其需要的无限性和广泛性区别于其他一切动物"①，实现共同富裕不仅要解决经济增长的问题，共同富裕的衡量尺度还涵括社会的幸福指数高低、人们获得感体验程度强弱和成就感大小等全部因素。

根据共同富裕的内在本质，在新时代新趋势下，我们更要把握好社会发展的基本规律，有的放矢、明晰重点，以消解城乡、区域、收入差距为手段，以解决社会主要矛盾为核心，在确保财富获得正当性和公平性的基础之上，大力推进精神富有、生态宜居、文化丰富的和谐友好型社会建设，追寻能使所有人得到全面自由发展、社会系统得以全面进步的共同富裕真正样态。

同时，共同富裕的"共同"释义为"属于大家的""彼此都具有的""大家一起做的"，在具体运用中可解析为"共享""共有""共建"。因此，推进共同富裕，一是要遵循全民共享、全面共享、共建共享、渐进共享的共享发展理念，秉持人本原则、以人民为中心，突出共同享有、各得其所，破除社会发展中尚存在的共享度不足、受益度失衡等难题，实现人人享有发展成果。二是就共同富裕的实现方式而言，共建是共享的前提和基础、共享是共建的结果。马克思主义辩证唯物主义按劳分配原则已指明了先要"共建"才能确保"共享"的应然性，共同富裕不是天赋秉性或自然生成，更不是"坐享其成"甚至"不劳而获"，必须依靠全体人民共同参与、倾力投入。在实际运行中，首先要加快完善共建机制，拓宽共建渠道，落实"多劳多得、不劳不得"的公平分配机制；其次要营造勤劳致富、诚信致富、创新致富的人人参与良好氛围，形成全民共建、共享、共富的生动局面；最后要采取各项有效举措，增强人民群众自我创富能力，普及落实政策为人们提供更多致富机会。

### （四）生态遵循的伦理阈值

生态是共同富裕的核心价值所向、伦理维度及必然遵循，实现共同富

---

① 《马克思恩格斯全集》第49卷，人民出版社1982年版，第130页。

裕，要自觉遵循人与自然和谐共生准则、绿色赋能现代生产与生活方式、经济与生态科学耦合等生态伦理原则。在实现共同富裕的过程中实施生态战略，坚持生态保护、生态发展、生态修复来推进经济的高质量发展，铺就一条以绿色为底色的共同富裕道路。

1.人与自然和谐共生的伦理要义

人与自然如何实现和谐发展、共生共赢？是人类在认识世界、改造世界以优化生存环境、提高生活质量而长期谋求解决的基本课题。中华优秀传统生态伦理在天道相生思想熏陶下，形成了知命敬天、民胞物与的伦理智慧，仁民爱物、惜生重生的伦理情怀，顺天应时、依时取物的伦理制约，去奢崇俭、寡欲节用的伦理消费等朴素生态自然观。20 世纪伊始，西方生态伦理研究中心也已聚焦于倡导自然中心主义、抨击人类中心主义、推崇人与自然和谐关系，涌现出《敬畏生命》《众生家园：捍卫大地伦理与生态文明》《自然界的价值》等众多生态伦理著作。以法国施韦兹为代表的生命伦理学提出，"善"应突破人的"类"狭隘范域而泽及自然万物，人类承担有对一切生命的道义责任；以美国利奥波特为代表的大地伦理学认为，人的生存发展和大地共同体息息相关，人与人、人与社会之间的道德共同体边界要拓宽到人与大地，正当行为概念必须延伸至与地球万物的和谐共处，应建立崭新的伦理价值和道德原则来尊重、保护自然；以美国罗尔斯顿为代表的自然价值论批判"人类主宰"说，提出自然界也拥有与人同样的权利、价值与尊严，人类的道德关怀要扩展到整体生态系统并协调好人与自然之间的关系。

人与自然的和谐共生、互惠互利也是马克思生态自然观的核心所在。唯物史观创立之初就已系统论证了人具有自然属性以及人与自然的共同体关系。马克思恩格斯打破了工业社会长期存在的人与自然二元对峙论，阐述了人与自然要达到休戚与共的理想生存状态，揭示了人与自然的一体融合性，提出自然界"就它自身不是人的身体而言，是人的无机的身体。人靠自然界生活"[1]要将道德关怀、价值研判从人类领域扩展到自然领域。马克思主义自然与人类社会的产生、存在和发展有机统一论，为实现共同富裕指明了敬畏尊重、顺应保护自然的伦理方向。

首先，实现人与自然和谐相处，是共同富裕的重要伦理组成。在现实运用中，我们要以习近平生态文明思想为指引，深刻认识到人与自然和谐共生对人与社会发展的重大意义。人与自然和谐共生首要的是保护好生态环境，生态环境是人的全面发展的重要保证，"良好生态环境是最普惠的民生福祉"，它不仅具有经济属性还具有面向全民的公共产品属性。因此，打造品质优良、充裕丰富的生态产品是推进共同富裕、改善民生、实现人的全面自由发展的必由之举，也是彰显社会财富分配方式公平公正、缩小社会各阶层收入差距的基石，共同富裕内蕴的伦理范畴和论域指向，充盈着要营造优美生态环境、大力发展优质生态产品，以满足人民日益增长的美好生活需要的伦理自觉。

其次，反思、辨析、批判工业社会以来财富发展的实践伦理中存在的物质财富量"飙升"与生态环境"污染"相伴的吊诡现象。为消除尚存在的无度开发、掠夺自然资源的共同富裕财富伦理困境，更须筑牢人与自然的永续和谐共生关系，在持续深化生态文明体制改革和监管组织建设中寻求强有力的破解之道，实现经济高质量发展与生态环境高密度保护"双赢"，在"健康、绿色、环保"的生态氛围中协同推进共同富裕。

2. 生产生活方式绿色化的伦理导向

党的二十大报告明确指出："加快发展方式的绿色转型，发展绿色低碳产业。"[2]"绿色"是新时代共同富裕的主基调主旋律，生产与生活方式的健康绿色要求是共同富裕的重要伦理内涵。

推进共同富裕绿色化生产方式。一方面要坚持生产的绿色化变革。新时

---

[1]　《马克思恩格斯文集》第 1 卷，人民出版社 2009 年版，第 161 页。

[2]　习近平：《高举中国特色社会主义伟大旗帜　为全面建设社会主义现代化国家而团结奋斗——在中国共产党第二十次全国代表大会上的报告》，人民出版社 2022 年版，第 50 页。

代共同富裕必须摒弃滥用自然资源的粗放型生产模式，倡导集约化精细化发展，必须打破经济模式"大"与"强"之间的悖论和不良博弈。传统"高投入、高消耗、高排放""数量至上"的非绿色生产，不仅损害了人与自然的正常物质交换，无法满足甚至破坏人的物质与精神富裕，更遑论人的自由全面发展，本质就是以绿色为代价漠视生态的"伪发展"。历史进程已印证，生态本身就是经济，谋求富足绝不能以生态失衡为代价，现代化的生产要在人类文明发展进程自我反省和自觉调控中保持正确轨道运行。另一方面是坚持走生态生产之路。以"生态良好＋生活富裕"铸就共同富裕的"万丈高楼"，自觉推进有度开发利用、资源循环运用、低碳节能使用，在技术绿色升级、产业结构调配、产品质量健康上下功夫，以生态发展扎实推动早日实现共同富裕。

锻造共同富裕绿色化生活方式。绿色生活方式立足于人与自然和谐共生平衡，融汇了资源节约、重复循环、回收使用、避免污染等良好新生活概念，有效推进了人们在充分享受经济发展所带来的生活便利和舒适的同时，追求在绿色生活方式中实现共同富裕。因此，绿色生活习性和生态消费习惯是共同富裕的伦理题中应有之义，扎实推进共同富裕，一方面要以多样化手段筑牢人们的生态意识、节约意识、环保意识，在个体层面注重培育简约适度的生活理念，对绿色低碳生活方式形成高度认同与思想共鸣；在社会层面大力营造节约光荣、浪费可耻的良好氛围，使绿色文明生活成为人们自我规范的道德准则和伦理遵循。另一方面要反复强化人们形成对绿色生活的积极追求和实际践行，譬如倡导"节约能源""垃圾分类""爱惜粮食"等；同时在生活中鼓励人们使用环保产品，使绿色餐饮、绿色出行、绿色居住成为全民自觉行动和时尚追求。

3.经济与生态的伦理耦合

新时代共同富裕是经济与生态有机统一的富裕，经济生态化与生态经济化并进、生态与经济共同发展是实现共同富裕的伦理进路。

推进经济生态化与生态经济化并进。"经济"与"生态"是并行不悖的一体化存在，寻绎经济生态化与生态经济化结合，是人类经济可持续发展的最优模式之一。经济生态化主张物质积累不可建立在打破生态平衡、损害自然环境之上，是"绿水青山就是金山银山"生态论断的深刻体现以及对经济发展的理性解读，追求生态与经济的共同推进是经济生态化的本质，也是实现共同富裕的伦理要义。生态经济化主张将生态资源转化为经济资源并使之增值、进而让生态产品价值得到实现，即有效解决动机、过程与结果的生态"转化"为经济的问题；生态经济化以"生态资源→生态资产→生态资本→经济运行→增值"链接式运行，形成生态"红利"，纠偏了资源和产品"无偿使用""低价销售"的财富异化现象，突破了生态发展的桎梏。加快共同富裕步伐，就要倡导经济生态化与生态经济化的同步发展，努力实现"积极外物最大化"和"消极外物最小化"的物质生产，以及生态效益与经济效益最大化的有机统一。

规范生态与经济共同发展的综合体系建设。一是谋求高质量发展的共同富裕道路。以创新、协调、绿色、开放、共享的新发展理念引领经济建设，打造经济进步、资源优化、环境清洁的新发展格局，形成平衡性高、协调性好、包容性强的推进共同富裕外部环境，使优美生态成为经济可持续发展、绿色健康发展的重要支撑。二是厚植生态文明制度建设。严惩生态环境破坏行为，规范公权力运用、彻底杜绝"污染保护主义"，坚守好生态文明的制度"红线"，同时教育社会全体成员自觉承担起守护生态的责任与义务。三是构建支撑共同富裕的生态文化价值体系。破除人类主宰自然的固化思维，调节好经济利益和生态平衡之间的矛盾；在全社会普及开展生态文明教育，摒弃生态功利主义的利益占有思维，弘扬生态保护自律观，使其深融于国民个体人格生成和价值养成之中。

## 二、实现共同富裕与贫困治理的现实融合

步入新时代，我国贫困治理发生改变：贫困治理从绝对贫困向相对贫困

转化；从生存需求向多维需求延伸；从聚焦乡村向城乡融合的场域调整。推进共同富裕，也相应要从以下方面发力："做大蛋糕"与"分好蛋糕"同频共振、物质富裕与精神富裕同时发力；共建富裕与共享富裕同向共行。实现共同富裕的路径的新聚焦主要在于：坚持中国共产党领导，增强共同富裕的顶层设计；推动经济高质量发展，夯实共同富裕物质基础；立足以人民为中心，实现共同富裕的基本要求；完善分配制度体系，彰显共同富裕的效率公平。

## （一）贫困治理与共同富裕的内在关联

### 1. 基于历史维度：共同富裕贯穿于贫困治理的具体实践中

实现全体人民共同富裕是消除贫困、实现共产主义社会的重要目标。马克思、恩格斯在《共产党宣言》中精辟指出："无产阶级的运动是绝大多数人的，为绝大多数人谋利益的独立的运动。"[①] 在共产主义社会，"生产将以所有的人富裕为目的""所有人共同享受大家创造出来的福利"。共产主义将彻底消除阶级对立和差别，真正实现社会共享、实现每个人自由而全面的发展，为实现共同富裕描绘了美好图景。

中国共产党立志彻底推翻一切剥削阶级，实现人类的彻底解放。百年党史就是一部中国共产党人带领全国人民矢志不渝根治贫困、追求共同富裕的奋斗史。

新民主主义革命时期，贫困治理主要围绕国家独立、人民解放的任务主线展开，对共同富裕目标的追寻具体折射于我们党带领广大农民进行消灭剥削、平分土地的伟大斗争。进入社会主义革命和建设时期，1955 年毛泽东首次在《关于农业合作化问题》中提出"共同富裕"概念，强调实现共同富裕必须永葆社会主义方向，坚决维护人民的公平正义。而后，三大改造的完成和社会主义制度的确立，更为共同富裕目标实现提供了制度层面的保障。改革开放和社会主义现代化建设新时期，党领导人民在推动共同富裕实践中

---

① 马克思、恩格斯：《共产党宣言》，人民出版社 2014 年版，第 39 页。

不断取得新成效，打破了传统体制束缚，允许一部分地区、一部分人先富起来，解放和发展社会生产力，全国人民生活水平得以不断提高，贫困治理事业取得重大突破。邓小平指出的社会主义的本质是"解放生产力，发展生产力，消灭剥削，消除两极分化，最终达到共同富裕"[①]。就是贫困治理路径和共同富裕目标高度统一的生动体现。

进入新时代，我们踏上了创造美好生活、加快实现全体人民共同富裕的伟大新征程。党的十八大以来，以习近平同志为核心的党中央以"一个都不能少"的庄严承诺，将实现中国特色共同富裕、消除贫困推向更高的发展阶段。中国共产党坚持把满足人民对美好生活的新期待作为经济社会发展的出发点、落脚点，牢牢把握好发展阶段新变化，把逐步实现全体人民共同富裕摆在贫困治理重要任务中，采取有力措施保障和改善民生，推动区域协调发展，打赢脱贫攻坚战，全面建成小康社会，并建立了防止返贫致贫监测和帮扶机制，人民群众获得感、幸福感、安全感更加充实、更有保障、更可持续，贫困治理取得新成效，共同富裕科学性和人本性内涵得以不断丰盈充实。迈向共同富裕是当代贫困治理的实然和应然抉择与指向。

2. 审视现实向度：共同富裕明确于贫困治理的实际运作中

最终消除贫困是实现共同富裕的重要目标。新中国成立之初，我国决定照搬照抄苏联的治贫模式，通过政府一系列的政策干预，引领人民群众开启治贫热潮。受限于贫困治理认知的历史局限性，社会财富虽然增加但只是有少部分进入富裕阶层，大多数人民仍处于生活贫困的水深火热之中。改革开放之初，中国实行"让一部分人先富起来"的政策，经济建设的重点是"先富"，发展精力集中在如何使一部分人率先富裕起来的问题上，而后虽然成功地在较短时间内使一部分人先富裕起来，但是先富带后富却在长时间内未能得到有效解决，究其原因，有分配制度、结构优化有待改进的困境，也有生产力标准和价值标准未能协同统一等原因。

---

① 《邓小平文选》第3卷，人民出版社1993年版，第373页。

历史和实践证明，缩小贫富差距和消除两极分化趋势，是实现共同富裕的最佳路径，只有少数人的"富裕"不是真正意义上的、社会主义社会的富裕，少部分人的富裕也难以支撑社会经济体系的良性运转，更难以激发市场活力、释放发展潜力。社会的进步需要一个目标引领贫困治理的实践航向，这个目标就是共同富裕。共同富裕作为一个战略目标，彰显的是一种社会愿景，这一愿景不是具体的衡量标准和评价范式，但不可辩驳的是，共同富裕是消除贫困的人类美好生活实现最高阶段，共同富裕不仅象征着人们对生活质量的更高期盼和要求，更是对主体实践的规范与导向。

3.厘清价值指向：共同富裕彰显于贫困治理的目标追求中

习近平总书记指出："消除贫困，自古以来就是人类梦寐以求的理想，是各国人民追求幸福生活的基本权利。""实现人民充分享有人权是人类社会的共同奋斗目标。"我国努力消除贫困，就是为了满足人民追求幸福生活的夙愿，实现中华民族伟大复兴的中国梦。

共同富裕作为一项事关政权稳定、民生福祉的系统工程，其目标指向、实践主体、评价标准均为主体之人，以人民为中心的发展思想就是贯穿其中的主线。中国共产党自成立起就把为人民谋福利鲜明地烙印在自己的旗帜上，自始至终把人的全面发展纳入贫困治理的设计和考量之中。在治贫道路上充分尊重人民主体地位，更加关注人民高品质生活需要、更加注重人民是否能共享成果，既彰显了全心全意为人民服务的根本宗旨，又实现了对马克思人民观的认识深化，彰显了共同富裕的内在意涵。换言之，贫困治理要回答的是为了谁、依靠谁和惠及谁的问题，这同样也是共同富裕的基本立场问题，二者有着共同的价值契合点，即深刻折射出中国共产党对人民性的捍卫，使"完整的人"不再是一个抽象符号和政治术语，而成为自由而全面发展的人。

（二）共同富裕目标指向下贫困治理的认识转变

1.贫困程度转化：从绝对贫困到相对贫困

纵观人类社会发展史，贫困问题一直是困扰人类发展和社会进步的一大难题，依据贫困的量化标准可分为绝对贫困和相对贫困两种。绝对贫困是指个人或家庭的可支配收入难以维持或满足其最基本的温饱与生存需求。不同于"绝对贫困"的界定标准，"相对贫困"成因复杂、主观性强，是基于某一具体领域，并由其所在领域进行横向与纵向比较的结果，呈现出时空性、次生性和动态性等多维特征。因此，审视主体是否处于相对贫困不取决于其实际收入或者生活质量，而是和作为"坐标系"的目标主体相比较下得出的结论，囊括了更高层次的主体全面发展需求。换言之，相对贫困更多的是折射社会进步下，社会各成员间因收入不等和分配不均产生的"经济差距"。党的十八大以来，举世瞩目的减贫成就彰显了中国制度和政治的优越性，现行标准下我国9000多万农村贫困人口全部脱贫，800多个贫困县全部摘帽，近13万个贫困村全部出列，区域性整体贫困得到了解决，绝对贫困如期消除。党的十九届四中全会立足新形势新要求，创造性地提出建立解决相对贫困的长效机制，推动民生福祉再上新台阶。这一战略部署意味着缓解"相对贫困"将成为新时代中国贫困治理的核心议题。当今，受两个大变局的深刻影响，处在后脱贫时代的中国在相对贫困治理中将会面临更多挑战。

2. 贫困需求转变：从生存需求到多维需求

马斯洛将人的需求按照发生顺序，由低到高分为生理需求、安全需求、社交需求、尊重需求和自我实现五个层次。他认为个体的需求存在分化状态，即个体身处某一时期总会有某一层次的需求处于核心地位，其他层次的需求处于依附或从属地位，当人的低层需求得以实现后就会追求更高的需求。中国在全面打赢脱贫攻坚战后，消除了绝对贫困人口，贫困治理的目标由绝对贫困群体转化为相对贫困群体，贫困治理的范围由农村转化为城乡协同治理。相对于绝对贫困群体，相对贫困群体的生存需求已经解决，人们必然会追求诸如更高层次的需求，这就与我国不平衡不充分的发展问题产生了新的矛盾变化。立足新时代，贫困治理的目标由解决人的生存之维转向为解决文化贫困、能力贫困、精神贫困、尊重贫困等深层次的贫困问题，呈现出低层次向高层次延伸的需求体系，与之相应，贫困治理也需要制定阶段性和针对性的渐进目标。

3.贫困场域转向：从聚焦乡村到城乡融合

长期以来，我国为增强工业化、城镇化综合水平，采取了一系列政策使农业服务工业、农村服务城市，促成了城乡"二元对立"经济社会结构发展的思维观念，使绝对贫困人口大多都集中于乡村。因此，在早期贫困治理的实践进程中，痛点堵点和艰巨任务都集中在乡村，国家制定的一系列贫困治理体制机制、减贫标准、规划举措等，也都围绕乡村贫困治理决策部署。现阶段，国家根据新形势新任务，完成了从城乡统筹到城乡一体化发展，再到城乡发展一体化的三级跳跃，形成了城乡贫困治理的主客统一。然而，由于受到长期以来的思维固化，致使未有效解决的城乡二元结构进一步向城市拓展，形成了因农民"身份转化"滞后于"意识转化"的现实困囿，致使城镇化停留在"人口城镇化"和"土地城镇化"层面，未能真正迈入"思想城镇化"层面，这是现阶段贫困治理阶段目标必须深入规范和努力解决的问题。

（三）贫困治理与共同富裕核心所向

1."做大蛋糕"与"分好蛋糕"同频共振

"做大蛋糕"与"分好蛋糕"是共同富裕所要求的合理分配、共享问题，是贫困治理的重要"推进剂"。习近平总书记强调："共同富裕是全体人民的富裕，是人民群众物质生活和精神生活都富裕，不是少数人的富裕，也不是整齐划一的平均主义，要分阶段促进共同富裕。"①实现共同富裕的受众主体全覆盖、实现全体人民共同富裕，就要求既要"做大蛋糕"又要"分好蛋糕"。

做大和分好"蛋糕"是辩证的统一，两者互为条件、相互促进。做大是分好"蛋糕"之前提，分好则是做大"蛋糕"的保障。关于做大和分好"蛋糕"，要克服两个悖论：一是只强调做大，不注意分好，造成社会收入分配

---

① 《习近平主持召开中央财经委员会第十次会议强调在高质量发展中促进共同富裕统筹做好重大金融风险防范化解工作》，《人民日报》2021年8月18日。

不公，影响社会成员的积极性；二是只强调分好而不重视做大，造成平均主义，不仅使原有的"蛋糕"不能做得更大，还使可分的"蛋糕"越来越小。

从本质来看，做大和分好"蛋糕"，就是如何正确处理效率与公平、生产与分配之间的关系。一方面，全体人民能否享有共同富裕的成果，关键取决于生产资料与生活资料的质量与数量，只注重效率还是效率与公平共同推进。忽略"做大蛋糕"，构建不好贫困治理和共同富裕应有的物质基础；同时，在推动经济和生产力高速发展中，也要防止落入"福利主义"陷阱。另一方面，通过制度保障等，努力把"蛋糕分好"。在共产主义初级阶段，劳动量是衡量报酬的根本标准，是按劳分配的原则，若不能"分好蛋糕"，则会造成社会矛盾频发，加大贫富差距两极分化。因此，要正确处理好效率与公平的关系，完善分配基础性制度，不仅要"做大蛋糕"还要"分好蛋糕"。

2."物质富裕"与"精神富裕"共同发力

马克思曾指出，人的发展离不开人的需要的满足，"人以其需要的无限性和广泛性区别于其他一切动物"[1]"他们的需要即他们的本性"[2]。除了衣、食、住、行等自然的、物质的需求外，人作为社会存在物还拥有着社会性、实现精神生活完满的需求。也就是说，人的发展不仅需要物质生活满足，还需要更高层次的精神生活满足，这种需要的丰富性就是人的本质的具体体现。对此，马克思立足于批判资本主义私有制条件下将人的需要贬低为对物的占有和支配以及"粗陋的实际的需要"的异化，指出"私有制使我们变得如此愚蠢而片面，以致一个对象，只有当它为我们拥有的时候，就是说，当它对我们来说作为资本而存在，或者它被我们直接占有，被我们吃、喝、穿、住等等的时候，简言之，在它被我们使用的时候，才是我们的"[3]。这种现象被法兰克福学派左翼主要代表赫伯特·马尔库塞总结为——畸形的需要导致了片面的单向度的人的出现，人被"富裕社会"所创造的

---

① 《马克思恩格斯全集》第 49 卷，人民出版社 1982 年版，第 130 页。

② 《马克思恩格斯全集》第 3 卷，人民出版社 1960 年版，第 514 页。

③ 《马克思恩格斯文集》第 1 卷，人民出版社 2009 年版，第 189 页。

各种商品化的需求所宰制而丧失了精神反思的能力和推动社会历史发展的可能。

因此，人的全面发展是人的各种本质力量全部发展起来。马克思所擘画的未来世界，是一个更高级的、以个体全面而自由发展为原则的自由人联合体蓝图，这样的"理想王国"的实现，只有把人从物质和精神双重束缚的必然王国中解放出来，摆脱精神束缚，才能实现人的彻底解放和自由全面发展。恩格斯强调"我们的目的是要建立社会主义制度，这种制度将给所有的人提供健康而有益的工作，给所有的人提供充裕的物质生活和闲暇时间，给所有的人提供真正的充分的自由"①。其中"真正的充分的自由"是多元的，是"体力和智力获得充分的自由的发展和运用"。市场经济使物质生活日益丰富，但也难以避免地带来一些症结，譬如，人的精神世界空虚，追求利益最大化而导致价值迷失，个人主义、拜金主义、享乐主义、虚无主义等离心力思潮逐渐凸显。这就对贫困治理、共同富裕提出了实现物质与精神双重富裕的更高要求。

3."共建富裕"与"共享富裕"同向并行

实现共同富裕不是单一的社会发展概念，共同富裕不是平均主义，更不是无差别地在结果上"均贫富"，而是追求并保障所有人都能够获得"致富"的能力。共同富裕更不是"等靠要"或者"劫富济贫"得来的，而是一场深刻的自我革命和社会变革，它的实现需要共同建设、合力推进，而非"等、靠、要"，共同富裕的前提是全体人民共同劳动、创造与奋斗。共同富裕所要求和侧重的是保障每个人都有获得能力和提升能力的平等机会、向上流动和全面发展的平等机会，鼓励每个人凭借自身的能力以更加积极主动的状态来创造更加美好的生活。提高创富能力、增强致富本领、防止社会阶层固化，畅通向上流动通道，形成人人参与的发展环境，避免"内卷""躺平"等消极状态。

---

① 《马克思恩格斯全集》第28卷，人民出版社2018年版，第652页。

　　此外，"共建"本身亦是"共富"的反映，"共富"需通过"共建"加以彰显。共同富裕不仅是涵盖社会所有成员富裕，同时也是在物质、能力、精神等多维度上的富裕，只有通过共建，才能实现马克思对人的发展的期盼"保证他们的体力和智力获得充分的自由的发展和运用"①，将多维度富裕的实现寓于"共建"过程，使社会中每一个人都能通过"共建"确证其主体性，才能真正实现"共建共享"。

　　围绕财富共建共享，实现扶贫共富目标。首先要保障群众应得利益。我们不仅要做到对帮扶对象思想上"推"、行动上"管"，更要做到物质上"保"，实施财富成果惠及覆盖所有扶贫对象政策，在共建共享发展中能体会更多获得感、幸福感。其次要使财富涌流向贫困弱势群体倾斜。美国学者罗尔斯在其《正义论》中提出在无知之幕状态下设想建构一个遵循优先照顾弱势群体差别原则的正义社会，以及中华传统文化中追寻的"鳏寡孤独废疾者皆有所养""人人相亲，人人平等，天下为公"的理想大同社会，都侧重对弱势群体的扶持。马克思描绘"各尽所能，按需分配"的共产主义社会蓝图，也是建立在实现财富最大自由度的基础之上。财富向贫困弱势群体适当倾斜，是实现共同富裕分配正义应有之义。再次要在追求的共富过程中，注意甄别绝对平均和相对平均。德国古典哲学家黑格尔认为要求每个人财富完全平等是虚假正义之说，正义实质仅是个体通过劳动取得财富的权利平等，但是享受财富数量要因人劳动量而异。马克思则扬弃黑格尔唯心主义观点，深化对平均分配财富是空幻缥缈的设想，强调共享"共同"而不是"均分"，绝对平均主义抹杀劳动报酬的质与量区别，本质上是狭隘的小农意识和思维。因此，要求财富做到相对平均而防止绝对平均化，在扶贫中根据贫困深度、脱贫难度、劳动投入来合理分配资源资金。

　　因此，在贫困治理中，只有人人参与共建，才能人人收获共享，每个人才会有成就感、获得感；只有通过不断提升社会成员的知识水平，激发人民

---

　　① 《马克思恩格斯文集》第9卷，人民出版社2009年版，第299页。

群众的发展潜力，充分调动社会成员的积极性与创造性，积极凝聚人民群众的才智本领，才能汇聚起共同富裕的磅礴伟力，让全体人民在共建中各展所长、共享中各得其所，形成共同参与、共同奋斗的良好态势，真正打破贫困治理现实障碍、扎实推进共同富裕实现。

### （四）实现共同富裕目标的时代理路

1. 坚持中国共产党领导，厚植共同富裕的顶层设计

纵观人类历史，至今没有任何一个国家和地区真正实现共同富裕。因此我国推进共同富裕建设是以前所未有之勇气做出的开创性举措，其任务之艰、规模之大、困难之广都是史无前例的，也是毫无现成经验可以借鉴的。这就要求我们必须以系统性思维谋划，坚持举国上下一盘棋，对共同富裕目标进行整体审视、聚力推进。中国共产党的初心使命是"为中国人民谋幸福、为中华民族谋复兴"，这也就决定了共同富裕目标既是中国共产党新征程上的奋斗目标，同样也是中国式现代化的重要特征。百年来，中国共产党在执政过程中始终注重解放生产力、发展生产力，不断将改革发展推向纵深，对贫困治理的主要领域和关键环节做出战略部署。

实践证明，中国共产党具有强大的领导力、组织力和动员力，只有中国共产党才能够引领全国各族人民积极投身于共同富裕的实践中。站在新的发展阶段，要将党的领导贯穿到共同富裕实践全过程，调动推进共同富裕的各方力量，实现共同富裕顶层设计和基层探索的良性互动。

2. 立足以人民为中心，实现共同富裕的基本要求

"人民至上""以人民为中心"是马克思主义人本思想最深刻的内涵。回顾历史，马克思主义对人的发展是评判财富价值的根本尺度做了高度肯定。自19世纪伊始，马克思就十分关注财富生产进程中人的进步状况，凸显财富中人的主体主导地位，强调财富蕴含着人的价值实现目的，确证人的自由全面发展是财富创造的终极指向。

首先，马克思提出劳动创造财富，因而财富自身就具有为人性。立足

于劳动活动探索财富内在的人学内涵，他认为"……形成财富的两个原始要素——劳动力和土地"①，劳动是人类特有的财富生产方式，因此，财富作为主体劳动的产物，"财富的本质在于财富的主体存在"②。马克思还发展完善了古典政治经济学威廉·配第"劳动是财富之父"思考及亚当·斯密、大卫·李嘉图的劳动价值论观点，汲取了黑格尔、费尔巴哈财富的人本意义思想，在《资本论》《1857—1858 年经济学手稿》等著作中，详细地阐述了劳动创造财富以及财富具有内在属人性的特质。

其次，财富展现出人的本质力量及丰富"属人性"。一方面，财富是人类价值的映射：财富作为人的实践活动的"对象"，是人的劳动证认、人的本质力量产物，客观外在"不过是作为从事社会生产的人的因素，不过是作为从事社会生产的人的正在消失而又不断重新产生的实践活动而退居次要地位"③。即物质财富世界；另一方面，财富作为人类劳动成果，是人的自我完善更新、与他人共生发展的场域；是人的劳动轨迹、运动规律的丰富展现，展现人的本性的多层次性及多样化。

最后，财富最重要伦理价值在于促进人的发展。财富作为社会一切关系联系衍生的产物，由人类主体创造，本身就蕴含着人的对象性与主体性的统一。财富为人性的社会本质特征，要求我们摒弃绝对唯心论和抽象自然法则论，从具体的社会生产力状况、现实社会经济关系，最关键是从人的能力潜力充分发展程度等要素来系统研判财富的价值。而财富的价值则在于人们在合理"度"内自由运用现有条件创造财富来满足自身需要、促进自身发展。

以马克思财富人本性为指导，一直以来，我国扶贫减贫脱贫工作都在为实现人民美好生活的道路上奋斗，以实现全体人民幸福为目标。在未来反贫困治理实践中，也要始终将人民处于主体地位，坚持以人民为中心的发展思想。

---

① 《马克思恩格斯文集》第 5 卷，人民出版社 2009 年版，第 697 页。

② 《马克思恩格斯文集》第 10 卷，人民出版社 2009 年版，第 181 页。

③ 《马克思恩格斯全集》第 26 卷，人民出版社 1974 年版，第 294 页。

坚持扶贫成果为了人民、依靠人民和由人民共享是反贫困事业的核心和政治立场，纵观历史，以人民至上的价值理念在中国特色反贫困治理中不断升华，推动绝对贫困取得了历史性成功。全面实现小康社会后，相对贫困治理工作也要始终秉持以人民为中心的价值理念，不断增进人民福祉以实现共同富裕。第一，相对贫困治理要坚持以人民的切身利益为出发点和落脚点。从新中国成立以来解决温饱问题到新时代打赢脱贫攻坚战，从绝对贫困到相对贫困，从解放初期的"一穷二白"到改革开放后的全面建成小康社会。中国共产党始终将人民的利益放在首位，才使我国脱贫工作取得巨大成就，同时向全世界展示了贫困治理的中国智慧。第二，贫困治理要坚持以人民为本。人民群众是中国共产党的根基和血脉，开展扶贫工作要时刻围绕"人民"这个中心，在实践中深刻贯彻为人民服务的初心与使命。群众观点和群众路线是中国共产党在政治活动中得出的宝贵经验，今后的贫困治理要始终尊重人民群众的主体地位，善于发掘和发挥人民群众内蕴的磅礴伟力，激发出人民群众的创造活力。第三，贫困治理要坚持践行共享发展。共享共有是中国共产党基于实践经验，提出的共同富裕目标稳步实现的科学进路，为下一步贫困治理提供了方向引领。全体人民共享、共有发展成果，是中国特色社会主义制度优越性的鲜明体现。因此，坚持以人民为中心，深刻诠释人民至上的价值中心，要深度融入相对贫困治理的全过程。

3. 推动经济高质量发展，夯实共同富裕物质基础

现阶段我国发展不平衡不充分的主要矛盾仍还存在，对刚刚摆脱"绝对贫困"的群体而言，他们因自身发展的内生动力不足，在社会系统中仍处于弱势地位，一旦受到外界的冲击，极有可能再度返贫。经济发展、物质富裕是防止脱贫人口返贫的根本所在。因此，我们要立足新时代，推动高质量发展。

当今世界，科技革命和产业变革深入发展，为经济发展带来新的战略机遇。与此同时，世界经济复苏乏力，局部冲突和动荡频发，全球性问题加

剧，世界进入新的动荡变革期。我国发展进入战略机遇和风险挑战并存、不确定难预料因素增多的时期，推动经济高质量发展面临的形势更加复杂严峻，任务更为艰巨。

新时代新征程，我们要遵循社会发展规律，建立系统完备的现代化经济体系。坚持以推动高质量发展为主题，完整、准确、全面贯彻新发展理念，坚定不移贯彻新发展理念、构建新发展格局，摒弃唯 GDP 论的传统思维，实现以创新为动力、以协调为特点、绿色为保障、开放为媒介、共享为目的可持续发展，坚持有效市场和有为政府的辩证统一，打通国际国内双循环的痛点堵点，建立强大的内需市场，解决好当前经济结构性失衡问题，推动构建新的经济增长极，以经济增长来为共同富裕创造财富基础。一方面，要深化供给侧结构性改革，不断把实体经济做大做优做强，不断推进去产能、去库存、去杠杆、降成本、补短板；把实施扩大内需战略同深化供给侧结构性改革有机结合起来，着力提升我国产业链供应链韧性和安全水平，增强国内大循环的内生动力和可靠性，提升国际循环的质量和水平，努力推动经济发展实现质的有效提升和量的合理增长。另一方面，坚持实施创新驱动发展战略，蹄疾步稳迈向创新型国家行列，积极占据新一轮技术革命制高点。不断加强关键技术的攻关，以先进理念、精湛技术突破我国在核心领域"卡脖子"难题，以全方位、多层次、宽领域的创新助推共同富裕。

4. 完善分配制度体系，彰显共同富裕的公平正义

共同富裕的实现，制度设计和制度健全是基础，而其中科学合理的分配制度又是关键。在贫困治理中，分配制度的核心要求处理好市场、政府和社会的关系；处理好效率性、公平性和公益性的关系。

马克思充分批判在资本主义制度下，私有制的生产关系决定了劳动创造的财富皆归资本家所有，而辛苦劳作的工人阶级，获得的只是劳动带来的贫穷和疾病，他指出在未来理想社会中，"所有人共同享受大家创造出来的福利"。因此，要不断扩大生产资料公有制，完善分配制度，切实将个体创造

的剩余价值转化为个体的财富增长。

遵循马克思主义按劳分配模式、劳动的付出及回报等量原理。新时代的贫困治理，就要统筹规划好分配制度，一是科学规范财富分配标准制定，除了丧失劳动能力者以外，扶贫资源分配以具备劳动能力的扶贫对象劳动时间、劳动量大小为计量依据。二是实施按劳分配、多劳多得来激发劳动者积极性和活力。三是建立严格的劳动成果分配监管制度。设置由上至下、分级分层监督扶贫劳动成果分配机制，并建立各级评价指标；完善扶贫劳动资金管理。

党的二十大报告强调指出，要扎实推进共同富裕，完善分配制度，构建初次分配、再分配、三次分配协调配套的制度体系。因此，对于初次分配、再分配和三次分配，也要将公平正义全面落实。

首先，要完善初次分配制度，健全生产要素由市场评价贡献、按贡献决定报酬的机制，有效提高市场配置资源的效率；不断提高劳动收入占比，保护劳动所得，积极优化土地、技术、劳动力等资源和要素在初次分配中的比重，加大解决城乡之间、行业之间、区域之间的收入分配差距问题，切实增加中低收入群体的实际收入。其次，要完善再分配制度，充分用好社会保障制度这一调控利器，实现对初次分配的矫正和完善，特别要通过不断健全和完善税收制度，优化社会保障、社会救助、转移支付等方面的调节政策，加大对农村和贫困地区的转移支付力度，有效兜底提低、缩小收入差距，构建扎实推动共同富裕的普惠性社会保障制度。最后，要完善三次分配制度，通过教育宣传等一系列措施，鼓励社会成员自愿通过民间捐赠、慈善事业、志愿服务等方式济困扶弱，推动社会资源向弱势群体分配；通过健全完善公益慈善领域的法律法规和制度体系，建立健全回报社会的慈善激励机制，进一步优化社会收入结构、改善财富分配格局，切实达到消除社会贫困现象的实现全体人民共同富裕的终极目的。

# 结　论

中国的贫困治理取得了史无前例的伟大成就——脱贫攻坚战取得全面胜利，消除了区域性整体贫困；相对贫困发生率在可控范围之内，脱贫后返贫的反复率在持续下降，脱贫人口经济收入、生活质量在不断增加和提升；"两不愁三保障"的现实问题基本得到解决。但是，作为有 14 亿多人口国家，当前我国仍处在相对贫困状态的人口规模还比较大，长期福利救济、全面兜底解决还有待推进的状态。同时，新形势下我国减贫重心已转向相对贫困治理，因此，今后贫困治理重在防止脱贫户、脱贫人口的再返贫，统筹城乡贫困治理一体化以及重点关注特殊地区、特殊人群的减贫，等等。

此外，特殊人群贫困、深度贫困以及心理失衡、精神贫困等都会与相对贫困长期并存，从而加大了贫困治理在辨识度、执行力、有效性等方面的难度。所以，如何在完成绝对贫困脱贫任务后，巩固现已取得的脱贫攻坚成果，避免"扶贫→脱贫→返贫"的恶性循环，将是未来贫困治理推进和实施必须要克服的新困难。

因此，持续探索将财富伦理学科有益成果和学术理论的基本原理、主要内容、规则规律等融入贫困治理中，使贫困治理得到学科理论支撑，将是一项长期的、必须持之以恒持续推进的工作。本书立足于综合分析、学科融入，注重涵括和补充对贫困治理在政策、战略、机制研究之外的财富伦理相关学术知识的提炼及运用，用财富伦理的思想观点对我国贫困治理进行理论阐释、路径创新等的研究。针对贫困治理中的财富认知、生产、分配、使用四大问题深入分析、探索现状、探讨存在问题及原因、凝练理论依据、得出实施路径思考，梳理了财富伦理理论体系具体对接贫困治理的内在机理研究。是对我国推进贫困治理运用财富伦理新视角、新思路的有益研究。

本书对财富伦理嵌入我国贫困治理进行全方位、分层次的探索，依次从"财富认知→财富生产→财富分配→财富消费"四个方面，挖掘财富伦理在财富正当性认知、可持续性生产、公平正义分配、适度消费等方面的基本原理及核心思想，得出在贫困治理中要加强思想扶贫、开展生态生产、实施公平分配、推进节制有度消费的重要观点。以下进行详细论述。

## 一、对财富正当性获得的认知，是贫困治理在思想扶贫上的着眼点

财富具有使用价值及"为人性""属人性"，合法合理财富追求具有正当性，一味追求财富或盲目排斥致富，都是对财富本质理解的谬误。

此观点可从以下方面深化理解。

### （一）财富是人的发展的手段性存在

财富既具有物性更具有属人性的双重属性，隐藏在物态之下财富还有更重要的为人性本质。首先，财富是"一个靠自己的属性来满足人的某种需要的物"①"不论财富的社会的形式如何，使用价值总是构成财富的物质的内容。"②财富作为一种客观存在的物质实体，其最重要作用在于以自身"物"的使用价值来满足人类生存和发展需要。其次，对人类而言，财富仅是"中介因"和"质料因"。财富本身具有不可或缺性，是人类进步的重要载体，但它作为人类的劳动产物，无论是以实体形式、货币形态还是虚拟资本样态出现，"财富从物质上来看只是需要的多样性"——它只能作为人类发展自

---

① 《马克思恩格斯全集》第 23 卷，人民出版社 1972 年版，第 47 页。

② 《马克思恩格斯全集》第 23 卷，人民出版社 1972 年版，第 48 页。

身的某种介质和工具存在。最后，财富生产与主体性的人及其发展，二者是手段与目的的关系，不可错位和颠倒。对此，马克思曾批判了财富是人类发展之目的并可以凌驾主导人类的错误思想，指出它完全漠视了人的本质的"自主劳动"与"异化劳动"产生的根本区别。

### （二）人的发展是评判财富价值的根本尺度

马克思主义者历来关注财富生产进程中人的进步状况，凸显财富中人的主体主导地位，强调财富蕴含着人的价值实现目的，确证人的自由全面发展是财富创造的终极指向。

首先，劳动创造财富，因而财富自身就具有为人性。马克思完善了古典政治经济学家威廉·配第"劳动是财富之父"的思考及亚当·斯密、大卫·李嘉图的劳动价值论观点，汲取黑格尔、费尔巴哈财富的人本意义思想，在《资本论》《1857—1858 年经济学手稿》等著作中，详细地阐述了劳动创造财富以及财富具有内在属人性。立足于劳动活动探索财富内在的人学内涵，马克思认为，劳动是人类特有的财富生产方式，因此，财富作为主体劳动的产物，"财富的本质在于财富的主体存在"[1]。

其次，财富展现出人的本质力量。一方面，财富是人类价值的映射：财富作为人的实践活动的"对象"，是人的劳动证认、人的本质力量产物，客观外在"不过是作为从事社会生产的人的因素，不过是作为从事社会生产的人的正在消失而又不断重新产生的实践活动"[2]。即物质财富世界；另一方面，财富作为人类劳动成果，是人的自我完善更新、与他人共生发展的场域；是人的劳动轨迹、运动规律的丰富展现，展现了人的本性的多层次性及多样化。

最后，财富最重要的伦理价值在于促进人的全面发展。财富作为社会一

---

[1]　《马克思恩格斯文集》第 1 卷，人民出版社 2009 年版，第 181 页。
[2]　《马克思恩格斯全集》第 26 卷，人民出版社 1974 年版，第 294 页。

切关系联结衍生的产物，由人类主体创造，本身就蕴含着人的对象性与主体性的统一。财富为人性的社会本质特征，要求我们摒弃绝对唯心论和抽象自然法则论，从具体的社会生产力状况、现实社会经济关系，最关键是从人的能力潜力充分发展程度等要素来系统研判财富的价值。而财富的价值则在于人们在合理"度"内自由运用现有条件创造财富来满足自身需要、促进自身发展。

因此，对财富正当性获得的科学理性观点，是矫正纠偏帮扶对象对财富的不当认知，激发他们彻底摆脱贫穷以及追求正当财富的信心、毅力的重要前提。贫困治理应充分肯定人们追求财富的合理性，引导帮扶对象塑造正确财富价值观、财富获得观，科学看待和追求财富，批判财富认知悖论——即"财富天性为恶"是极端主义，而"安贫乐道、耻于求富"也是偏激思想，二者都因对物质抗拒力过度或求富驱动力不足而阻碍有效脱贫。树立正确认识和看待财富观念，在财富与人的对象化活动、与人的本质力量实现互动中看到其蕴含的伦理价值，摒弃仇富畸形心理，建立财富动力体系，教育扶贫对象正确认识、认知、认同追求正当财富的合理合法行为。

同时，要肯定财富的合法性来源于劳动。弘扬马克思"勤劳致富"伦理道德观，在社会上形成鄙视"不劳而获、坐享其成"思想，赞颂"劳动至上、劳动光荣"的社会主义劳动观，清除惰性依赖的"思想痼疾"，凝聚劳动扶贫合力，制定实施有效措施充分调动和发挥帮扶对象主体的劳动积极性。

## 二、可持续性是财富伦理重要的核心范畴，可持续性强调行为及事物等应然具备的良性发展

财富伦理"可持续性"思维运用于贫困治理的生产环节，其重要性不言而喻。可持续性倡导及推崇的生态、绿色等伦理价值指向，是贫困治理的财富生产中应遵循的基本准则，制约着人们在财富生产中，要做到保护自然资源、保护生态资源。

此观点可从以下方面深化理解：

从量的维度出发的生产范式，将生产力视为人类向自然索取财富的一种能力，框缚于"征服""改造""控制""利用"等人类中心主义语境，自然界幻化为"为我"而丧失"自在"存在的内在应有价值。技术困境、发展悖论、资源无限论汇聚为人类为追逐财富量的累积而引发的生态危机，导致人类生存窘境和社会发展的停滞甚至倒退，引发的是人类对财富"无限之欲"与自然界承载的"有限之力"之间的绷紧。这种仅重视人类财富生产而罔顾自然内生后续存在与发展，与马克思将生产力理解为社会生产力与自然生产力相统一的理论相背离。基于对资本主义生产力异化的批判扬弃，马克思颠覆了视自然为人类"唯客体""孤立式"的"主客二分"传统生产力观的思维限定，构建了"自然—社会—人"的链接循环式有机整体系统，赋予人类财富正当追求所应秉持的生产力内在本质，树立了与自然共生共存的绿色生产理念，阐述了财富生态生产力发展进路：提出生态保护与经济发展是相互融合、协同双赢"共进体"，强调生产活动的前提在于"这些要素最初可能表现为自然发生的东西"[①]，"自然发生的东西"即是自然资源和生态体系条件，"各种不费分文的自然力，也可以作为要素，以或大或小的效能并入生产过程"[②]。将自然、自然力作为劳动资料、劳动对象等要素介入生产过程，就意味着也纳入了生产力的范围，彻底粉碎了传统生产力对自然资源与人类财富增值的疏离对峙关系。

贫困治理首要目标在于实现彻底脱贫、杜绝贫困再生和防止贫困代际传染，因此，在摆脱贫困、求富致富的过程中，做到人与自然的和谐共生，使生产发展的同时，自然资源也得以最有效的保护，是财富生产的生态前提。因此，要深化贫困治理的生态生产。在贫困治理中，依靠物质生产努力实现贫困地区财富跨越式发展的同时，杜绝财富发展过程中"以物为本"带来的

---

① 《马克思恩格斯全集》第 2 卷，人民出版社 1979 年版，第 122 页。
② 《马克思恩格斯选集》第 2 卷，人民出版社 2012 年版，第 385 页。

弊端，避免出现因目的与手段颠倒而产生的对贫困地区自然资源无度开采、对乡村优美生态环境的肆意破坏；另外，贫困治理的生产方式要注意从以"经济增长为本位"转变为以"人民幸福为本位"、注重追求经济总量指标转向强调国民幸福指数。

## 三、公平正义是财富伦理的主要内容

在财富分配中做到公正、平等，是财富伦理在财富分配上的应然性规制与原则。在贫困治理中，要做到财富共享、财富合理分配。公正正义不是平均主义，而是以马克思主义按劳分配思想为指导、以劳动量为尺度进行财富分配，但在分配过程中，根据贫困人口本身就处于弱势群体的特殊情况，财富分配还要遵循矫正原则、补偿原则，对帮扶对象进行分配的适当倾斜。坚持公平正义，也是财富伦理融入贫困治理并发挥其学科引导作用的体现。

此观点可从以下方面深化理解：

### （一）历史上出现的分配不平等现象是不合理制度的天然产物

在资本主义社会，由于资本主义制度本身固有的弊端，社会财富只会在少数资本家手里不断累加，无产阶级一无所有，因此实现所有人的经济平等只能是空中楼阁。

其一，资本主义社会"所有权、自由和平等的三位一体"的提出，只不过是资本家攫取利益的"堂而皇之理由""伪善之借口"，实质上并不是保障所有人权利一律平等，而是资本家利用商品流通互换的隐蔽规则，以欺诈手段无偿占有工人的劳动并永恒享有这种特权。因此，资本主义社会所宣扬的"平等"（包括分配平等），只是一种形式平等、表面平等而不是真正平等，它掩盖了资本家占有私有财产与无限度剥削无产阶级剩余价值之间的"绝对不平等"实质，抹杀了资本家压榨无产阶级与后者向前者出卖廉价劳动力之间的不平等。

其二，私有制社会，劳动者一直承受着叠加贫困、持续贫困、次生贫困，自身被演化成"赤贫物品"，马克思运用唯物辩证法剖析资本主义社会贫困现象，在《1844年经济学哲学手稿》中指出，"平等地剥削劳动力，是资本的首要的人权"①。不合理制度之下，工人丧失对自己劳动生产出来的产品的拥有权，而资本凭借其统治优势则享有对劳动的无偿占有，造成了财富所有权与劳动应得的分崩离析，并导致无产阶级永远处于被资产阶级剥削压迫"潜在的赤贫"之中。

其三，只有进行社会变革，消灭不合理的社会模式，彻底废除资本主义生产资料私有制，才能最终解决分配不平等问题，实现社会财富的公正分配。"……分配关系，是同生产过程的历史规定的特殊社会形式，以及人们在他们生活的再生产过程中互相所处的关系相适应的，并且是由这些形式和关系产生的。"② 由于分配关系自身特有的决定因素属性，社会财富分配是否公正就在于它是否与某一历史阶段的生产方式、生产关系相符合，当这种关系不再相适应时，就会出现"分配病态"，分配正义则无法实现。无产阶级存在的普遍贫困是历史的具体的贫困，本质上是资本主义私有制下生产方式、生产关系扭曲的必然结果，是一种不可避免的制度性贫困。因此，只有建立无阶级压迫剥削制度，社会财富以公有制为分配主体，才会实现财富共享。

## （二）按劳分配是社会主义初级阶段的分配模式

在对空想社会主义者劳动无差别存在的理论批判，以及深化勃雷在1839年《对劳动的迫害及其救治方案》中提出的"等量劳动等量报酬"的观点，马克思系统地阐述了按劳分配理论，他在《资本论》中提出未来社会计量个人消费品分配的尺度是劳动时间，形成按劳分配思想雏形。而后，1875年

---

① 《马克思恩格斯文集》第5卷，人民出版社2009年版，第338页。
② 马克思：《资本论》第3卷，人民出版社2004年版，第999—1000页。

《哥达纲领批判》中他论述了在共产主义第一阶段（社会主义阶段）实行资源产品"按劳分配"的必然性观点，即在生产力仍旧不足、财富还未充分涌流的社会阶段，个人消费品应以劳动为尺度来进行分配、劳动量要与报酬相当。

建立在公有制基础之上的按劳分配思想，兼顾了劳动量公平计算、社会公共福利及个人消费的保障，体现了人与人之间的权利平等。基本主张是：一是只有在公有制经济社会，才能实现按劳分配；二是在共产主义第一阶段，要承认"劳动者的不同等的个人天赋，从而不同等的工作能力，是天然特权"①。劳动作为谋生手段，按"劳"而"分"符合正义诉求；三是消费品根据付出的劳动量来分配，"每一个生产者，在作了各项扣除之后，从社会方面领回的，正好是他所给予社会的。他给予社会的，就是他个人的劳动量"②；四是"劳"按照个体的劳动时间或劳动强度来计量；五是首先要在社会总产品中扣除为公共基金而进行的劳动，再分配给个人。

此外，在以公有制为分配主体的社会，劳动者具有二重身份：一方面它属于"一个处于私人地位的生产者"③，另一方面作为社会"这个共同体的一个肢体"④都是属于处于社会成员地位的生产者。因而，在生产、分配过程中就蕴含了个人利益和全体成员利益，并且个人劳动量及对社会贡献也并不一致，因此，必须严格执行财富按劳分配原则，才能真正做到公平公正。

## （三）共同富裕是财富分配正义的展现

从 16 世纪伊始，思想家们就孜孜追求致力于建立一个财富共享、共有、共用的理想社会，17 世纪温斯坦莱的《自由法》、18 世纪马布里的《论法制和法律的原则》及摩莱里的《自然法典》，均论述了建立无剥削无压迫社

① 《马克思恩格斯选集》第 3 卷，人民出版社 2012 年版，第 364 页。
② 《马克思恩格斯文集》第 3 卷，人民出版社 2009 年版，第 435 页。
③ 《马克思恩格斯文集》第 3 卷，人民出版社 2009 年版，第 433 页。
④ 《马克思恩格斯全集》第 46 卷，人民出版社 1979 年版，第 472 页。

会以实现财富分配公正的可行性。到了19世纪上半叶，欧文、圣西门和傅立叶等空想社会主义者更是呼吁彻底废除私有制、社会财富人人平等享有。这些对财产公平享有的思想探索精华，汇集成马克思财富思想的重要理论来源。

马克思还吸收了德国古典哲学、英国古典政治经济学理论，运用唯物史观方法论和实践批判思维，扬弃"乌托邦"式幻想，论述了未来社会所有成员共同富裕的可能性，并提出共同富裕是共产主义社会的必然诉求。共产主义社会的标志之一，就是社会生产将以所有人物质和精神丰裕为目的，"社会生产力的发展将如此迅速……生产将以所有的人的富裕为目的"①。共富的标志是生产力高度发达，全民富裕与生产力永续发展同向共进，未来社会的经济形态"在保持社会劳动生产力极高度发展的同时又保证人类最全面的发展"②。因此，建立社会主义制度是"给所有的人提供充裕的物质生活和闲暇时间，给所有的人提供真正的充分的自由"③。只有实现大工业生产，消灭剥削和分工，进而消除"物质劳动和精神劳动"的对立，实现公有制、按劳分配，才能为无产阶级谋得真正利益。一方面大工业发展保持张力需要科学制度的支撑，另一方面只有在公有制社会中才能满足所有人需求。明确共同富裕的价值追求在于推进人的发展。马克思恩格斯对共同富裕目标的定位建立在劳动价值论基础之上，遵循"群体 + 个体"的分配逻辑，充分考虑社会所有个体需要和享受的合理获得，在生产资料社会占有的前提下，实现群体有效联合的共富，为人的全面发展创造条件。"通过社会生产，不仅可能保证一切社会成员有富足的和一天比一天充裕的物质生活，而且还可能保证他们的体力和智力获得充分自由的发展和运用。"④

因此，在贫困治理中，要强调以下要素。

---

① 《马克思恩格斯文集》第2卷，人民出版社2009年版，第42页。
② 《马克思恩格斯全集》第19卷，人民出版社1972年版，第130页。
③ 《马克思恩格斯全集》第21卷，人民出版社1972年版，第570页。
④ 《马克思恩格斯选集》第3卷，人民出版社2012年版，第814页。

一是坚定社会主义制度才是能消除贫困、实现富裕的优良制度。资本主义制度使资金分配掌握在资本家手中，无产阶级一无所有，因此财富幻象、异化劳动、物控制人成为资本主义的常态和痼疾。在贫困治理中，应引导帮扶群众树立坚信社会主义制度具有无可比拟的优越性和先进性的信念、信心，确信社会主义制度才是有利于社会财富生产能力培育的最合理制度。

二是遵循按劳分配模式、劳动的付出及回报等量原理。摒弃劳而不获与不劳而获并存现象，避免财富分配无边界化，避免物质扶贫、福利扶贫导致的"养懒人"甚至"懒人固定化"，实施按劳分配、多劳多得来激发劳动者积极性和活力。

三是围绕财富共建共享，实现共富目标。不仅要做到对帮扶对象思想上"推"、行动上"管"，更要做到物质上"保"，使其基本的物质利益得以保证。实施财富成果惠及覆盖所有扶贫对象政策，在共建共享发展中能体会更多获得感、幸福感。同时，注重财富涌流向贫困弱势群体倾斜，这是贫困治理分配正义应有之义。在扶贫追求的共富过程中，还要注意甄别绝对平均和相对平均。共享强调"共同"而不是"均分"，绝对平均主义抹杀劳动报酬的质与量区别，本质上是狭隘的小农意识和思维。因此，在按劳分配阶段仍然要求财富做到相对平均而防止绝对平均化，在贫困治理中根据贫困深度及难度、劳动投入来进行资源合理分配。

## 四、适度节制是财富伦理特有的道德范畴

在贫困治理中，以适度、中道、节制、节用等财富伦理特有的价值取向学术术语，作为财富消费的学科制约尺度，消除财富消费中非理性的思想和行为，有助于锻造帮扶对象正确的财富消费观，形成理性科学的财富消费方式。

此观点可从以下方面深化理解。

注重贫困治理的理性消费，财富伦理思想启发我们，要在贫困治理中

重视树立科学消费伦理，关键在于引导帮扶对象形成绿色消费和适度消费生活方式；抵制享乐主义、拒斥拜金主义的侵蚀；摈弃禁欲主义、苦行主义消费观的束缚，提高个人生活质量；消除贫困地区仍存在的节日消费过度陋习，强化生活与生产开支秉持节制、节用原则；平衡物质消费与精神消费比例，引导帮扶群众既要有对物质使用的精确开支，也要有对精神成长的积极投入。

以上为财富伦理学科视域下贫困治理需强化认识、把握和实施的四大方面结论。同时，在我国的贫困治理已卓有成效的前提条件下，我们也要清醒认识到，当前贫困还依然是一个突出的世界性、全球共同关注和努力破解的社会难题。贫困问题解决得好不好，会直接影响着一个国家、一个地区的经济发展和社会稳定。解决贫困问题，继续寻求以学科理论来作为重要支撑和论证，依然十分重要。因此，在未来的经济社会发展中，实现贫困治理与财富伦理学科的有效对接、有机融合，还需做好以下几个方面：

一是在贫困治理中要继续坚持遵循财富伦理的价值范畴、伦理定位、道德指向、实现路径。贫困治理是一个集多样因素于一体、涵括多种现象的系统工程，贫困现象、贫困原因、减贫过程等均具有多样化、多变性等特征，导致了贫困治理的复杂性、脆弱性、反复性。我国在解决绝对贫困问题后，今后重点在于实现彻底消除以相对贫困为主的贫困存在，防止帮扶地区和已脱贫人口的大规模返贫。因此，运用好财富伦理学科特有的学科属性、研究目的、研究对象、遵循原则等，在贫困治理中能起到给予明晰问题、指明方向、分析缘由、论证举措的合理逻辑思路和体系建构的重要学理引导作用。

二是拓展财富伦理与贫困治理融合的内涵和外延。在现有研究基础之上，挖掘更多的财富伦理运用于贫困治理的有效理论和学术思想。首先，在内涵上深化阐释，辨析、提炼出更多合理因素和有益成分，给予贫困治理科学理论来源与依据；其次，在外延上要加强运用，在制度、体制、组织、体系、策略上全方位探索总结，提炼出更多的融合元素。

三是客观理性审视当前的减贫工作。在贫困治理中，我国大部分区域已经寻绎到科学合理的方法路径，并已获得良好成效，但某些区域、地方的做法依然方式单一、内涵不足，比如，陷入经济增长唯数字化、扶贫走形式化、耽于表面化等现实困境，对贫困深层次问题还未能做到深度挖掘、深入剖析。这就要求我们必须认清贫困现状的多维变化与贫困治理状况的复杂化，不断改进贫困治理的方式和内容，建立应对制止返贫和偶发性贫困的长效机制、确保扶贫政策的实用性、可行性，有效推动贫困治理能力的增强和完善。因此，将财富伦理作为思想引领、价值导向、理论供给，为解决贫困问题给出科学方案，显得尤为重要。在今后的贫困治理中，需要在财富伦理运用的力度和深度上持续不断加以强化。

四是以财富伦理学科为基础，推进贫困治理与乡村振兴战略有效衔接，加快实现全体人民共同富裕。现在已实现的脱贫摘帽，但并不意味着我国对贫困治理已经止步不前、全面收官，而是要以现有的成效作为贫困治理的新征程新起点、作为实施乡村振兴新奋斗、新规划的重要突破。脱贫攻坚是乡村振兴战略全面铺开的先导性基础工程，巩固拓展脱贫成果，要努力做好贫困治理和乡村振兴的平稳转型、有机衔接。

扎实推进实现财富全民共享共有的共同富裕，而将财富伦理的核心思想、重要内容融入其中，这是关键的一环。主要聚焦于在工作体系、政策措施、发展机制上下功夫，发挥财富伦理学术推动的深层次作用。运用财富伦理的特殊价值内涵及学科基本原理等，分析新问题、厘清其缘由、提出相应策略，为顺利实施乡村振兴战略、实现共同富裕提供科学参考。唯有如此，才有益于不断加快相对贫困治理步伐，有效杜绝贫困再生和战胜贫困代际传染等"顽疾"，推动贫困问题的永久性解决，推进我国尽快实现全体人民共同富裕。

# 参考文献

## 一、专著类

《马克思恩格斯选集》第1—4卷，人民出版社2012年版。

马克思、恩格斯：《共产党宣言》，人民出版社2018年版。

马克思：《1844年经济学哲学手稿》，人民出版社2000年版。

《列宁全集》第3卷、第8卷，人民出版社2013、2017年版。

《毛泽东文集》第1—8卷，人民出版社1993—1999年版。

《毛泽东年谱》第2卷，中央文献出版社2013年版。

《邓小平文选》第1—3卷，人民出版社1994、1993年版。

江泽民：《大力发扬艰苦奋斗的精神》，人民出版社1997年版。

《习近平谈治国理政》第一——四卷，外文出版社2018、2017、2020、2022年版。

《习近平著作选读》第一卷、第二卷，人民出版社2023年版。

《习近平扶贫论述摘编》，中央文献出版社2018年版。

习近平：《在深度贫困地区脱贫攻坚座谈会上的讲话》，人民出版社2017年版。

习近平：《摆脱贫困》，福建人民出版社2014年版。

习近平：《决胜全面建成小康社会　夺取新时代中国特色社会主义伟大胜利——在中国共产党第十九次全国代表大会上的报告》，人民出版社2017年版。

习近平：《论把握新发展阶段、贯彻新发展理念、构建新发展格局》，中央文献出版社2021年版。

习近平：《高举中国特色社会主义伟大旗帜　为全面建设社会主义现代化国

家而团结奋斗——在中国共产党第二十次全国代表大会上的报告》,《人民日报》2022年10月26日。

习近平:《在全国劳动模范和先进工作者表彰大会上的讲话》,《人民日报》2020年11月25日。

习近平:《在全国脱贫攻坚总结表彰大会上的讲话》,《人民日报》2021年2月26日。

北京大学哲学系外国哲学史教研室编译:《古希腊罗马哲学》,生活·读书·新知三联书店1957年版。

白雪秋等:《乡村振兴与中国特色城乡融合发展》,国家行政学院出版社2018年版。

陈全功:《山区少数民族贫困代际传递及阻断对策研究》,中国社会科学出版社2019年版。

陈成文:《新时代中国贫困治理:理论再建构与实践向度》,人民出版社2021年版。

董仲舒:《春秋繁露》,岳麓书社1997年版。

董长瑞、孔艳芳:《中国城乡二元结构变迁与治理研究》,经济科学出版社2018年版。

冯丽洁:《马克思的财富观研究》,上海人民出版社2017年版。

国务院扶贫办政策法规司、国务院扶贫办全国扶贫宣传教育中心:《脱贫攻坚干部培训十讲》,研究出版社2019年版。

韩俊:《实施乡村振兴战略五十题》,人民出版社2018年版。

胡建华:《贫困治理与精准扶贫》,中南大学出版社2020年版。

何棣华:《财富伦理研究》,中国社会出版社2020年版。

纪志耿:《新中国成立以来党领导农村公益事业发展的历史进程与基本经验研究》,四川大学出版社2017年版。

蒋红军:《走向共生共在:贫困村庄社会治理共同体建设》,中国社会科学出版社2022年版。

林晨等:《区域致贫原因与土地帮扶对策差别化研究》,南京大学出版社2019年版。

刘荣军：《财富、权力和正义：现代社会发展的历史唯物主义研究》，江苏人民出版社 2020 年版。

梁启雄：《荀子简释》，中华书局 1983 年版。

刘璐琳、彭芬：《中国精准扶贫与案例研究》，中国人民大学出版社 2019 年版。

刘芳：《社会工作推进云南少数民族地区精准扶贫的对策研究》，云南大学出版社 2020 年版。

李琼：《湖南教育精准扶贫长效机制研究》，云南大学出版社 2020 年版。

李方祥、陈晖涛：《摆脱贫困与全面小康》，人民日报出版社 2017 年版。

李实等：《21 世纪中国农村贫困特征与反贫困战略》，经济科学出版社 2018 年版。

蓝红星、庄天慧等：《多维贫困与贫困治理》，湖南人民出版社 2018 年版。

苗力田编：《亚里士多德选集》（伦理学卷），中国人民大学出版社 1999 年版。

孟翔飞：《城市居住空间更新与社区治理》，中国人民大学出版社 2019 年版。

毛京沐、舒星宇：《我国哈尼族农村居民的脱贫之路》，南京大学出版社 2020 年版。

孙咏梅，秦蒙：《反贫困的"中国奇迹"与"中国智慧"》，中国人民大学出版社 2020 年版。

孙祈文、杨丽贤：《中国贫困与反贫困问题研究》，四川大学出版社 2011 年版。

孙兆霞等：《政治制度优势与贫困治理》，湖南人民出版社 2018 年版。

孙迎联：《财富分配正义——当代社会财富分配伦理研究》，中国社会科学出版社 2013 年版。

宋惠敏：《乡村振兴与农民工人力资源开发研究》，河北人民出版社 2019 年版。

特约调研组：《习近平调研指导过的贫困村脱贫纪实》，人民出版社 2021 年版。

吴春华等：《劳动与社会保障》，天津教育出版社 2015 年版。

王泽应：《马克思主义伦理思想中国化最新成果研究》，中国人民大学出版社 2018 年版。

王灵桂、侯波：《中国共产党贫困治理的实践探索与世界意义》，中国社会科学出版社 2019 年版。

文余源：《城乡一体化进程中的中国农村社区建设研究》，中国人民大学出版社 2021 年版。

汪三贵：《当代中国扶贫》，中国人民大学出版社 2019 年版。

王小林等：《中国的贫困治理》，社会科学文献出版社 2023 年版。

王颂吉：《中国城乡融合发展研究》，科学出版社 2021 年版。

文建龙：《中国贫困治理的宏观结构与历史演进》，社会科学文献出版社 2023 年版。

王小林、张晓颖：《迈向 2030：中国减贫与全球贫困治理》，社会科学文献出版社 2017 年版。

肖贵清：《十八大以来中国特色社会主义理论创新研究》，中国人民大学出版社 2020 年版。

徐勇：《国家化、农民性与乡村整合》，江苏人民出版社 2019 年版。

新华社中国减贫学课题组编著：《中国减贫学：政治经济学视野下的中国减贫理论与实践》，新华出版社 2021 年版。

杨伟国、韩克庆：《中国人力资源和社会保障发展研究》，中国人民大学出版社 2020 年版。

姚小飞：《中国特色城乡一体化》，社会科学文献出版社 2020 年版。

袁小平：《社会力量协同贫困治理研究》，中国社会科学出版社 2021 年版。

杨华：《县乡中国：县域治理现代化》，中国人民大学出版社 2022 年版。

中共中央党史和文献研究院：《习近平关于"三农"工作论述摘编》，中央文献出版社 2019 年版。

中共中央文献研究室：《习近平关于社会主义社会建设论述摘编》，中央文献出版社 2017 年版。

郑志龙等：《基于马克思主义的中国贫困治理制度分析》，人民出版社 2015 年版。

中共中央文献研究室编：《习近平关于协调推进"四个全面"战略布局论述摘编》，中央文献出版社 2015 年版。

朱信凯、彭超：《中国反贫困——人类历史的伟大壮举》，中国人民大学出版社 2018 年版。

张占斌、张青：《新时代怎样做到精准扶贫》，河北人民出版社 2018 年版。

邹波:《中国绿色贫困问题及治理研究——以全国集中连片特困区为例》,经济科学出版社 2016 年版。

张建刚:《新的历史条件下共同富裕实现路径研究》,中国社会科学出版社 2018 年版。

侯永志等:《新时代关于区域协调发展的再思考》,中国发展出版社 2019 年版。

[美] 埃利希·弗洛姆:《健全的社会》,欧阳谦译,中国文联出版公司 1988 年版。

[印] 阿马蒂亚·森:《贫困与饥荒——论权利与剥夺》,王宇等译,商务印书馆 2016 年版。

[美] 奥斯卡·刘易斯:《桑切斯的孩子们:一个墨西哥家庭的自传》,李雪顺译,上海译文出版社 2014 年版。

[德] 格奥尔格·西美尔:《货币哲学》,陈戎文等译,华夏出版社 2002 年版。

[美]赫伯特·马尔库塞:《单向度的人》,刘继译,上海译文出版社 2008 年版。

[德] 马克斯·韦伯:《新教伦理与资本主义精神》,苏国勋等译,社会科学文献出版社 2010 年版。

[美] 塞德希尔·穆来纳森、埃尔德·沙菲尔著:《稀缺:我们是如何陷入贫穷与忙碌的》,魏薇、龙志勇译,浙江人民出版社 2014 年版。

[美] 托斯丹·邦德·凡勃伦:《有闲阶级论:关于制度的经济研究》,蔡受百译,商务印书馆 1964 年版。

[英] 托马斯·罗伯特·马尔萨斯:《人口原理》,子箕等译,商务印书馆 1961 年版。

[法] 托马斯·皮凯蒂:《21 世纪资本论》,巴曙松译,中信出版社 2014 年版。

[美] 西奥多·舒尔茨:《人力资本投资——一个经济学家的观点》,载《现代国外经济学论文集》(第八辑),商务印书馆 1984 年版。

[美]约翰·罗尔斯:《正义论》,何怀宏等译,中国社会科学出版社 2006 年版。

[英] 亚当·斯密:《国富论(国民财富的性质和原因的研究)》,杨敬年译,陕西人民出版社 2001 年版。

[英] 约翰·洛克:《政府论两篇》,赵伯英译,陕西人民出版社 2004 年版。

[英] 约翰·斯图亚特·穆勒:《妇女的屈从地位》,汪溪译,商务印书馆 1996

年版。

[英] 约翰·穆勒:《功利主义》,徐大建译,商务印书馆2014年版。

## 二、论文类

习近平:《全面贯彻落实党的十八大精神要突出抓好六个方面工作》,《求是》2013年第1期。

习近平:《把乡村振兴战略作为新时代"三农"工作总抓手》,《求是》2019年第11期。

习近平:《扎实推动共同富裕》,《求是》2021年第20期。

《习近平主持召开中央财经委员会第十次会议强调　在高质量发展中促进共同富裕　统筹做好重大金融风险防范化解工作》,《人民日报》2021年8月18日。

《习近平在云南考察工作时强调坚决打好扶贫开发攻坚战加快民族地区经济社会发展》,《人民日报》2015年1月22日。

白暴力:《大力推动我国生态经济建设》,《红旗文稿》2021年第22期。

陈伟:《国内关于相对贫困研究述论》,《学校党建与思想教育》2020年第22期。

陈俊:《习近平生态文明思想的主要内容、逻辑结构与现实意义》,《思想政治教育研究》2019年第4期。

慈爱民:《深刻理解习近平生态文明建设思想的重大时代意义》,《党建》2017年第12期。

崔建霞:《论习近平生态文明思想中的公平正义意蕴》,《思想理论教育导刊》2020年第12期。

陈进华:《马克思主义视阈下的财富共享》,《马克思主义研究》2008年第3期。

陈进华:《财富共享:责任政府的时代精神》,《道德与文明》2009年第1期。

常泓:《邓小平社会公正思想的基本内涵及其启示》,《学术论坛》2013年第4期。

陈培彬等:《乡村治理成效评价与分类提升策略》,《统计与决策》2022年第2期。

陈锋:《精准扶贫是打赢脱贫攻坚战的制胜法宝——习近平精准扶贫精准脱贫

基本方略及其方法论意义》，《人民论坛·学术前沿》2021年第13期。

程世勇：《乡村振兴背景下深度贫困区减贫治理的中国模式及经验》，《行政论坛》2023年第3期。

董碧娟：《中央财政全力保障扶贫资金投入》，《经济日报》2019年7月18日。

杜国明、黎春、何仁伟：《中国精准扶贫的区域治理思想解析》，《资源科学》2020年第4期。

段蕾、康沛竹：《走向社会主义生态文明新时代——论习近平生态文明思想的背景、内涵与意义》，《科学社会主义》2016年第2期。

董玲：《西方消费伦理研究评述》，《东南大学学报》（哲学社会科学版）2015年第3期。

杜环欢：《邓小平经济正义思想初探》，《西南民族学院学报》（哲学社会科学版）2002年第2期。

丁建军等：《精准扶贫驱动贫困乡村重构的过程与机制——以十八洞村为例》，《地理学报》2021年第10期。

杜鹏：《乡村治理的"生活治理"转向：制度与生活的统一》，《中国特色社会主义研究》2021年第6期。

方凤玲：《中国共产党领导反贫困斗争的百年历程和基本经验》，《毛泽东研究》2021年第5期。

方堃、吴旦魁：《习近平对马克思主义反贫困理论的创新》，《中南民族大学学报》（人文社会科学版）2019年第3期。

方凤玲：《中国共产党领导反贫困斗争的百年历程和基本经验》，《毛泽东研究》2021年第5期。

宫留记：《政府主导下市场化扶贫机制的构建与创新模式研究——基于精准扶贫视角》，《中国软科学》2016年第5期。

官进胜：《中国特色反贫困的理论向度与价值旨归》，《科学社会主义》2021年第5期。

郭俊华、卢京宇：《产业兴旺推动乡村振兴的模式选择与路径》，《西北大学学报》（哲学社会科学版）2021年第6期。

黄承伟、覃志敏：《我国农村贫困治理体系演进与精准扶贫》，《开发研究》

2015 年第 2 期。

侯红霞：《当代农民财富伦理观嬗变及其原因分析》，《贵州社会科学》2019 年第 3 期。

黄承伟：《中国减贫理论新发展对马克思主义反贫困理论的原创性贡献及其历史世界意义》，《西安交通大学学报》（社会科学版）2020 年第 1 期。

郇庆治、余欢欢：《习近平生态文明思想及其对全球环境治理的中国贡献》，《学习论坛》2022 年第 1 期。

黄力之：《习近平生态文明思想对马克思主义人与自然关系理论的推进》，《毛泽东邓小平理论研究》2021 年第 10 期。

黄娟：《荀子财富观探微》，《人民论坛》2013 年第 20 期。

黄渊基：《中国农村 70 年扶贫历程中的政策变迁和治理创新》，《山东社会科学》2021 年第 1 期。

胡惠林：《没有贫困的治理与克服治理的贫困——再论乡村振兴中的治理文明变革》，《探索与争鸣》2022 年第 1 期。

韩谦、魏则胜：《论马克思主义反贫困理论与相对贫困治理》，《北京社会科学》2021 年第 8 期。

杭丽华：《乡村治理现代化视域下公民精神培塑论析》，《理论导刊》2022 年第 1 期。

黄博：《数字赋能：大数据赋能乡村治理现代化的三维审视》，《河海大学学报》（哲学社会科学版）2021 年第 6 期。

黄渊基：《新时代农村可持续减贫的社会工作介入机制及路径——基于 H 省 J 县 H 村的考察》，《学海》2021 年第 5 期。

黄承伟：《脱贫攻坚有效衔接乡村振兴的三重逻辑及演进展望》，《兰州大学学报》（社会科学版）2021 年第 6 期。

匡远配等：《中国贫困治理现代化的多元逻辑、内容框架和有效进路》，《社会主义研究》2023 年第 3 期。

梁土坤：《新常态下的精准扶贫：内涵阐释、现实困境及实现路径》，《长白学刊》2016 年第 5 期。

李兴洲：《公平正义：教育扶贫的价值追求》，《教育研究》2017 年第 3 期。

李晓园、钟伟：《中国治贫 70 年：历史变迁、政策特征、典型制度与发展趋势——基于各时期典型扶贫政策文本的分析》，《青海社会科学》2020 年第 1 期。

林闽钢、陶鹏：《中国贫困治理三十年：回顾与前瞻》，《甘肃行政学院学报》2008 年第 6 期。

李棉管、岳经纶：《相对贫困与治理的长效机制：从理论到政策》，《社会学研究》2020 年第 6 期。

刘彦随等：《国家精准扶贫评估理论体系及其实践应用》，《中国科学院院刊》2020 年第 10 期。

刘祖云：《贫困梯度蜕变、梯度呈现与创新贫困治理——基于社会现代化视角的理论探讨与现实解读》，《武汉大学学报》（哲学社会科学版）2020 年第 4 期。

李晓蓓：《精准扶贫视角下民族地区收入差距特征与治理策略——基于马克思贫困理论的分析》，《理论探讨》2018 年第 4 期。

刘俊生、何炜：《从参与式扶贫到协同式扶贫：中国扶贫的演进逻辑——兼论协同式精准扶贫的实现机制》，《西南民族大学学报》（人文社科版）2017 年第 12 期。

李雪萍：《社会治理视域下的贫困治理》，《贵州社会科学》2016 年第 4 期。

李琳、曾建平：《论习近平生态文明思想的伦理旨归》，《江西师范大学学报》（哲学社会科学版）2018 年第 6 期。

刘长庚、吴迪：《习近平关于新型城镇化重要论述的逻辑体系》，《湘潭大学学报》（哲学社会科学版）2021 年第 45 期。

吕峰：《"团结—治理—共享"：习近平新时代民族工作高质量发展论述研究》，《云南民族大学学报》（哲学社会科学版）2021 年第 6 期。

陆小成：《中国共产党生态文明建设思想的演进逻辑与实践价值》，《毛泽东研究》2021 年第 5 期。

刘经纬、刘晓雪：《习近平生态文明思想的逻辑意蕴》，《理论探索》2020 年第 4 期。

《黑格尔财富伦理观论述——兼论社会转型期国民财富观的问题与重构》，《浙江伦理学论坛》。

卢先明：《财富共享：中国传统政治的核心内涵》，《中南财经政法大学学报》2010 年第 3 期。

柳平生：《当代西方马克思主义对马克思经济正义原则的重构》，《经济学家》2007 年第 2 期。

刘化军、郭佩惠：《经济公正——构建社会主义和谐社会的经济伦理基础》，《社会主义研究》2007 年第 2 期。

刘同舫：《马克思唯物史观叙事中的劳动正义》，《中国社会科学》2020 年第 9 期。

李海星：《从〈贫困的哲学〉到〈哲学的贫困〉再到〈摆脱贫困〉——马克思主义反贫困理论的探索与实践》，《马克思主义与现实》2018 年第 2 期。

黎珍：《乡村振兴视角下乡村治理的内在逻辑分析》，《贵州社会科学》2021 年第 11 期。

李壮：《中国共产党贫困治理的百年历程与经验启示》，《当代世界社会主义问题》2021 年第 4 期。

刘建、江水法：《生活化治理：脱贫户贫困陷阱干预的理论范式及实践路径》，《内蒙古社会科学》2021 年第 6 期。

梁宵、张润峰：《相对贫困治理的多元责任形态：出场逻辑与构成要素》，《青海社会科学》2021 年第 5 期。

李钰：《我国城乡贫困治理的新趋势及对策建议》，《江淮论坛》2021 年第 5 期。

刘东等：《后脱贫时代边疆民族地区相对贫困治理：逻辑理路、价值转向及战略选择》，《广西民族研究》2021 年第 5 期。

李培林等：《要点、重点与堵点：从脱贫攻坚到共同富裕》，《探索与争鸣》2021 年第 11 期。

李露雅：《共同富裕导向下中国相对贫困治理现实路向：识别—赋权—协同》，《现代经济探讨》2023 年第 8 期。

李若兰、刘心宜：《相对贫困治理下基本公共服务均等化的法治逻辑与权利构建》，《河北法学》2023 年第 9 期。

罗强强、张淼：《农村贫困治理中的政策依赖行为及其矫正》，《行政论坛》2023 年第 3 期。

毛华兵、闫聪慧：《习近平生态文明思想对马克思主义自然观的发展》，《学习与实践》2020 年第 7 期。

毛勒堂：《"经济时代"与经济正义》，《道德与文明》2011年第5期。

聂君：《乡村干部精准扶贫政策的实践逻辑——基于宁夏移民乡村扶贫治理的调查》，《北方民族大学学报》（哲学社会科学版）2021年第6期。

齐鹏、霍勇：《新时代民族地区精准扶贫的法治保障》，《西北农林科技大学学报》（社会科学版）2020年第4期。

任晓林：《文本重读与中国农村贫困治理"精准"问题再识别》，《中国延安干部学院学报》2018年第3期。

阮瑶、张瑞敏：《马克思反贫困理论的经济伦理特质及其在当代中国的价值实现》，《北京师范大学学报》（社会科学版）2016年第1期。

苏海、向德平：《贫困治理现代化：理论特质与建设路径》，《南京农业大学学报》（社会科学版）2020年第4期。

孙迎联：《中西比较视野中的分享经济理论》，《南京理工大学学报》（社会科学版）2007年第6期。

田启波：《习近平生态文明思想的世界意义》，《北京大学学报》（哲学社会科学版）2021年第3期。

王志章、韩佳丽：《贫困地区多元化精准扶贫政策能够有效减贫吗？》，《中国软科学》2017年第12期。

吴国宝：《改革开放40年中国农村扶贫开发的成就及经验》，《南京农业大学学报》（社会科学版）2018年第6期。

王奎：《精准扶贫：全球贫困治理的理论、制度和实践创新》，《思想理论教育导刊》2020年第10期。

王瑞华：《后精准脱贫时期社会工作参与乡村贫困治理的视角、场景与路径》，《深圳大学学报》（人文社会科学版）2020年第4期。

汪连杰：《马克思贫困理论及其中国化的探索与发展》，《上海经济研究》2018年第9期。

王圣祯、董桂伶：《习近平生态文明思想的理论认知及实践向度》，《学校党建与思想教育》2021年第22期。

王习明、张慧中：《后扶贫时代国家重点生态功能区的村组治理》，《长白学刊》2020年第3期。

王怀勇、邓若翰：《后脱贫时代社会参与扶贫的法律激励机制》，《西北农林科技大学学报》（社会科学版）2020 年第 4 期。

吴振磊、王莉：《我国相对贫困的内涵特点、现状研判与治理重点》，《西北大学学报》（哲学社会科学版）2020 年第 4 期。

万秀丽、刘登辉：《中国共产党百年反贫困的理论逻辑、基本经验及世界意义》，《思想战线》2021 年第 4 期。

王宽、秦书生：《马克思生态幸福思想探析》，《东北大学学报》（社会科学版）2016 年第 3 期。

王雨辰：《论西方马克思主义消费伦理价值观》，《陕西师范大学学报》（哲学社会科学版）2010 年第 6 期。

武彩鸿、赵海亭：《论马克思主义经济正义思想与社会主义正义观的确立》，《毛泽东邓小平理论研究》2019 年第 5 期。

魏枫等：《中国共产党反贫困理论研究》，《理论探讨》2021 年第 5 期。

万国威：《全面建成小康社会后我国相对贫困的大数据治理研究》，《天津师范大学学报》（社会科学版）2022 年第 1 期。

王晓毅、阿妮尔：《全面建设社会主义现代化背景下的相对贫困治理》，《东北师大学报》（哲学社会科学版）2021 年第 6 期。

王琳等：《"后脱贫时代"我国贫困治理的特征、问题与对策》，《兰州大学学报》（社会科学版）2021 年第 5 期。

王琦：《新乡贤融入乡村治理体系的历史逻辑、现实逻辑与理论逻辑》，《东南大学学报》（哲学社会科学版）2021 年第 2 期。

王晓毅：《实现脱贫攻坚成果与乡村振兴有效衔接》，《人民论坛》2022 年第 1 期。

王玉海、张琦：《中国脱贫攻坚的制度导源与创制贡献》，《甘肃社会科学》2021 年第 6 期。

吴丰华：《巩固拓展脱贫攻坚成果同乡村振兴有效衔接的三重逻辑、重点维度与支撑体系》，《改革与战略》2023 年第 4 期。

王晓全等：《互联网参与农村相对贫困治理的路径研究》，《农业技术经济》2023 年第 7 期。

王睿、骆华松：《面向高质量发展的相对贫困治理研究——基于生境条件差异视角》，《求实》2023 年第 3 期。

许汉泽、李小云：《"精准扶贫"的地方实践困境及乡土逻辑——以云南玉村实地调查为讨论中心》，《河北学刊》2016 年第 6 期。

徐志等：《特朗普税改：资本回流、减税竞争与中国的应对》，《财政监督》2017 年第 15 期。

谢贤：《新中国成立 70 年来我国反贫困事业的历史演进、基本经验及未来展望》，《甘肃理论学刊》2019 年第 5 期。

谢岳：《中国贫困治理的政治逻辑——兼论对西方福利国家理论的超越》，《中国社会科学》2020 年第 10 期。

徐琳、樊友凯：《赋权与脱贫：公民权理论视野下的贫困治理》，《学习与实践》2016 年第 12 期。

肖贵清、白云翔：《实现中华民族伟大复兴的关键一步——习近平关于全面建成小康社会的重要论述探析》，《当代世界与社会主义》2020 年第 5 期。

向玉乔：《财富伦理：关于财富的自在之理》，《伦理学研究》2010 年第 6 期。

谢治菊、陈香凝：《政策工具与乡村振兴——基于建党 100 年以来扶贫政策变迁的文本分析》，《贵州财经大学学报》2021 年第 5 期。

徐志明：《沿海发达地区农村相对贫困治理的实践探索与理论创新》，《江海学刊》2021 年第 5 期。

谢小芹、王孝晴、廖丽华：《共同富裕背景下相对贫困的实践类型及其治理机制》，《公共管理学报》2023 年第 3 期。

杨浩、汪三贵：《"大众俘获"视角下贫困地区脱贫帮扶精准度研究》，《农村经济》2016 年第 7 期。

杨金海：《人类文明新形态提出的深远历史意义》，《思想理论教育导刊》2021 年第 7 期。

杨韶昆：《论荀子的消费伦理思想及其现代价值》，《河南师范大学学报》（哲学社会科学版）2004 年第 5 期。

余扬、虞崇胜：《以差异化原则统领相对贫困治理——相对贫困治理的政治哲学基础初探》，《学习与实践》2021 年第 7 期。

闫书华：《乡村振兴战略视角下乡村社会治理创新研究》，《行政论坛》2022 年第 1 期。

叶鹏飞：《秩序与活力：乡村文化治理的问题与反思》，《湖北民族大学学报》（哲学社会科学版）2021 年第 6 期。

袁航：《新发展阶段共同富裕的正义价值研究》，《东南学术》2022 年第 1 期。

苑仲达：《社会救助兜底脱贫攻坚的三重逻辑》，《江西社会科学》2021 年第 10 期。

严明义、甘娟娟：《能力视角下我国城乡居民相对贫困比较研究》，《管理学刊》2023 年第 3 期。

中华人民共和国审计署：《关于 2020 年度中央预算执行和其他财政收支审计查出问题整改情况报告的解读》，2021 年 12 月 25 日。

左停等：《扶贫措施供给的多样化与精准性——基于国家扶贫改革试验区精准扶贫措施创新的比较与分析》，《贵州社会科学》2017 年第 9 期。

左停等：《相对贫困治理理论与中国地方实践经验》，《河海大学学报》（哲学社会科学版）2019 年第 6 期。

张琦、张涛：《我国扶贫脱贫供给侧结构性矛盾与创新治理》，《甘肃社会科学》2018 年第 3 期。

张瑞才：《学习和阐释习近平生态文明思想的八个向度》，《思想战线》2021 年第 4 期。

周明明：《习近平关于全面建成小康社会重要论述论要》，《马克思主义研究》2020 年第 12 期。

周中之：《消费伦理：生态文明建设的重要支撑》，《上海师范大学学报》（哲学社会科学版）2015 年第 5 期。

周中之：《经济全球化背景下当代中国消费伦理观念的变革及其研究》，《上海师范大学学报》（哲学社会科学版）2007 年第 3 期。

赵华：《论和谐社会中的经济正义》，《伦理学研究》2008 年第 2 期。

张志兵、陈春萍：《马克思财富共享伦理思想及当代价值》，《湘潭大学学报》（哲学社会科学版）2017 年第 4 期。

张洪江：《孔子财富伦理思想探微》，《理论月刊》2011 年第 5 期。

张远新:《当代中国共产党人对马克思恩格斯贫困治理理论的创造性发展》,《上海交通大学学报》（哲学社会科学版）2021年第5期。

钟海:《干部驻村制度优势转化为治理效能的实现路径——基于从脱贫攻坚向乡村振兴转变的分析视角》,《求实》2022年第1期。

周云舟、王广义:《中国共产党百年乡村治理模式的发展历程及构建经验》,《学术探索》2021年第12期。

张铮、何琪:《从脱贫到振兴:党建引领乡村治贫长效机制探析》,《中国行政管理》2021年第11期。

郑琼洁、潘文轩:《后脱贫时代相对贫困治理机制的构建——基于发展不平衡不充分视角》,《财经科学》2021年第11期。

朱冬亮、殷文梅:《内生与外生:巩固拓展脱贫攻坚成果同乡村振兴有效衔接的防贫治理》,《学术研究》2022年第1期。

周飞舟:《从脱贫攻坚到乡村振兴:迈向"家国一体"的国家与农民关系》,《社会学研究》2021年第6期。

左孝凡、陆继霞:《从脱贫攻坚到共同富裕:数字技术赋能贫困治理的路径研究——贵州省"大数据帮扶"例证》,《现代经济探讨》2023年第8期。

张晓颖等:《"一带一路"沿线国家贫困治理挑战及减贫合作启示》,《国际经济合作》2023年第4期。

郑岩、杨敏:《相对贫困治理与乡村振兴的协同推进:基于整体性治理视角》,《农林经济管理学报》2023年第6期。

张燚、谢赟:《坚持和完善党的全面领导:中国式治理现代化的本质要求——基于中国贫困治理的分析》,《理论月刊》2023年第6期。

## 三、英文文献

Rowntree，B.Seebohm，*Poverty:A Study of Town Life*，New York:Macmillan，1901.

Peter Townsend，*Poverty in the United Kingdom:A Survey of Household Resources and Standards of Living*.

Townsend, Peter. (1962) *The Meaning of Poverty*, *British Journal of Sociology*, Vol. XIII, No.1 (March).

Townsend, Peter. (1979) *Poverty in the United Kingdom*, University of California Press.

Saundersp, *Only 18%? Why ACOSS is Wrong to be Complacent about Welfare Dependency*, Issue Analysis, 2004.

Miller, S., M., Roby, P.. *Poverty: Changing SocialStratification*, Townsend, 1971.

Karl Marx, *Capital*: *A Critique of Political Economy*, London: Penguin Press, 1976.

# 后　记

时光荏苒如白驹过隙，转眼之间在学术道路上已经耕耘了几十载。从事科研的道路漫长、曲折但也充满乐趣，时常也为未能达到妙笔生花的境界而苦恼、疲惫，每当有畏难、退缩之时，就常常以一位老先生"做学术研究，必须要有坐得冷板凳的精神"的教导激励自己，力求做到沉心静气、埋头深耕、砥砺不辍。

财富伦理学科是聚焦于人们在社会发展中积淀凝练而成的，对财富本质认识、创造财富方式、财富使用模式以及财富消费样态的价值研判和道德思维，是财富内涵科学诠释、致富手段正确运用、消费方式理性选择的伦理准绳，对于培养人们正确的致富观、求富观、消费观具有重要意义，财富伦理学科嵌入中国特色社会主义建设的理论与实践研究，对助力推进中国式现代化道路具有重要价值。

自博士学习毕业到现在为人师，在从事财富伦理学科与现实问题研究相结合的理论与实践探索上，已有很长的一段时光，为此也孜孜不倦、义无反顾地不懈求索，期待"化茧成蝶"，然而我深知，科研道路"看似寻常最奇崛，成如容易却艰辛"，今后仍要坚持"博观而约取，厚积而薄发"。

本书成稿、出书得到人民出版社毕于慧老师给予的鼎力支持和悉心指导！作为一名资深编辑，毕老师既睿智又温婉，编辑审稿水平很高。承蒙她的厚爱，2014 年我在人民出版社的专著出书也是她精心指教、亲任责任编辑的成果，在此对毕老师再次深表诚挚谢意！

未来的学术生涯，我仍愿为之努力、为之付出、为之前行！

是为记。

唐海燕

2023 年 9 月

责任编辑：毕于慧
封面设计：石笑梦
版式设计：严淑芬

**图书在版编目（CIP）数据**

财富伦理与中国贫困治理研究 / 唐海燕 著 . — 北京：人民出版社，2023.12
ISBN 978 - 7 - 01 - 026284 - 0

I.①财… II.①唐… III.①经济伦理学 - 研究 - 中国 ②扶贫 - 研究 -
中国 IV.① B82–053 ② F126

中国国家版本馆 CIP 数据核字（2023）第 255357 号

**财富伦理与中国贫困治理研究**
CAIFU LUNLI YU ZHONGGUO PINKUN ZHILI YANJIU

唐海燕 著

人民出版社 出版发行
（100706 北京市东城区隆福寺街 99 号）

北京九州迅驰传媒文化有限公司印刷 新华书店经销

2023 年 12 月第 1 版 2023 年 12 月北京第 1 次印刷
开本：710 毫米 ×1000 毫米 1/16 印张：19.75
字数：272 千字

ISBN 978 - 7 - 01 - 026284 - 0 定价：79.00 元

邮购地址 100706 北京市东城区隆福寺街 99 号
人民东方图书销售中心 电话（010）65250042 65289539